NOTLANDUNG
im Hudson River

MavenPress®
Angelburger Str. 23-25
24937 Flensburg
www.MavenPress.de

1. Auflage 2011

Übersetzung der amerikanischen Originalausgabe:
»Miracle on the Hudson«, Ballantine Books, New York

Umschlagfoto: © AP Images / Steven Day
Umschlaggestaltung: Volkmar Gronau
Übersetzung: G&U Language & Publishing Services GmbH, Flensburg
Gesamtherstellung: G&U Language & Publishing Services, *www.GundU.com*
Fachlektorat: Heiko Harms

Printed in Slovenia
ISBN 978-3-941-71902-6

Gewidmet unseren Familien für ihre Liebe und
ihre fortwährende Unterstützung. Wir lieben euch.

»Man wählt sich seine Familie nicht selbst aus.
Sie ist Gottes Geschenk an Sie, so wie Sie sein Geschenk
an die Familie sind.«

Desmond Tutu

Für Monica, Anna und Jenny;
und für Bruce und Shirley

Inhaltsverzeichnis

75 Tonnen Metall über der Bronx

Der erste Notruf ging um 15.29 Uhr ein. Eine rasselnde Stimme im rauen Tonfall der Bronx überschwemmte den Diensthabenden mit einem Wortschwall:

»Hallo, hier stürzt ein Flugzeug ab ... es brennt ...«

»Wo sind Sie, bitte?«

»O mein Gott!«

»Wo sind Sie?«

»Ich weiß nicht, wo es herunterkommt. Es ist jetzt weg. O mein Gott!«

»Wo sind Sie?«

»In der Bronx. O Gott. Ich habe einen lauten Knall gehört, und dann zog es direkt über uns weg. O mein Gott … ich glaube es nicht!«

Der unbekannte Mann, der an einer Straßenecke in einer düsteren Wohngegend stand, konnte nur einen kurzen Blick auf das Flugzeug erhaschen, bevor es hinter den Gebäuden verschwand, aber er gewann einen genauen Eindruck: »Es sah aus wie ein Airbus, ein großes Flugzeug ... o Gott ...«

Acht Straßen weiter, in der Middle School 45, hörte die stellvertretende Direktorin Joy Smith-Jones dieselbe Explosion. Als sie aufblickte, sah sie, wie ein 75 Tonnen schwerer Airliner über den in der Nähe gelegenen Bronx Zoo hinwegstrich und weiter nach Norden flog.

Wenige Augenblicke später sah ein New Yorker in der Nähe der George-Washington-Brücke ein Flugzeug, das jetzt auf Südkurs war und »sehr, sehr niedrig flog«. Sein erster Gedanke lautete: »Nicht schon wieder!«

Michael Sklar, der auf dem Heimweg war und nur den Fluss überqueren wollte, um nach Fort Lee in New Jersey zu gelangen, glaubte zu träumen, als er »einen Jet so tief über der Brücke sah«. Er wartete »voller Angst auf einen Knall und einen Feuerball«, nachdem das Flugzeug außer Sichtweite geraten war.

Vierzig Kilometer entfernt, in der Leitstelle der Flugsicherung von Westbury auf Long Island, die für alle Großflughäfen von New York zuständig ist, ließ der Fluglotse Patrick Harten alle Landebahnen von LaGuardia und dem kleineren Teterboro Airport wenige Kilometer weiter westlich in New Jersey räumen, um die Notlandung eines in Schwierigkeiten geratenen Flugzeugs vorzubereiten. Dann empfing er die letzte Meldung aus dem Cockpit: »Wir schaffen es nicht. Wir gehen im Hudson runter.« Harten, ein Mann mit zehn Jahren Berufserfahrung, war sich sicher, dass er gerade ein Todesurteil vernommen hatte. Unmittelbar darauf rissen die Funkverbindung und der Radarkontakt mit dem Flugzeug ab, während es hinter den Dächern der Wolkenkratzer von Manhattan verschwand.

Dem Fluglotsen schoss der Gedanke durch den Kopf, dass er »der letzte Mensch war, der mit einem Insassen dieses Flugzeugs gesprochen hatte«.

Die Meldung, dass ein Flugzeug auf eine amerikanische Großstadt niederstürzt – und dann auch noch ausgerechnet auf New York! –, verbreitet sich in der heutigen Zeit schon beim ersten Anzeichen blitzartig durch geheime Regierungskanäle über das gesamte Land, alarmiert die zuständigen Dienststellen und aktiviert eine ganze Reihe von Notfallplänen. An diesem Tag ging die Meldung unmittelbar an die Sicherheitszentrale der Transportation Security Administration im Norden Virginias. Dort brüteten gerade einige Regierungsbeamte über Plänen, mit denen Luft- oder Raketenangriffe auf die Amtseinführungsfeier von Präsident Obama in fünf Tagen verhindert werden sollten. Gleichzeitig erreichte die Meldung auch das FBI, das Ministerium für Heimatschutz und ein Dutzend anderer Dienststellen sowie das Hauptquartier des North American Aerospace Defense Command in Colorado Springs auf der anderen Seite des Landes. Die dreißig Personen im Lagezimmer waren totenstill und lauschten gebannt den neuesten Ansagen über die Bewegungen des Flugzeugs. Erste Meldungen besagten, dass ein Kleinflugzeug in Schwierigkeiten geraten war. Dann hieß es erst, dass Vögel *ein* Triebwerk eines Verkehrsflugzeugs kurz nach dem Start von LaGuardia beschädigt hatten. Schließlich wurde gemeldet, dass beide Triebwerke ausgefallen waren.

Nach einem Bericht der *New York Times* war kurze Zeit überlegt worden, die Notfallpläne umzusetzen, die nach dem 11. September 2001 aufgestellt worden waren – Überschall-Abfangjäger zu starten, die das Flugzeug abschießen sollten. Dieser Gedanke wurde aber schnell wieder fallen gelassen. Da sich das Flugzeug bereits in der Deckung der Wolkenkratzer von New York befand, war es für eine solche Maßnahme zu spät.

Es gab aber noch einen wichtigeren Grund. Es wurde nämlich deutlich – und zwar viel schneller, als die Regierung hätte reagieren können –, dass der Pilot eine Notwasserung auf dem Hudson River versuchte. Dies konnte Hunderte oder Tausende von Leben auf einer der am dichtesten besiedelten Inseln der Welt retten und den 155 zu Tode verängstigten Insassen des unrettbar beschädigten Flugzeugs – das jetzt mit dem Dreifachen der normalen Sinkgeschwindigkeit niederging – zumindest den Hauch einer Chance auf Überleben geben.

In den nächsten zehn Sekunden stürzte der schillernd weiße Airbus A320 der US Airways seinem Aufschlag auf dem Hudson entgegen. Erst vor wenigen Minuten war er als Flug Nr. 1549 vom LaGuardia Airport in New York mit dem Ziel Charlotte in North Carolina gestartet, und jetzt war er nichts mehr als ein riesengroßes, metallenes Segelflugzeug. Tausende von New Yorkern sahen fassungslos aus den hochgelegenen Fenstern ihrer Wolkenkratzer in Manhattan und ihrer ufernahen Wohnungen in New Jersey zu. Innerhalb weniger Minuten hypnotisierte das Fernsehen Millionen Amerikaner und Milliarden von Menschen in aller Welt, als sich die anscheinend furchtbarste Katastrophe in einer ganzen Kette von Unglücksfällen als etwas völlig anderes entpuppte – nämlich eine Geschichte mit einem Happy End, das dringend gebraucht wurde.

Nur wenige der Schaulustigen erinnerten sich noch an den tödlichen Absturz in einem der Flüsse, die ihre Insel umgaben. Fast auf den Tag genau fünfzig Jahre zuvor, im Februar 1959, versank eine Maschine der American Airlines, ein Turboprop-Flugzeug vom Typ Lockheed Electra (ein Flugzeug, das in der Übergangsphase von propeller- zu düsengetriebenen Verkehrsflugzeugen gebaut wurde), bei dem Versuch einer Landung auf LaGuardia im East River. 65 der 73 Insassen starben dabei. Wenn dieses Unglück besser bekannt gewesen wäre, hätten sich angesichts der nationalen Stimmungslage im Januar 2009 nur wenige Personen einen weniger katastrophalen Ausgang vorstellen können.

Mitte Januar 2009 waren die USA alles andere als ein Traumziel. In den vergangenen sieben Monaten hatte die Einwohner im ganzen Land eine Katastrophe nach der anderen heimgesucht, sodass viele völlig verängstigt waren. Arbeitsplätze wurden abgebaut, Altersrücklagen und Ersparnisse gingen verloren. Die Immobilienpreise waren am Boden, was den größten »Sparkonten« der Amerikaner jegliche Sicherheit nahm. Die Aktienwerte waren fast um die Hälfte gefallen. Das Bollwerk des »American Way of Life« – die solide, konservative Bank in der Main Street – war mit dem Geld anderer Leute nach Las Vegas gefahren und hatte alles verzockt. Das Land führte immer noch zwei Kriege. Für die meisten Amerikaner war die nationale Stimmung düsterer als je zuvor in ihrem Leben.

Wenn das Land – und die ganze Welt – jemals eine Gute-Laune-Geschichte gebraucht hat, dann an diesem 15. Januar 2009.

Dann ging Flug 1549 irgendwo in der Nähe der 50. Straße auf dem eiskalten grauen Fluss nieder, wenige Häuserblöcke vom Südende des Central Parks in Manhatten entfernt. Die Maschine verschwand kurz hinter ihrer eigenen Gischtwolke, um dann auf geradezu magische Weise scheinbar intakt wieder zum Vorschein zu kommen. Der Fluss zehrte die Notlandegeschwindigkeit von etwa 240 km/h schnell auf, riss das linke Triebwerk ab und drehte das Flugzeug anmutig um 45°, sodass seine Nase auf das Stadtgebiet von Manhattan zeigte. Der Jet schien sich auf poetische Weise ganz leicht vor seinem beeindruckten Publikum zu verbeugen – der Stadt, die Legenden schreibt: New York.

Die ersten Meldungen und Bilder wurden über Twitter, dem neuen technischen und sozialen Phänomen, bereits innerhalb weniger Minuten verbreitet. Aber das Flugzeug lag auch in einer so glücklichen Position, dass die ersten Passagiere, die aus dem Notausgang auf die Tragfläche kletterten, den Mediengiganten – den Zeitungen und Fernsehsendern, die sich bereits für die Story in Marsch setzten, auf die sie ebenso sehr gewartet hatten wie die Öffentlichkeit – hätten zuwinken können.

Eine der Personen im Flugzeug, ein Mann, der noch vor wenigen Sekun den absolut sicher gewesen war, dass er gleich tot sein würde, beschrieb die schicksalhafte Fügung dieses Augenblicks. »Es geschah in Sichtweite des Ortes, an dem sich die Anschläge des 11. September ereigneten«, sagte William Wiley, ein Computerexperte aus Johnson City in Tennessee, »und es war eine Botschaft der Hoffnung.«

Ein zuvor unbekannter 57 Jahre alter Pilot, Chesley B. Sullenberger, wurde über Nacht zum Helden, weil er mit seinem Können einen der kürzesten, aber bemerkenswertesten Flüge in der Geschichte der Luftfahrt zu einem Ende gebracht hatte, wie es Hollywood nicht besser schreiben könnte. Rettungsteams von beiden Flussufern, die Helden des 11. September, begannen damit, die Passagiere von Flug 1549 schnell aus dem eisigen Wasser zu holen.

Alle Fernsehsender der Welt schalteten zu dieser überwältigenden Szene um, zu einem noch nie zuvor gesehenen Drama, das sich hier und jetzt ereignete.

Als die ersten Passagiere nach draußen kamen – als sie ins kalte Wasser sprangen, auf die Tragflächen kletterten und in Flöße stiegen –, stand ein 65 Jahre alter Anwalt aus Baltimore ganz weit hinten im Flugzeug, während ihm das eisige Wasser bis zum Kragen schwappte. Verblüfft darüber, dass er den Absturz überlebt hatte, war er jetzt überzeugt davon, dass er ertrinken würde, während das Flugzeug mit dem Heck voran versank.

Seine Geschichte ist nur eine von 155 Geschichten an diesem erinnerungswürdigen Tag.

1 Willkommen an Bord

An diesem Donnerstagmorgen im Januar erwachte New York zu einem Tag wie aus dem Bilderbuch: Manhattan im Schneesturm. Die Flocken peitschten fast waagerecht durch die Schluchten zwischen den Wolkenkratzern, und die schimmernde weiße Pracht verdeckte das menschengemachte Grau. Bilderbuchwetter – sofern Sie irgendwo an einem warmen Ort sind und nicht vorhaben zu fliegen.

Polare Luft hatte auch den kältesten Tag des Winters herbeigeführt. Die Morgentemperaturen waren bereits tief und fielen durch den kalten Wind noch weiter. An den Ufern des Hudson River bildete sich Eis, und Eisschollen behinderten den Fährverkehr in den flussaufwärts gelegenen nördlichen Vororten.

Auf der Avenue of the Americas stemmte sich Tripp Harris dem Wind entgegen, als er sich auf den Weg machte, um seinen Morgenkaffee bei Starbucks zu trinken. Das Lokal war nur einen Block entfernt, doch die Strecke kam ihm vor wie eine Meile. Als technischer Berater für eine Bank war er in der vergangenen Nacht von Charlotte in North Carolina hierher geflogen – aus der »Wall Street Süd«, wie seine Heimatstadt, ein neu aufblühendes Bankenzentrum, genannt wurde. Während der letzten vier Monate hatte die Bankenkrise dafür gesorgt, dass die Fluggesellschaft US Airways, die selbst unter einer Finanzkrise litt, auf ihren Nord/Süd-Premiumrouten fast vollständig ausgelastet war.

Harris, einer der modernen Geschäftsreisenden, die Meile um Meile abreißen und einen Flug nach dem anderen absolvieren, hatte an diesem Morgen einen einzigen Termin bei der Citibank. In 24 Stunden würde er wieder zu Hause sein, mit etwas Glück auch früher. Da er wusste, was der Schnee in LaGuardia, dem alten, aber gut gelegenen Flughafen von New York, anrichten konnte, hatte er den Fünf-Uhr-Flug mit US Air gebucht. Mit ein wenig Glück und seinem Vielfliegerstatus als Trumpfkarte wollte er einen früheren Flug nehmen – Flug 1549, der ihn in zwei Stunden rechtzeitig zum Abendessen nach Douglas International bringen sollte.

Nicht weit entfernt, wenige Häuserblöcke östlich des Waldorf Astoria, saß an einem Fensterplatz im Café Basil in der Third Avenue eine weitere Person aus den Südstaaten, Beverly Waters, die südlich von Charlotte geboren und aufgewachsen ist. Sie nahm die Szenerie voller Wohlbehagen in sich auf. Sie *liebte* den Schnee – »die Flocken waren so groß und weihnachtlich« – und genoss es, das Geschehen auf dem Bürgersteig zu beobachten. Mit ihren langen, raschen Schritten bewegten sich die Einheimischen durch den Sturm, als gäbe es ihn gar nicht – und als gäbe es auch sonst auf der Welt nichts. Beverly hatte eine erfolgreiche Geschäftsreise hinter sich, aber sie sehnte sich nach ihrem Zuhause und ihrer Familie. Flüge machten sie nervös, aber sie gehörte noch nicht zu den Menschen, die Medikamente gegen Angstzustände einnehmen. Ihre Bordkarte – Platz 21E, Flug 1549 – machte es sich in ihrer Handtasche gemütlich.

Überall im Stadtgebiet trafen andere Menschen Entscheidungen, die sie später an Bord des Flugs des Jahrzehnts brachten.

In der alten Kleinstadt Goshen im Staat New York, anderthalb Stunden nördlich der Stadt, nahm die 85-jährige Lucille Palmer – die älteste Person an Bord von Flug 1549 – am Vormittag einen Anruf von ihrem Sohn entgegen. »Warum willst du denn heute hier herunterkommen? Das Wetter ist fürchterlich!«, sagte er. Nun, ihr Urenkel lebte dort, und er feierte heute seinen ersten Geburtstag, das war der Grund. Zwar konnte sie mit ihrem Rollator nicht gut laufen, aber ihre Tochter Diane Higgins begleitete sie. Auf jeden Fall kümmerten sie ein paar Turbulenzen in zehntausend Meter Höhe kein bisschen. Und Schnee schon gar nicht. Sie ist in Brooklyn geboren und durch Brooklyn auch hart im Nehmen geworden.

Kurz vor 7.00 Uhr morgens verließ Bill Zuhowski Mattituck auf Long Island. Mit den fünfzehn Zentimetern Schnee wurde sein Chevrolet Silverado spielend fertig. Er hatte nicht vor, nach Charlotte zu fliegen, sondern wollte den 11.30-Uhr-Flug der Spirit Airways nach Myrtle Beach nehmen, um dort den Geburtstag eines Freundes zu feiern. Zuhowski, der für eine Swimmingpool-Firma auf Long Island arbeitete, flog nicht häufig. Er wollte die hundert Kilometer bis zum Bahnhof von Manhasset auf dem Long Island Expressway zurücklegen, dann für die letzten 25 Kilometer den Zug nach LaGuardia nehmen und schon am Nachmittag in Myrtle Beach seine Shorts tragen. So weit die Planung.

Der Schnee hatte den Long Island Expressway in eine Blechlawine verwandelt. Als Zuhowski seinen Silverado endlich parken konnte, war sein Zug weg. Er nahm ein Taxi, aber auf halbem Wege fiel ihm ein, dass er sein Ticket im Wagen gelassen hatte. Als er schließlich auf dem Flughafen ankam, hatte er seinen Flug nicht etwa verpasst – der Flug war abgesagt worden. Aber der Schnee hatte nachgelassen, und seine Hoffnungen auf ein warmes Wochenende in Myrtle Beach lebten wieder auf, als sein Freund ihm versprach, ihn in Charlotte abzuholen. Zuhowski buchte einen der hinteren Sitze auf dem Flug 1549 der US Airways, dessen Startzeit auf den Anzeigetafeln immer noch mit 14.45 Uhr angegeben war, woran viele erfahrene Mitarbeiter von LaGuardia allerdings nicht mehr so recht glauben konnten.

LaGuardia ist *keine* der modernen Luftverkehrs-Drehscheiben auf der grünen Wiese mit mehreren langen Startbahnen und vielen Ausweichmöglichkeiten, sondern ein Stadtflughafen. Er verfügt über zwei unebene, sich kreuzende Startbahnen von jeweils gut 2000 m Länge, von denen drei Enden am Ufer liegen. Trotz seiner Einschränkungen ist LaGuardia für viele New Yorker und Touristen erste Wahl. Der Flughafen war im besten New Yorker Geist geboren, weshalb man irgendwo mitten in Manhattan ein Taxi nehmen und mit etwas Glück innerhalb von zwanzig Minuten am Flughafen sein kann. In den 1930er Jahren flog der legendäre New Yorker Bürgermeister, Fiorello LaGuardia, eines Tages mit einem Ticket nach Hause, auf dem »Ziel: New York« stand. Wie gewöhnlich landete das Flugzeug jedoch in New Jersey. »Jetzt reicht es!«, tobte der Bürgermeister der größten Stadt der Welt, und 1939 beherbergte New York nicht nur die Weltausstellung, sondern hatte auch einen eigenen modernen Flughafen, der damals als größter Fortschritt in der Flughafengestaltung angesehen wurde und schließlich zu Ehren des rührigen Bürgermeisters benannt worden war.

Siebzig Jahre später ist LaGuardia der überfüllteste Flughafen des Landes, auf dem alle 47 Sekunden ein Start oder eine Landung stattfinden. Er hat leider auch die meisten Verspätungen. Wenn ein Schneesturm dazukommt, zieht sich nicht nur der Himmel über New York zu, sondern es bricht auch fast der gesamte Nordost-Korridor zusammen. Die Verspätungen am Morgen des 15. Januar 2009 betrugen im Durchschnitt 2 Stunden und 58 Minuten, bis die Sonne um die Mittagszeit wieder durchkam. Die Flüge waren immer noch verspätet, holten aber langsam auf. Frühaufsteher und Zuspätkommer warteten auf eine Chance, Flug 1549 zu ergattern, den nachmittäglichen Hauptumsatzträger der gebeutelten, schon zweimal bankrott gegangenen Gesellschaft US Airways, der nach Charlotte, einem ihrer Drehkreuze, führen sollte.

Die Gruppe, die in LaGuardia auf Harris, Waters, Palmer und Zuhowski stieß, bildete einen so umfassenden Querschnitt durch das moderne Amerika, wie nur New York ihn hervorbringen konnte. Es war auch eine Gruppe von Personen, die alle unter den Problemen einer Welt am Rande des wirtschaftlichen Zusammenbruchs zu leiden hatten. Zwanzig Passagiere arbeiteten bei der Bank of America in Charlotte. Es handelte sich um einen kleinen Teil derjenigen, die wöchentlich nach New York pendelten, um die von der Regierung eingeleitete Fusion mit dem angeschlagenen Finanzunternehmen Merrill Lynch durchzuführen, was bisher vier Monate in Anspruch genommen hatte. »Die Höllen-Fusion«, nannten sie das in Charlotte. Es war der Versuch, etwas zusammenwachsen zu lassen, was nicht zusammengehörte.

Einen Flug von New York nach Charlotte halten viele irrtümlich immer noch für eine Reise wie von Sodom und Gomorra in den Garten Eden. Im Jahre 2009 liegt nichts der Realität ferner. Charlotte ist schon lange das zweitgrößte Finanzzentrum des Landes. Seine Wolkenkratzer erstrecken sich nicht so hoch wie die von New York, aber sechzig Stockwerke reichen schon aus, um viel Himmelblau zu sehen – und in guten Zeiten auch viel Dollargrün. Zu Beginn der Finanzkrise gingen die Vermögenswerte der Banken in dieser Stadt in die Billionen. Jetzt aber gingen einige der Nullen verloren, und mit ihnen die Hoffnungen und Zukunftsaussichten jener Menschen, die an diesem Tag ins Flugzeug stiegen. Viele der Banker an Bord hatten ihre Bewerbungsmappe dabei, nur für den Fall der Fälle. In Charlotte hatte es Entlassungen im großen Maßstab gegeben. Die Immobilienpreise purzelten, Rücklagen schmolzen und die Sorgen stiegen höher, als die Aktienpreise der Banken je geklettert waren. Am 15. Januar fielen die Aktien der Bank of America mittags auf 7,35 $. Einen Monat später waren sie nur noch die Hälfte wert und setzten ihren Abstieg vom ehemaligen Höchststand von fast 55 $ fort.

Die finanziellen Umstände bei der anderen Großbank von Charlotte, Wachovia, waren für das fliegende Fusionsteam sogar noch heikler. Wachovia war gerade von Wells Fargo gekauft und damit vor dem sicheren Bankrott gerettet worden. Auf diesem Flug kehrten die Vorstandsmitglieder von Wachovia zurück, nachdem sie ein weiteres Mal versucht hatten, die inneren Arbeitsabläufe ihrer Bank mit den eigentümlichen Vorgehensweisen bei Wells Fargo zu verbinden.

Charles Spiggle, Vorstandsmitglied für kreditfinanzierte Firmenkäufe und Akquisitionen, war auf dem Heimweg. Er gehörte zu den Spitzenverdienern bei Wachovia, hatte aber wie Millionen andere Amerikaner in dieser Zeit zusammen mit seiner Frau bereits den Familienrat einberufen, um Ausgaben zu sparen und zu überlegen, welche Alternativen ihnen blieben.

»Ja, wir waren in Sorge«, sagte Spiggle, »zwar waren wir nicht vor Schreck gelähmt, aber wir wussten nicht, wie es uns in Zukunft ergehen würde. Wir hatten achtzehn Monate lang den Zusammenbruch des Kreditmarkts miterlebt.«

Die Menschen, die auf LaGuardia zusammenkamen, bildeten auch in manch anderer Hinsicht einen Querschnitt durch die Bevölkerung.

Die Passagiere von Flug 1549 kamen aus aller Herren Länder:

- Ein Produzent für Gangsta-Rap- und Hip-Hop-Musik aus Miami, Raymond Madrell
- Eine jordanische Expertin für arabische Sprachen bei der UNO, Heyam Kawas
- Vertreter für alle möglichen Waren: von Terrassentüren über Finanzberatung bis zu komplexen Softwareprodukten
- Shopping-Touristen, die den Ausverkauf auf dem New Yorker Bekleidungsmarkt nach einer katastrophalen Weihnachtssaison ausgenutzt hatten
- Einer der landesweit besten Profi-Dragster-Rennfahrer, Chris Rini

- Eine vom Erfolg träumende junge Sängerin aus Australien, Emma Cowan

- Junge Liebende, unter ihnen ein Kriegsveteran, der 27 Monate lang in Afghanistan gewesen war

- Eine Braut aus Charlotte, die in dreißig Tagen heiraten wollte

- Zwei Copiloten anderer Fluggesellschaften auf dem Weg zu ihren nächsten Einsätzen, Derek Alter von Colgan Air und Susan O'Donnell von American Airlines

- Mehrere Studenten, darunter ein Medizinstudent, der sich nach Arbeit in den Krankenhäusern der Großstadt umgesehen hatte, Alberto Panero

- Ein Vorstandsmitglied der National Association for Stock Car Auto Racing (NASCAR), Amber Wells

- Ein Intendant eines Fernsehkanals, dessen Sender die Geschichte des United-Fluges 93 vom 11. September verfilmt hatte (der gekaperte Jet, der von den Passagieren zurückerobert und zum Absturz gebracht worden war), Billy Campbell

- Zwei japanische Kaufleute aus New York, Hiroki Takigawa und Kanau Deguchi

- Ein Computerspezialist aus dem indischen Silicon Valley, Balaji Ganesan

- Dazu kommen drei kleine Kinder – eines davon ein neun Monate alter Schoßpassagier –, ein Personal-Trainer, eine Feldenkrais-Therapeutin, eine Krankenschwester, ein Lehrer, ein Kartograph, eine Kellnerin, Anwälte, Studenten und Rentner.

Diese Passagiere von Flug 1549 waren Menschen wie Sie und ich.

Drei der Passagiere waren am vorhergehenden Abend im Publikum der David-Letterman-Show dabei gewesen, als der boshafte Late-Night-Humorist Witze über Flugzeugabstürze machte, bevor er ernst wurde und verkündete, dass jener Tag der neunte Jahrestag seiner vierfachen Bypass-Operation war, die ihm »ein zweites Leben schenkte«, wie er es nannte. Das Geschenk bescherte ihm nicht nur diese zusätzlichen Lebensjahre, sondern der Welt auch seinen fünf Jahre alten Sohn Harry. Keiner der drei Passagiere erinnerte sich später noch an die Flugzeugwitze, sondern nur an das »Geschenk eines zweiten Lebens«.

Keine Gruppe am überfüllten Terminal der US Airways war ausgelassener als die sechs Golfspieler, zu denen auch ein Vater mit seinem Sohn gehörten. Sie kamen alle aus dem kleinen Verkehrsknotenpunkt Chicopee in Massachusetts und waren auf dem Weg in die lang erwarteten Ferien nach Myrtle Beach. Derselbe abgesagte Spirit-Airways-Flug, der schon Bill Zuhowski zu US Airways wechseln ließ, brachte sie hierher. Sie hatten es geschafft, einen Schnäppchenpreis für den Flug 1549 nach Charlotte herauszuschlagen. Um das zu feiern, machten sie sich auf den Weg zur Bar. Dort, über den ersten Drinks dieser Ferien, stellten sie die Teams auf und überlegten sich, auf welchen Golfplätzen sie spielen wollten, wie es alle Wochenendgolfer tun. Vor dem Abflug rief Jeff Kolodjay, der praktisch der Anführer der Gruppe und der Sohn eines der Mitglieder war, seine Frau an und teilte ihr mit, dass er gerade das beste Zehn-Dollar-Bier seines Lebens getrunken hätte.

Eine andere Gruppe, die in dem überfüllten Warteraum die Aufmerksamkeit auf sich zog, wurde später als die »Belk Six« bekannt – benannt nach den »Oceanic Six«, einer Gruppe von Überlebenden eines Flugzeugabsturzes in der Erfolgsserie *Lost* des Fernsehsenders ABC. Bei diesen fünf Frauen und einem Mann handelte es sich um Einkäufer des Kaufhauses Belk aus Charlotte, einem Familienbetrieb, der inzwischen dreihundert Filialen im Süden der USA eröffnet hatte. Sie hatten Ausschau nach geeigneten Kleidern für Kandidatinnen der Junior-Misswahlen gehalten. Die Frauen waren gekleidet, als würden sie im nächsten Moment mit einer Stretch-Limousine zu einer Party nach Manhattan fahren, und nicht in der Economyklasse in einem Flugzeug nach North Carolina fliegen. Die Gruppe wäre überall aufgefallen. Ihre Mitglieder waren in einer schnellen, ständig unter Dampf stehenden Promi-Branche tätig, und unterhielten sich gewitzt und scharfzüngig.

Eine der Managerinnen, die 35 Jahre alte Lori Lightner, stattliche 1,85 m groß, trug modische schwarze Stiefel und einen schwarzen Daunenmantel, über den ihr langes, schwarzes Haar fiel. Der einzige Mann der Belks, der 37-jährige Michael Leonard, wirkte zu plump für die Gruppe – unter 1,80 m groß und 90 Kilo schwer –, aber er stach auf eine andere Weise heraus. »Um es mal politisch inkorrekt zu formulieren«, sagte er, »ich glaube, ich bin der einzige voll und ganz männliche Einkäufer für Junior-Miss-Bekleidung im ganzen Land, und das bedeutet, dass ich gut sein muss.«

Laura Zych, eine hochgewachsene, attraktive Frau, gehörte ebenfalls zu der Gruppe. Sie war ein Neuzugang und kam ursprünglich aus Fargo in North Dakota, sah aber nicht aus wie die Leute aus Fargo, die wir kennen und lieben. Kurz bevor sie an Bord ging, saß sie allein an einem Tisch neben dem der Golfspieler und nahm ihr Mittagessen ein. Als die Golfer aufstanden, um zum Flugzeug zu gehen, trat einer von ihnen an ihren Tisch heran und erkundigte sich, ob er sie etwas fragen dürfe.

»Selbstverständlich«, antwortete sie.

»Wir haben an unserem Tisch eine Wette abgeschlossen«, erklärte Rob Kolodjay, Jeffs Vater, »sind Sie Fotomodell?«

Zych lächelte, errötete sogar ein wenig und sagte dann: »Danke, aber das bin ich nicht. Ich arbeite in der Bekleidungsbranche.« Geschmeichelt kicherte sie auf dem ganzen Weg zum Gate 21 in sich hinein. Dort begannen die Passagiere gerade einzusteigen – fast 45 Minuten zu spät, was für einen verschneiten Tag in LaGuardia nicht einmal schlecht ist.

Brian Moss, ein 35 Jahre alter Finanzanalyst der Bank of America, erinnert sich noch, dass er seine Ex-Frau wegen seiner Tochter anrufen musste. Angesichts all der notwendigen Reisen wegen der Fusion hatten sie sich darauf geeinigt, dass er versuchen sollte, pünktlich nach Hause zu kommen, um die Sechsjährige vom Kinderhort nach der Schule abzuholen. Er erklärte seiner Ex-Frau, dass der Schneefall aufgehört hatte und die Flugzeuge wieder starteten, und dann sagte er einen dieser Sätze, von denen wir später wünschen, wir hätten sie niemals geäußert: »Wenn du bis fünf Uhr nichts von mir hörst, ist das Flugzeug wohl abgestürzt.«

Moss tat das später mit einem Achselzucken ab. So etwas geschieht halt. »Damals hielt ich das für ungemein witzig«, erklärte er.

Am Eingang zur Fluggastbrücke gab US Airways den üblichen letzten Aufruf für eine Hand voll von Reserveplätzen durch, deren Inhaber nicht eingetroffen waren. Brian Siegel, ein Vorstandsmitglied der Bank of America, der sich um das Golf-Sponsoring kümmert, kam zu spät, um noch auf die Reserveliste zu gelangen. Aber als er in der Nähe telefonierte, hörte er die Namen, die für den letzten Platz aufgerufen wurden: »Mary Jones, bitte melden Sie sich am Ticketschalter.« Niemand kam. »William Smith ...« Niemand kam.

Schließlich meldete sich Siegel und unterbrach die Verlesung der Namen.

»Das hört sich an, als hätten Sie noch einen Platz frei«, sagte er.

»Sie sind ein Glückspilz«, sagte der Schalterbeamte, »einer ist noch frei.«

Siegel konnte spüren, wie man ihn anstarrte. Aber niemand konnte ihn dadurch so weit in Verlegenheit bringen, dass er wieder zurücktrat.

»Ich hasse es, das zu sagen, weil es wie ein Klischee klingt«, sagte er später, »ich reise sehr viel, aber da ist immer diese Geschichte mit dem letzten Platz. Ich muss immer denken... Aber ich habe schon vor langer Zeit entschieden, mich auf solche Gedankenspiele nicht einzulassen. Wenn ich diesen Platz nicht nehme, wird irgendetwas auf dem nächsten Flug passieren.«

Für Martin Sosa, einen Architekten aus Greenwich Village, und seine Frau Tess, die aufgrund eines familiären Notfalls auf dem Weg nach Charlotte waren, wurde der Tag, der schon trüb begonnen hatte, inzwischen immer finsterer. Sie hatten gerade die Demütigung über sich ergehen lassen müssen, dass die Sicherheitsbeamten darauf bestanden, die Babynahrung ihres neun Monate alten Kindes Glas für Glas zu überprüfen. Sosa konnte es nicht glauben. »Möchten Sie für die Untersuchung in einen Nebenraum gehen?«, hatten die Inspektoren gefragt. *In einen Nebenraum?*, schäumte Sosa in Gedanken, *es ist doch bloß Babynahrung!*

Sosas Beschwerden trugen nicht dazu bei, das Prozedere zu beschleunigen. Fünfzehn Minuten später konnte sich die Familie mit wachsender Nervosität endlich wieder auf den Weg machen.

Durch die Verzögerung kamen sie – der Vater, die Mutter, der neun Monate alte Damian und die vierjährige Sofia – noch später zu einem Flug, auf dem sie nicht einmal nebeneinander sitzen würden. Wenn sie etwas Glück hatten, konnten sie andere Passagiere dazu bringen, mit ihnen die Plätze zu tauschen, wenn sie erst einmal an Bord waren.

Auf dem Asphalt außerhalb von Gate 21 stand der Airbus mit dem Kennzeichen N106US und schimmerte in der Wintersonne in den klassischen Farben der US Airways – schneeweiß mit einigen roten und blauen Elementen. Das Flugzeug war seit zehn Jahren im Dienst und ging seinem 16.300sten Start entgegen.

Der A320 ist ein bekanntes Flugzeug mit großer Symbolkraft. Es wird von einem europäischen Konsortium gebaut und hat die weltweite Vorherrschaft der USA und der Firma Boeing in der kommerziellen Luftfahrtindustrie beendet.

Als die Passagiere die Kabine betraten, sich nach rechts wandten und ihren Sitzplätzen zustrebten, gewann keiner von ihnen den Eindruck einer angeschlagenen Fluggesellschaft oder einer angeschlagenen Luftverkehrsbranche, obwohl beides zutraf. Die Passagiere in der Economyklasse kämpften sich durch den einzigen Gang zwischen den sauber gepolsterten, dunkelblauen Kunstledersitzen, die auf jeder Seite zu dritt nebeneinander angeordnet waren. In der ersten Klasse waren die von den Geschäftsreisenden heiß begehrten zwölf Sitze in drei Reihen mit je zwei Plätzen auf jeder Seite angeordnet. Der Airbus war eine fliegende Sardinendose und kein Ort für Personen mit Klaustrophobie, aber er erfüllte seinen Zweck gut und sah schnittig genug aus.

Im Gang versuchten Martin und Tess Sosa angestrengt, jemanden dazu zu überreden, mit ihnen die Plätze zu tauschen, hatten damit aber nur teilweise Erfolg. Bill Zuhowski, der junge Mann, der vor acht Stunden mit seinem Silverado die lange Strecke von Mattituck zurückgelegt hatte, stellte seinem Platz dem Vater zur Verfügung, sodass dieser neben Sofia sitzen konnte. Tess Sosa dagegen konnte niemanden dazu bringen, auf einen anderen Platz zu rücken. Später sagten viele Passagiere, sie hätten noch nie zuvor erlebt, dass sich so viele weit gereiste Männer beim Nahen der Mutter hinter ihren Zeitungen verschanzten. Tess' Nervosität wuchs, und sowohl sie als auch Martin flehten die Flugbegleiterinnen an, etwas zu tun.

»Ich kann keinen Passagier anweisen, Plätze zu tauschen«, antwortete die Stewardess Donna Welsh ruhig.

Trotzdem erhitzten sich kurzzeitig die Gemüter.

Michael Leonard erinnert sich noch daran, wie er die Szene beobachtete. Kurz bevor er sich zwei Reihen hinter Lori Lightner anschnallte, sagte er noch zu ihr: »Wenn ich mit meinen beiden Mädchen fliege, verwandle ich mich auch immer in eine echte Nervensäge.«

»Du kannst auch so eine echte Nervensäge sein«, konterte Lightner.

Als alle angeschnallt waren, spürten die Passagiere den Ruck, als der Airbus vom Terminal wegrollte. Plötzlich schnallte sich Tess Sosa wieder los und betrat den Gang, als wollte sie noch einmal ihr Glück versuchen. Dieses Mal wies Welsh sie ernst zurecht: »Setzen Sie sich wieder hin!«

Das Flugzeug begann langsam der Startbahn entgegenzurollen.

Die fröhlichsten Mitglieder der Familie Sosa waren die Kinder. Damian wurde gefüttert. Sofia zog ihren Vater am Arm.

»Fliegen wir schon, Papa?«, fragte sie, »fliegen wir schon?«

»Noch nicht«, antwortete ihr Vater, »noch nicht.«

Flug 1549 reihte sich ein als Startnummer 11.

2 Einundzwanzig, zweiundzwanzig …

Minuten später näherte sich Flug 1549 dem Rollhalt zur Startbahn 04. Die Abflugkontrolle zog noch einen Jet der Northwest Air vor, aber dann hatten Chesley Sullenberger und sein Copilot Jeffrey Skiles, der auf dieser Strecke steuerte, ihr Flugzeug endlich auf der Startbahn und gaben Gas. Es war 15.25 Uhr und 33 Sekunden. Der Pilot gab per Funk ein knappes »Guten Tag« an die Flugleitung durch und meldete dann, sieben Sekunden später: »Cactus 15 49, 700 Fuß, steige 5000.«[1]

Die Passagiere auf der linken Seite konnten im Vorüberfliegen zwei besondere Orte sehen. Niemand erkannte den ersten und nur wenige den

1 *»Wir steigen von 200 m auf 1500 m.«*

zweiten. Der erste war jene Stelle im East River, an der vor fünfzig Jahren die Lockheed Electra abgestürzt war, der zweite war Rikers Island, das größte Gefängnis der Welt, in dem 14.000 Sträflinge einsitzen. Die Insel war auch das Zuhause mehrerer tausend kanadischer Wildgänse, die sich besser an die Zivilisation angepasst hatten als ihre Nachbarn – und zwar so gut, dass diese Vögel ihren angeborenen Instinkt verändert hatten. Sie brachen nicht mehr zum jährlichen Vogelzug auf, sondern fanden das Leben auf Rikers Island bequem und reich gesegnet genug, um das ganze Jahr dort zu bleiben. Manche brachten ein Gewicht von fast sechs Kilo auf die Waage. Das häusliche Leben gefiel ihnen. Ihre wandernden Verwandten konnten genauso schwer werden und mit ihren kräftigen Flügeln, die sich über eine Spannweite von 1,80 m erstreckten, Tausende von Kilometern zurücklegen.

Nach einer Umfrage des Gallup-Instituts leidet nur jeder fünfte Amerikaner unter Flugangst, während sich jedoch fast die Hälfte zumindest etwas unbehaglich fühlt, und das trotz der unwiderlegbaren Beweise, nach denen Fliegen ungefähr hundertmal sicherer ist als Autofahren. Es waren noch knapp zwei Stunden bis Charlotte, weshalb sowohl die nervösen als auch die ausgeglichenen Passagiere jeweils das taten, womit sie für gewöhnlich die Zeit auf einem Flug totschlugen.

Amber Wells, die auf dem Fensterplatz 20F unmittelbar hinter Tess Sosa saß, hat niemals geglaubt, zu den 20% der Amerikaner mit Flugangst zu gehören. Da sie direkt mit der für 2010 vorgesehenen Eröffnung der NASCAR-Ausstellung zu tun hatte, musste sie häufig fliegen. Flugangst passte auch nicht in das Image der NASCAR. Sie war eine sehr religiöse, 35 Jahre alte, knapp 1,70 m große Blondine und eine Südstaatlerin in jeder Hinsicht und hatte sich eine Gewohnheit angeeignet, die sie bei allen Flügen pflegte: Stets griff sie zu einem anspruchslosen Klatschmagazin, um sich schnell ablenken und ihren Schlaf nachholen zu können. Vor dieser Lektüre jedoch folgte sie einem anderen strengen Brauch: Da sie gehört hatte, dass die ersten zwei Minuten die gefährlichste Phase beim Fliegen darstellten, begann sie jeden Flug damit, leise die Sekunden zu zählen, und genau das tat sie auch dieses Mal:

Einundzwanzig, zweiundzwanzig, dreiundzwanzig …

Eine Reihe vor ihr, auf dem Platz am Gang neben Tess Sosa, war ihr Hiroki Takigawa, ein japanischer Kaufmann aus New York, schon einen Schritt voraus. Er fühlt sich beim Fliegen so wohl – »Ich liebe es, zu fliegen«, sagt er –, dass er sofort einschläft, was er auf die gleichmäßige Bewegung, das Brummen der Triebwerke, die Ruhe vor den ständigen Anrufen seines Büros und vor allem auf den leichten Abfall seines Blutdrucks wegen des Kabinendrucks zurückführt.

Weiter vorn saß Joe Hart, der nicht schlief, sondern eher kurz vor dem Explodieren stand. Er beschreibt sich selbst als »zynischen Geschäftmann« mit einem Temperament, das schnell auflodert, sich aber auch ebenso schnell wieder beruhigt. Jetzt durchlebte er gerade einen seiner wütenden Momente. Er reist so häufig, dass er selbst nach dem Unglück, in das er bei diesem Flug verwickelt wurde, in den nächsten drei Monaten wiederum 36 Flüge mit US Airways unternahm. Im Vielflieger-Club von US Airways genoss er einen Vorzugsstatus, und er hatte Bonusmeilen schon so hoch angesammelt, wie ein A320 steigen konnte. Damit, so glaubte er, hätte er sich einen Gratiszuschlag für die erste Klasse verdient. Stattdessen musste er mit der Economyklasse vorlieb nehmen – und das auch noch auf einem Platz in der Mitte! – und starrte von 7B aus in die erste Klasse jenseits des Querschotts, wo Susan O'Donnell, eine uniformierte Pilotin der American Airlines, mit einer Freikarte 3D belegte, »seinen« Erster-Klasse-Platz. *Verdammt! Ich habe so viel Geld bei dieser dämlichen Fluggesellschaft gelassen, und jetzt sitzt jemand auf meinem Platz, der nicht einmal dafür bezahlt? Ich werde mich beschweren!* Dann holte er tief Luft, sagte zu sich selbst *Scheiß drauf!* und blickte über die Schultern seines Sitznachbarn Casey Jones von der Bank of America hinweg auf den blassen winterblauen Himmel jenseits der Fenster. *Was für ein herrlicher Tag zum Fliegen*, überlegte er. Harts Geduldsfaden riss sehr schnell, aber er liebte es, über den Wolken zu sein.

In der ersten Klasse saß Denise Lockle, leitende Führungskraft der Büromarktkette Staples, auf Platz 2C neben einem großen, sympathisch wirkenden Mann, Mark Hood, einem sehr religiösen ehemaligen Marineinfanteristen, der einen Abschluss an der Militärakademie The Citadel gemacht und im Golfkrieg an der Operation Desert Storm teilgenommen hatte. Durch ihre Berufe waren beide zu Vielfliegern mit über 100.000 Meilen im Jahr geworden. Lockie hatte aufgeregt über das kommende Ereignis in Washington gesprochen – nur noch fünf Tage bis zur Amtseinführung von Barack Obama! Aber Hood konnte ihre Begeisterung nicht teilen. »Was hat der denn schon erreicht?«, gab er zurück. *Hoppla*, dachte Lockie, *Politik und Religion ...!* Sie wechselte das Thema, sodass die beiden Sitznachbarn jetzt in eine freundliche Unterhaltung einstiegen. Dabei schlossen sie sogar eine Wette ab, wie lange sich der Start verzögern wurde. Hood gewann mit einer Schätzung von dreißig Minuten.

Hinten in der Economyklasse war Martin Sosa immer noch verärgert. Außerdem fühlte er sich in Flugzeugen nicht wohl. »Der Mensch ist nicht zum Fliegen geschaffen«, wie er zu sagen pflegt. Er musste seinen 1,85 m großen und 115 Kilo schweren Körper in den engen Mittelsitz 23B zwängen. Im hinteren Bereich von Airlinern, die finanziell schlecht gestellten Fluggesellschaften gehören, schrumpft der Sitzplatz auf ein lächerliches Maß. Es gab nur wenige ärmere Linien als die US Airways, die sich selbst als »A la carte«-Unternehmen bezeichnete, da sie Kissen und Decken extra berechnete und einen Aufpreis für Kaffee und Cola verlangte. Aber auch ein kostenloses Mineralwasser und ein Kissen hätten Sosa nicht trösten können. Seine Tochter aber, die auf dem Fensterplatz neben ihm saß, sprudelte vor Freude über, als das Flugzeug dröhnend in den Himmel stieg. Sosa versuchte ihr so viel Vertrauen einzuflößen, wie er es als Vater konnte. »Jetzt fliegen wir, Sofia«, sagte er und drückte sie, »wir sind jetzt in der Luft!« Dann blickte er nach vorn zu Tess und Damian. Er machte sich Gedanken wegen ihrer Plätze. Vielleicht würde ja außer dem jungen Mann noch jemand Verständnis für ihr Problem zeigen, wenn das Flugzeug erst einmal den Steigflug beendet hatte.

Wells zählte weiter.

... siebenundvierzig, achtundvierzig, neunundvierzig ...

Linienflüge sind kein gesellschaftliches Ereignis – außer für Leute wie die Golfspieler, das Belk-Team und einige Pärchen im Flugzeug. Einige der Passagiere auf dem Weg nach Charlotte kannten sich zwar, saßen aber über die gesamte Kabine verteilt. Die Angestellten der Bank of America, die an der Fusion arbeiteten, waren einander teilweise fremd. Die Geschäftsreisenden, die sich hinter ihren Laptops versteckten, konnten eine Million Kilometer fliegen, ohne sich an das Gesicht auch nur eines einzigen Mitreisenden zu erinnern. Die entspannteren Passagiere stöpselten sich Kopfhörer in die Ohren und entschwanden in die Welt der Musik. Wenn Passagiere auf einem Flug wie 1549 auf dem Zielflughafen aussteigen, denken sie gewöhnlich nie wieder an ihre Mitreisenden.

Es gibt in einem Flugzeug jedoch bestimmte Plätze, für die das nicht zutrifft. Dazu gehört die gefürchtete letzte Reihe – Nr. 26 in diesem Airbus A320. Wenn der Computer Sie in diese Ölsardinenreihe verdammt, haben Sie das Gefühl, dem Fluch des Ikarus zu unterliegen – eingeklemmt zwischen dem Achterschott hinter ihnen und der Rückenlehne von Reihe 25, die unvermeidlich in ihrem Schoß landet.

Vallie Collins, eine fröhliche Frau, die zweimal im Monat geschäftlich von Knoxville aus flog, hatte 26D eigentlich nicht verdient, aber der Computer hatte diesen Platz als letzten freien Sitz am Gang ausgegeben. Mit den bereits geflogenen Meilen hatte sie bei ihren üblichen Fluggesellschaften Delta und Northwest einen Elitestatus erlangt, der ihr einen Platz in der ersten Reihe einbrachte, aber ihre Lieblings-Airlines verlangten 800 $ mehr für das Ticket als die »A la carte«-Gesellschaft US Air. *Tja, wir haben eine Wirtschaftskrise!*, dachte sie sich und nahm lieber auf dem letzten Sitz Platz.

Während sich das Flugzeug schnell füllte, erreichte Collins die letzte Reihe und blickte über den leeren Mittelplatz zu dem Mann am Fenster hinüber, Brian Moss von der Bank of America. Der glückliche Umstand, dass der dritte Reisende ausgeblieben war, würde aller Wahrscheinlichkeit nach nicht lange anhalten. Beiden war das klar, und sie verdrehten die Augen in der Weise, wie es alle Passagiere in der heutigen Zeit tun, in der Flugzeuge ohne Rücksicht auf Verluste vollgestopft werden. Doch als sich die Türen schlossen und Flug 1549 zur Startbahn rollte, war der mittlere Sitz immer noch leer. Collins grinste über das ganze Gesicht: »Heute muss unser Glückstag sein!« Sie bemerkte, dass Moss ein Buch über Segelflugzeuge las. »Sind Sie Segelflieger?«, fragte sie, »mein Mann hat vor ein paar Monaten damit begonnen.«

»Nein«, erwiderte Moss, »das habe ich nie gemacht. Mein Hobby ist Drachenfliegen.«

Sie unterhielten sich kurz, doch dann beschäftigten sie sich wieder allein. Collins zog eine Ausgabe der *USA Today* aus ihrer Tasche und biss von ihrem Müsliriegel ab. Sie dachte nicht mehr an Segelflugzeuge, als 220.000 Newton Schubkraft aus zwei dröhnenden Turbofan-Triebwerken sie mit Leichtigkeit steil über Hunts Point und die Bronx hinweghoben, ihrem Zuhause entgegen.

Jenseits des Gangs hatten sich drei Frauen in die Sitze A, B und C gequetscht. Alle waren Ende dreißig und flogen regelmäßig, gingen aber sehr unterschiedlich damit um.

Irina Levshina, in Russland geborene Kartografin für The Nature Conservancy in New York, saß auf dem Fensterplatz. Sie liebte den Blick über den Horizont, vielleicht weil sie in ihrer Jugend von jenseits des Horizonts hierher gekommen war. Kurz nachdem sie vor dreizehn Jahren in die USA kam, um die Hochschule zu besuchen, hatte sie den Mann getroffen, den sie später heiratete. Jetzt wollte sie über Charlotte nach Las Vegas fliegen, um ihn dort nach einer Geschäftskonferenz zu treffen. An diesem Morgen hätte sie die Reise beinahe storniert. Sie hielt sich selbst nicht für abergläubisch, aber irgendetwas hatte ihr gesagt, dass sie lieber nicht fliegen sollte. Was es genau war, konnte sie nicht sagen, aber das Gefühl war sehr stark: Tu es nicht! Schließlich sagte sie sich, dass es dumm wäre, dem nachzugeben. Ihr Mann würde sehr enttäuscht sein.

Neben ihr hatte sich Tracey Allen-Wolsko, eine weitere Angestellte der Bank of America, auf Platz 26B bereits mit ihrem »guten Freund Mr. Xanax«, einem Beruhigungsmittel, versorgt und noch einmal nachgeschaut, ob ihr Amulett mit St. Patrick auf der einen Seite und dem Satz »Schütze dieses Flugzeug« auf der anderen sicher in ihrer Handtasche verstaut war.

Wolsko ist eine durch und durch moderne Geschäftsfrau, aber Fliegen jagt ihr Angst ein. Vor Jahren hatte sie bereits einmal ein haarsträubendes Erlebnis, als sie auf einem Zubringerflug in der Nähe von Atlanta in eine starke Turbulenz geriet. Das Flugzeug brach nach links aus und sackte plötzlich durch. Der Pilot steuerte zu stark dagegen, weshalb sich die Maschine zu weit nach rechts drehte und noch tiefer sank, bevor sie aus der Gefahrenzone kam. Aus dem Cockpit kam kein erklärendes Wort, aber nach der auch noch ziemlich heftigen Landung in Atlanta wurden die Passagiere von einer Gruppe besorgter Vertreter der Fluggesellschaft in Empfang genommen. Für den Weiterflug nach New Orleans hatte sie sich anschließend in ihrer damals noch jugendlicheren Art nach eigenen Worten »bis zur Besinnungslosigkeit betrunken«. In der darauf folgenden Zeit versuchte sie noch zweimal zu fliegen, aber schließlich gab sie ihren Beruf auf und legte eine fünf Jahre lange Flugpause ein.

Jetzt versuchte Wolsko es erneut, allerdings machte sie sich keine Illusionen, dass sie sich weniger unbehaglich fühlen würde: Fliegen versetzte sie immer noch in Todesangst. Als sie an Bord von Flug 1549 gekommen war, hatte sie sich an Levshina gewandt und sie gebeten, den Sonnenschutz vor dem Fenster herunterzuziehen. »Ich hasse es, zu fliegen«, erklärte sie, »ich möchte beim Start nicht hinsehen.«

Sie hatte das Gefühl, dass Levshina sie merkwürdig ansah, aber diese zuckte nur mit den Achseln und sagte sich: *Ich sehe New York oft genug.* Sie würde später noch genug Zeit für einen Ausblick haben.

Zu diesem Zeitpunkt kam die Flugbegleiterin Doreen Welsh vorbei und wurde von Wolsko herangewunken: »Ist das heute Ihr erster Flug? Wie sieht es oben aus? Sind Turbulenzen zu erwarten?« Anschließend fügte sie kleinlaut hinzu: »Ich muss Sie warnen: Ich fliege nicht gern. Ich bin ein bisschen nervös.«

Welsh, die in 39 Jahren als Flugbegleiterin mehrere Millionen Kilometer zurückgelegt hatte, lächelte die x-te ängstliche Passagierin an und sagte: »Machen Sie sich nichts daraus, Fliegen macht mich auch nervös.«

Vicki Barnhardt, eine Mutter auf Reisen, deren junge Tochter sie sehnsüchtig erwartete, kam als Letzte an, um ihren Platz einzunehmen, Nr. 26C am Gang. Ihr Geschäftspartner Dick Richardson, der jetzt weiter vorn auf 18F saß, hatte wegen des Schnees noch in New York bleiben wollen, aber sie hatte sich durchgesetzt. Nun, vielleicht war es auch ihre acht Jahre alte Tochter Samantha in Charlotte, die sich durchgesetzt hatte.

Als das Flugzeug in den Himmel stieg, saß Wolsko da, die Ellbogen fest an ihre Seiten gepresst und die Augen geschlossen, und wiederholte stumm das, was sie ihre Startmeditation nannte – ein Mantra, das durch ständige Wiederholung beruhigte: *Es wird alles gut gehen. Es wird alles gut gehen. Es wird alles gut gehen.*

... dreiundsechzig, vierundsechzig, fünfundsechzig ...

Auf den dunkelblauen Sitzen des Airbus saß mehr als ein zitternder Passagier, mehr als einer mit noch düstereren Vorahnungen als die von Levshina, mehr als einer mit Albträumen, die während des Starts wieder hochkamen – und mindestens eine Person mit einem Erlebnis, das viele der Reisenden dazu gebracht hätte, am Boden zu bleiben.

Pam Seagle, eine nüchterne 42 Jahre alte Werbefachfrau der Bank of America, musste sich praktisch selbst dazu überreden, wieder per Flugzeug nach New York zu pendeln. In ihrem ganzen Leben hatte sie bisher zweimal von Flugzeugunglücken geträumt. Das erste Mal war 1996, als ihr Unterbewusstsein ihr lebhaft ein Verkehrsflugzeug zeigte, das noch im Steigflug mitten in der Luft explodierte. Eine rote Heckflosse stürzte brennend ins Meer. Am nächsten Morgen erzählte sie ihrem Mann davon, der zu dieser Zeit für US Airways arbeitete. Eine rote Heckflosse? Das musste ein Flugzeug der TWA gewesen sein, die aber eine beeindruckende Sicherheitsstatistik aufwies, erklärte er ihr, um sie zu beruhigen. Zwei Nächte später explodierte TWA-Flug 800 vor Long Island, wobei der hellrote Heckteil ins Meer stürzte. Dies war eine der spektakulärsten und am genauesten untersuchten Katastrophen der Luftfahrtgeschichte. Den zweiten Traum hatte Seagle am Sonntag vor diesem Donnerstag im Januar. Er war so deutlich und erschreckend gewesen, dass sie wieder kehrt machte, als sie am Schalter stand, um einen Flug nach Atlanta für den übernächsten Tag zu buchen. Dann wies die Bank sie an, nach New York zu fliegen, weshalb sie sich bis Dienstag mental darauf vorbereitete. Als sie jetzt bei diesem Routinestart aus dem Fenster blickte, hatte sie das Gefühl, als ob sie sich selbst gegen den Albtraum immunisiert hatte – sie hatte den Hinflug bereits sicher hinter sich gebracht und nur noch den Rückflug vor sich.

Vor neuneinhalb Monaten, nach der Geburt von Damian, hatte Tess Sosa im Krankenhaus einen furchtbaren Traum gehabt. In diesem Traum war der Junge ein kleines bisschen älter, und das Flugzeug, in dem sie saßen, stürzte ins Meer. Sosa hatte nie Angst vor dem Fliegen gehabt, aber das Gerangel um die Sitzplätze, die lächerliche Untersuchung der Babynahrung, der Menschenauflauf und die Trennung von ihrer Familie wirkten alle zusammen und machten Anastasia Tess Sosa tatsächlich nervös.

Auch andere hatten einen schlechten Tag gehabt. Alecia Shuford, eine weitere Bank of America-Pendlerin, führte ihr übliches Starttelefonat mit ihrem Mann. Heute kam ihr dieser Anruf wichtiger vor als sonst. Sie hatte einen unerklärlich seltsamen Morgen in New York verlebt, über dessen Bedeutung sie sich immer noch nicht im Klaren war. An diesem Morgen war sie früh aufgewacht, erfüllt von unerklärlichen Angstgefühlen, die sie den ganzen Tag über ertrug und oftmals auch durchlebte. Um 6.30 Uhr begann sie, mit ihrem Handy Fotos von sich aufzunehmen und an ihre Familie zu schicken, was sie nie zuvor getan hatte. Eines davon schoss sie im Badezimmer des Hotels und versah es mit einem schwarzen Trauerrand: »Das unheimlichste Foto, das ich jemals an jemanden geschickt habe.« Ihr Mann erklärte ihr später, dass es wie eine Todesanzeige aussah und ihm Angst einflößte. Vor dem Flug rief sie ihre beiden Kinder an und forderte sie auf, ihrem Vater zu gehorchen, der sehr gut zurechtkam, wenn sie auf Reisen war. »Es war ein wirklich merkwürdiger Tag«, erinnerte sie sich später.

Auch Eric Stevenson, der unmittelbar über dem rechten Triebwerk von Flug 1549 saß, hatte gute Gründe, sich unbehaglich zu fühlen. Vor 22 Jahren saß er wie jetzt in einem Flugzeug im Steigflug, das allerdings von Los Angeles gestartet war und sich über dem Pazifik befand, als der Pilot der Boeing 767 versehentlich die Triebwerke abschaltete. Das Flugzeug stürzte über eine Minute lang in die Tiefe, bevor die Piloten die Triebwerke 150 m über der Wasseroberfläche wieder starten konnten. Eric war damals 23 Jahre alt, und er kann sich noch daran erinnern, wie er seinem Sitznachbarn in die Augen blickte und dachte: *Das ist der letzte Mensch, den ich jemals sehen werde.* In dem Blick seines Gegenübers spiegelte sich der gleiche Schrecken. Jetzt jedoch lag ihm diese Erinnerung fern, als Flug 1549 über der Bronx in die Höhe stieg.

... siebenundsiebzig, achtundsiebzig, neunundsiebzig ...

Mitte Januar 2009 konnten die USA auf fast 29 Monate ohne Todesopfer in der komerziellen Luftfahrt zurückblicken, was einen neuen Rekord darstellte. Angesichts von 30.000 Starts pro Tag stellt sich jedoch die Frage, ob es dabei irgendeinen Flug gibt, bei dem keiner der Passagiere über Vorahnungen und Albträumen brütet oder verschreibungspflichtige kleine Helfer wie Xanax oder Ambien einnimmt, um seine Angst zu unterdrücken und sich in den Schlaf zu wiegen. Rein verstandesmäßig mögen wir den Gedanken an unwahrscheinliche Zusammenhänge beiseite schieben, wie es Brian Siegel tat, als er sich entschied, das letzte Ticket zu nehmen – aber in wie vielen Menschen kommen nicht doch wenigstens kleine Zweifel über Zufall und Schicksal auf, wenn sie den letzten Platz auf einem Flug nehmen, bei dem sie eigentlich gar nicht an Bord sein sollten? Viele machen immer noch einen Umweg um Leitern, weichen schwarzen Katzen aus und fahren in Aufzügen, die einen nicht vorhandenen 13. Stock passieren.

Die überwiegende Mehrzahl der Passagiere von Flug 1549 hatte auf dem Weg nach Charlotte nur ihre alltäglichen Sorgen im Kopf: Werde ich nächsten Monat noch Arbeit haben? Was wird mit meiner Altersversorgung? Ist mein Haus die Hypothek wert, die immer noch darauf lastet? Wie kann ich meine Kinder auf eine Universität bekommen?

An Bord befanden sich Passagiere in der für den Jahreswechsel üblichen Zusammenstellung: Geschäftsleute, die für ein Wochenende mit der Familie nach Hause flogen, einige wenige, die kränkelnde Verwandte besuchten, und viele, die sich nicht um die krisengebeutelte Welt kümmerten, sondern sich mit ihren persönlichen Sorgen oder einer hoffnungsvollen Zukunft beschäftigten.

Fast ganz hinten kämpften Raymond Mandrell, ein 30 Jahre alter Hip-Hop-Promoter und Produzent aus Miami, und Reenee Williams, ein 24 Jahre alter Publizist aus Tallahassee, gegen die Nachwirkungen einer langen Nacht in der Stadt an. Trotzdem fühlten sie sich ziemlich gut. Zwar litten sie unter den Unannehmlichkeiten des »Tags danach«, aber sie hatten auch großartige Erfolge zu verbuchen. Für Mandrell war dies die erste Reise nach New York gewesen. Er und Williams hatten die Verträge mit einem gemeinsamen Kunden verlängert, dem Hip-Hop-Künstler Mr. Bones aus Tallahassee. Das war sowohl für Mandrells Firma Double Action Entertainment als auch für Williams' 360 Music Studio ein großer Erfolg. Sie hatten zum ersten Mal zusammengearbeitet und dies als ideale Kombination in ihrem Gebiet empfunden. »Er kennt die Straßen im Süden New Yorks«, erklärte Williams, »und ich das Geschäftsviertel.« Also hatten sie bis fast zur Morgendämmerung die Stadt unsicher gemacht und deswegen nur eine Stunde Schlaf bekommen. Im Laderaum quoll ihr Gepäck vor Musik über, die sie von den wichtigsten New Yorker Studios mitnahmen. Mr. Bones hatte bekommen, was er wollte. Sie selbst auch. Das Leben war schön.

Auch für die sechs Golfspieler aus Massachusetts, die sich auf mindestens achtzehn Löcher und den einen oder anderen Umtrunk in Myrtle Beach freuten, war das Leben ziemlich schön. Nur schade, dass sie nicht zusammen saßen, aber sie hatten schon großes Glück gehabt, diesen Flug überhaupt zu ergattern. Jeff Kolodjay, ein 31 Jahre alter Marketingexperte aus der Pharmabranche, der genau vor Martin Sosa saß, hatte das Gefühl, unter den gegebenen Umständen das beste für seinen Vater, einen pensionierten Postangestellten, und seine vier Freunde getan zu haben. Er hatte alle Fluggesellschaften angerufen und nach Tickets gefragt, aber alle verlangten sehr viel höhere Preise als Spirit Airways. Schließlich stand er in LaGuardia in der Schlange am US-Airways-Schalter, während er gleichzeitig mit anderen Linien telefonierte. Als er an der Reihe vor, hatte er US Airways am Telefon und einen lächelnden US-Airways-Schalterbeamten vor sich. Er erklärte beiden sein Anliegen. Die Stimme im Telefon, die von Gott weiß woher kam, erklärte ihm, dass er für die sechs Plätze je 1000$ bezahlen sollte, während ihm der lächelnde Mann hinter dem Schalter sechs Plätze zu je 221 $ anbot. »Allerdings sind diese Plätze nicht zusammen. Können Sie damit leben?« Kolodjay legte auf und nahm das Angebot sofort an. Jetzt blickte er von Platz 22A nach draußen in den blauen Himmel. Endlich Sonnenschein!

... sechsundachtzig, siebenundachtzig, achtundachtzig ...

Auf Platz 10A neben dem Notausgang der linken Seite – den sie immer zu buchen versuchte – keuchte die 30 Jahre alte Michelle DePonte aus Charlotte aufgrund einer Bronchitis. Ihre Gedanken flogen höher als der Airbus. Sie war weniger als einen Tag lang in New York gewesen, hatte aber endlich die letzte Anprobe ihres Hochzeitskleids in 900 $ teuren Christian-Louboutin-Schuhen von Barney's hinter sich gebracht. Das Hochzeitskleid war für den Flug noch nicht rechtzeitig fertig geworden, sollte aber mit Federal Express nachgesandt werden, die Schuhe befanden sich in ihrer Tasche über ihr in der Ablage für das Handgepäck. Die Hochzeit sollte in genau einem Monat auf Maui stattfinden.

Einige Reihen weiter hinten blickte der 28 Jahre alte Andrew Gray auf der rechten Seite aus dem Flugzeug und sah zu, wie die weiß überpuderte Riesenstadt unter ihm hinwegschrumpfte. Dieser Anblick unterschied sich völlig von dem, was er noch vor kurzem gesehen hatte. Als gebürtiger Louisianer hatte er getan, was er zu tun versprochen hatte – seinem Land 27 Monate lang als Offizier in der 173. Luftlandebrigade in Afghanistan zu dienen. Im ersten Jahr führte er einen Patrouillenzug von 41 Mann in der Berggegend der Provinz Paktika an der Grenze zu Pakistan. Seinen größten Erfolg als Armeeoffizier sah er darin, dass er zwar wegen der verminten Straßen seines Patrouillengebiets hin und wieder Verwundete ausfliegen musste, dass er aber seine 41 Männer ohne »Verlust an Leben, Gliedmaßen oder Augenlicht«, wie es beim Militär heißt, durch das Jahr bringen konnte. Sein größter Erfolg in diesen Jahren jedoch war die Frau, die neben ihm saß, Stephanie King. Sie hatten sich über eHarmony kennengelernt, einer Online-Partnerbörse, und Stephanie, einer Anwältin aus West Bend in Wisconsin, kam ihre Geschichte immer noch wie ein Wunder vor.

Andrew war nach einem ersten Einsatz in Afghanistan gerade in Italien stationiert, als sie ihre Online-Beziehung aufnahmen. Die erste bedeutungsvolle Nachricht, die er für seine neue Freundin hatte, war ein Schock für sie: Er wurde für einen weiteren einjährigen Einsatz nach Afghanistan zurückversetzt, der sich schließlich auf 15 Monate verlängerte, als die Armee eine Entlassungssperre über ihn verfügte.

In den folgenden Monaten stützte sich ihre Beziehung rein auf die Technik, wobei sie aber eine vorsichtige, jedoch immer stärkere Neugier aufeinander zeigten. »Wir haben in unseren E-Mails niemals ›Ich liebe dich‹ geschrieben«, erinnert sich Stephanie, »wir haben es auch nie am Telefon zueinander gesagt. Wir lernten uns einfach kennen.« Nach fünf Monaten standen sie sich zum ersten Mal von Angesicht zu Angesicht gegenüber, als Andrew für zwei Wochen auf Heimaturlaub nach Hause kam. Sie ließen sich immer noch Zeit, aber sie verbrachten fast jede Stunde miteinander, und irgendwann, so sagt Stephanie, »funkte es.« Der Funke hielt trotz der Entfernung und des Krieges für das gesamte folgende Jahr an. Zwei Monate vor dem Flug machte Andrew ihr einen Heiratsantrag. Jetzt waren sie auf dem Weg nach Charlotte, um dort eine Verbindung nach Las Vegas zu bekommen. Sie wollten Stephanies Mutter besuchen, die dort unterrichtete, und ein Kleid für die Hochzeit im Sommer erstehen. Beim Blick auf den Schnee jenseits der Fenster hatte Andrew das Gefühl, dass sie auf der falschen Seite des Flugzeugs saßen und gar keinen richtigen letzten Blick auf die Skyline von Manhattan erhaschen konnten. Wenn er jedoch den Kopf wandte, sah er Stephanie, und das war auf jeden Fall der schönere Anblick.

... neunundachtzig, neunzig, einundneunzig...

Neben Pam Seagle begann sich March Dolphin, eine 57 Jahre alte Feldenkrais-Therapeutin aus Brooklyn, nach einem anstrengenden Tag endlich zu entspannen. Sie und vier im ganzen Land verstreute Geschwister wollten sich am folgenden Tag als Überraschung zum 80. Geburtstag ihrer Mutter in Las Vegas treffen. Der Schneefall am Morgen hatte abgesagte Flüge, lange Warteschlangen und hektische Menschenmengen mit sich gebracht. Ein Platz an Bord von Flug 1549 hatte die Überraschungsparty aber gerettet. Dolphin holte tief Atem. Es würde ein langer Flug werden, aber sie würde rechtzeitig bei ihrer Mutter eintreffen.

... vierundneunzig, fünfundneunzig...

Im Cockpit jubelte Sullenberger über den Wetterumschwung. »Was für ein prächtiger Blick über den Hudson«, sagte er zu seinem Ersten Offizier Jeffrey Skiles.

... hunderteins, hundertzwei...

In Reihe 18 hatte Chris Rooney, der 24 Jahre alte Sohn eines Piloten der Hawaiian Airlines und frischgebackener Ingenieur seiner gleichaltrigen

Freundin Karin Hill gerade die Grundlagen des Fliegens erklärt. Die Geometrie der Tragflächen, die Luftströmung darüber und darunter, die Auswirkungen der Landeklappen, die richtige Kombination von Schubkraft, Geschwindigkeit und Gewicht, um die Startgeschwindigkeit zu erreichen, die so genannte V_2-Geschwindigkeit für sicheres Abheben … Diese Informationen in ihrer wissenschaftlichen Nüchternheit beruhigten sie, und sie war ganz still, als der Airbus über den Bronx Zoo hinwegzog.

… hundertfünf, hundertsechs …

Ricardo Valeriano, 38 Jahre alt, der Kapital für Solarenergieprojekte beschaffte, sah aus dem Fenster seines Erster-Klasse-Sitzes 3F und war ein wenig überrascht, etwas zu sehen, das er für eine enge Formation von Kampfflugzeugen in der Ferne hielt, die die gleiche Flughöhe hatten.

… hundertsieben …

Bill Wiley, ein Softwarespezialist auf dem Platz unmittelbar vor Valeriano, hatte zu diesem Zeitpunkt nichts Besonderes bemerkt. Allerdings hat er diesen Augenblick noch sehr lebendig vor Augen: »Ich erinnere mich, wie die Sonne auf den Fenstern in der Bronx glitzerte, und dachte noch: *Ach, diese Linienflüge haben überhaupt nichts Aufregendes mehr an sich. Nie passiert irgendetwas.*«

… hundertacht …

Auf der anderen Seite des Ganges, auf dem Fensterplatz 2A, unterhielt sich Mark Hood mit Denise Lockie, als er plötzlich in den Augenwinkeln sah, wie »dieses graue Etwas vorbeigeschossen kam«.

… hundertneun …

Amber Wells war gerade bei 109 angekommen – 89 Sekunden nach dem Abheben –, als unmittelbar vor ihr das rechte Triebwerk ausfiel und das schwere Flugzeug erschüttert wurde. Wells erinnert sich noch genau an ihre Reaktion.

»Meine genauen Worte waren: ›Das soll wohl ein Scheißwitz sein!‹ Ich rief es laut aus.«

3 Besucher aus Labrador

Ein einzelner schriller Schrei hallte durch die Kabine.

Eileen Shleffar, die 56 Jahre alte Merchandising-Managerin von Belk, schrie aus vollem Hals. Sie war ebenso wie Amber Wells eifrig damit beschäftigt, die Sekunden zu zählen, weil das Fliegen sie nervös macht: »Ich reagiere bei jedem Stoß, jeder Bewegung, jeder Erschütterung, jedem Luftloch, jedem Geräusch von den Tragflächen, beim Einfahren des Fahrwerks und all dem übersensibel ... Es platzte einfach aus mir heraus. Einfach nur ein lauter, kurzer Schrei.«

Shleffar war verlegen – »Ich kam mir vor wie ein Trottel, denn niemand sonst schrie.« – aber sie hat einen bemerkenswerten Sinn für trockenen Humor. Auf den Geschäftsreisen amüsierte sie die Einkäufer von Belk unaufhörlich mit witzigen Bemerkungen über Personen mit Flugangst, etwa: »Nach dem Zwei-Stunden-Flug nach Charlotte leide ich zwei Tage lang unter dem Jetlag.« Auch wenn die anderen Passagiere vielleicht für kurze Zeit peinlich berührt waren, so sagten doch mehrere von ihnen später, dass Shleffar die einzige in der ganzen Gruppe gewesen sei, die sich getraut hätte, zu schreien.

Mindestens drei Passagiere dachten sofort an einen Terroranschlag. Warren Holland, ein 40jähriger Aktienhändler der Bank of America, hatte von Platz 16E aus einen Schatten an seinem Fenster vorbeifliegen sehen. Dennoch sagt er: »Als Erstes dachte ich an eine Bombe im Cockpit oder im Gepäckabteil. Ich wusste, dass etwas Katastrophales geschehen war.«

In Larry Snodgrass, 59, der jede Woche nach Charlotte fliegt, blitzte kurz der Gedanke an Terrorismus auf, aber dann glaubte er, dass das Triebwerk explodiert wäre. »An Vogelschlag habe ich aber nie gedacht«, sagt er.

Stephen Lis, ein 42 Jahre alter leitender Angestellter, dachte sofort: *Hat jemand die linke Seite des Flugzeugs mit einer Rakete getroffen?*

Das Geräusch und die Erschütterungen veranlassten Brian Siegel, einen der Mitarbeiter der Bank of America, kurzzeitig an eine Kollision mit einem anderen Flugzeug zu denken, aber er behielt seine Vermutung für sich. Es ist erstaunlich, wie wenig in einem Flugzeug selbst in einer Situation wie dieser geredet wird. Airliner sind fliegende U-Bahn-Waggons voller Fremder. Viele der Passagiere erkannten jedoch sehr schnell, dass das Flugzeug mit Vögeln zusammengestoßen war, da sie die Tiere gesehen hatten.

Mindestens ein Dutzend Passagiere sagte aus, dass sie beobachtet hatten, wie Vögel oder dunkle Objekte in die Triebwerke geflogen oder davon eingesaugt worden waren. Jeder hörte den Zusammenstoß – nicht nur den Knall, der unterschiedlich laut beschrieben wurde, sondern auch das mahlende Schrapnell-Geräusch aus dem Inneren der Triebwerke. Viele vernahmen auch den dumpfen Schlag, mit dem Vögel auf den Tragflächen, auf dem Rumpf und auf dem Radom an der Flugzeugnase aufschlugen.

Die Beschreibungen des Geräusches reichen je nachdem, wo die Passagiere saßen und wie viel Angst sie hatten, von einer Explosion bis zu einem Ploppen. Barry Leonard, ein erfolgreicher Geschäftsmann, der Dinge so anschaulich schildern kann wie ein Romancier, bekam auf seinem Erster-Klasse-Platz 1C mehr von dem Triebwerksgeräusch nach dem Knall mit: »Wie Tennisschuhe, die in einem Wäschetrockner herumpoltern ... klack-klack, klack-klack.« Hevorgerufen wurden diese Geräusche, als die Vögel das Innenleben des Triebwerks zertrümmerten und dabei selbst pulverisiert wurden. Die meisten Passagiere in den hinteren Reihen jedoch beschrieben das Geräusch der Kollision eher als ein Ploppen.

Auf der linken Seite, wo der Schaden schlimmer zu sein schien – was letzten Endes aber keinerlei Auswirkungen auf den weiteren Verlauf hatte – saß die ihrer Hochzeit entgegenfiebernde Michelle DePonte an einem Ausgang und fast unmittelbar über dem Triebwerk. Sie sah, wie »ein Haufen schwarzer Bälle direkt in das Triebwerk flog«. Michael Whitesides, ein 37 Jahre alter Vertreter aus Charlotte, der neben ihr auf dem mittleren Platz saß, konnte erkennen, wie ein »sehr großer Vogel« verschluckt wurde und andere Vögel folgten.

Billy Campbell, der Fernsehintendant, blickte sofort zum linken Triebwerk und sah »einen lodernden Scheiterhaufen«. Auf seinem Fensterplatz 25A hatte der Vielflieger einen ungehinderten Blick auf das Triebwerk. Auf früheren Flügen hatte er schon kleine Flammen und Funkenregen gesehen, aber niemals so ein Feuer.

Auf der rechten Seite, auf der sich der Großteil des Vogelschwarms befand, konnte Brian Moss in der letzten Reihe nicht sehen, wie die Tiere in das Triebwerk eindrangen, aber er sah es aufblitzen. Außerdem erhaschte er einen kurzen Blick auf einen großen Schwarm, der an der Seite des Flugzeugs vorbeizog, ebenso wie Ricardo Valeriano in der ersten Klasse, der aber einer optischen Täuschung erlag und eine weit entfernte Staffel Kampfflugzeuge sah. Eric Stevenson aus Paris, der auf Platz 12F in der

Reihe unmittelbar hinter einem der Ausgänge saß, blickte aus dem Fenster über die Bronx hinweg und sah plötzlich »eine braune Masse«, die mit einer Abfolge von dumpfen Schlägen im rechten Triebwerk verschwand.

Auf Platz 1F sah Brad Williams, einer der Bankmitarbeiter, einen einzelnen Vogel in Richtung des Triebwerks vorbeihuschen. John Howell, leitender Angestellter des internationalen Wirtschaftsprüfungsunternehmens KPMG, hörte auf seinem Gangplatz 2D die Aufschläge und sah mehrere Gänse am Flugzeug entlangtaumeln, nachdem sie wahrscheinlich mit dem Bug und dem Vorderteil des Rumpfes kollidiert waren. Ein Bild brannte sich in seinem Gedächtnis fest: eine große Gans, den Körper nach vorn gerichtet, während der Hals nach hinten verdreht war. Bill Wiley, der neben ihm saß, schaute einen Sekundenbruchteil später hin, sah aber nichts. Als er direkt in das rechte Triebwerk hinter ihm blickte, war er überrascht. »Es sah makellos aus«, berichtet er, »keine Beule in der Verkleidung. Keine verbogenen Schaufelräder. Aber man spürte, dass es erstarb.«

Die Reaktion in der Kabine nach Shleffars Schrei lässt sich am besten als kurzes, gemeinsames Atemholen beschreiben. Die Passagiere mit ihren unterschiedlichen Flugerfahrungen und Temperamenten versuchten sich darüber klar zu werden, was dieser plötzliche Einbruch des Unerwarteten in ihr Leben zu bedeuten hatte.

Viele flüchteten in Gedanken oder wandten sich betäubt nach innen ihren Ängsten zu. Amber Wells, die einen Feuerball und schwarzen Rauch aus dem rechten Triebwerk hatte kommen sehen, schloss die Augen, lehnte sich gegen die Kopfstütze zurück und sagte immer wieder das Vaterunser auf. Sie hatte das Gefühl, dass sich das Flugzeug nach links neigte, und dachte, dass es zum Flughafen zurückkehren würde, aber andererseits hatte sie »keine Ahnung, was wirklich vorging«. Sie wollte es eigentlich auch gar nicht wissen. »Unwissenheit war ein Segen. Im Gegensatz zu anderen hatte ich keine Angst. Ich glaubte nicht, dass wir sterben würden. An diesem Tag hatte ich keinen Gedanken an Tod.«

Andere dagegen hatten sofort den Eindruck einer tödlichen Situation. Vallie Collins' Gedanken gingen weit in die Vergangenheit zu einer Situation zurück, in der sie in einem Flugzeug während starker Turbulenzen neben einem Piloten saß. »Keine Angst«, hatte er sie aufgemuntert, »Sorgen machen wir uns im Cockpit nur bei Feuer und Vögeln.« Das hatte sie fast zehn Jahre lang immer beruhigt. Heute jedoch nicht mehr. Das linke Triebwerk brannte, und ihr Sitznachbar Moss war zwar ziemlich ruhig, hatte aber Vögel gesehen.

Manche kümmerten sich kaum um die Vorgänge. Laurie Crane aus der Belk-Gruppe, 58 Jahre alt, hörte einen »heftigen Aufschlag«. Aber halb im Schlaf, den Nerzmantel über die Beine gelegt, konnte sie das nicht aufschrecken.

Zuerst fühlten sich einige der erfahrenen Flieger, die wussten, dass ein Flugzeug auch mit nur einem Triebwerk noch sicher manövrieren konnte, eher verärgert als besorgt. Derek Alter, der zweite der Piloten, die dienstlich als Passagiere mitflogen, saß im vorderen Teil des Flugzeugs und stach in seiner Uniform von Colgan Air[2] deutlich aus der Menge heraus, weshalb er plötzlich mit Fragen der Mitreisenden in seiner Nähe überhäuft wurde. Alter war eingenickt, aber als jemand ihm mitteilte, dass das Flugzeug von Vögeln getroffen worden war, wachte er auf und sagte: »Oh, in dem Fall kehren wir um. So etwas passiert ständig.« Er wusste nicht, dass beide Triebwerke ausgefallen waren. »So etwas passiert einfach nicht.«

In den ersten Sekunden nach dem Vogelschlag dachten nur wenige der Passagiere an diese schreckliche Möglichkeit. Trotzdem war es in dem Flugzeug still wie in einem Grab. Der Gang in der Mitte schien zu einer

2 *Weniger als einen Monat später stürzte eine Maschine von Colgan Air beim Anflug auf den Flughafen von Buffalo ab, wobei alle 49 Insassen und ein Mann am Boden ums Leben kamen. Damit endete eine lange Periode der gewerblichen US-Luftfahrt ohne Todesopfer. Der Absturz hatte auch tiefgreifende psychische Auswirkungen auf die Passagiere von Flug 1549.*

Mauer geworden zu sein. Lange Zeit sprach niemand von der rechten Seite mit den Mitreisenden auf der linken und umgekehrt. Allerdings war eine »lange Zeit« auf Flug 1549 nicht besonders lang. Er sollte nur noch drei Minuten dauern.

Die einzigen Menschen an Bord von Flug 1549, die die Sachlage begriffen hatten, saßen hinter der verschlossenen Tür zum Cockpit. Es sah nicht gut aus.

Der Erste Offizier Jeffrey Skiles, der beim Start die Steuerung innehatte, sah sie zuerst – einen großen Schwarm Gänse in perfekter V-Formation, die sich von rechts dem Airbus näherten. Als Flieger flackerte in Skiles einen Moment lang Ehrfurcht auf, als er die disziplinierte Formation sah. Da das Flugzeug weiter stieg, dachte er einen Augenblick lang, sie würden sich verfehlen. Diese Gedanke hielt aber nur Sekundenbruchteile an. Fast im selben Moment sah Sullenberger sie auch – »große, massige Vögel« mit Flügelspannweiten, die das ganze Sichtfeld seines Cockpitfensters ausfüllten. So etwas hatte er noch nie zuvor gesehen. In einem ersten Impuls wollte er sich ducken, doch er unterdrückte diese Anwandlung. In seiner Erinnerung sieht er die Vögel immer noch als Silhouetten, wie Schwarzweißfotos, mit großen Körpern und weit ausgestreckten Flügeln.

Die Flugbahnen, von der Natur und vom Computer bestimmt, schnitten sich, bevor Mensch oder Gans reagierten konnten. Der Aufschlag erfolgte wie eine Breitseite mit 480 km/h – 400 km/h trug das Flugzeug bei, 80 km/h die Vögel.

Der Cockpit-Recorder dokumentiert die Reaktion beider in den 4,6 Sekunden zwischen 15.27 Uhr 10,4 Sekunden und 15.27 Uhr 15 Sekunden:

SULLENBERGER: »Vögel!«

SKILES: »Boah.«

GERÄUSCHE: *Dumpfer Schlag, gefolgt von Erschütterungen des Flugzeugs*

SKILES: »Oh, Scheiße!«

SULLENBERGER: »Ja!«

GERÄUSCHE: *Abfallen der Lautstärke und Tonhöhe des Triebwerks*

SKILES: »Uh-oh.«

SULLENBERGER: »Eine fährt runter… nein, beide fallen aus.«

In diesem Augenblick war der Flug nach Charlotte effektiv beendet. »Mein Flugzeug«, sagte Sullenberger, als er die Steuerung von Skiles übernahm. Die beiden Männer im Cockpit schalteten ihren Verstand auf »menschlicher Autopilot« um. Ihre Ausbildung, ihre Disziplin, ihr Selbstvertrauen und nicht zuletzt auch ihre geschärften Instinkte entschieden über das Schicksal der 155 Personen, die so plötzlich im Himmel über New York verloren waren. Es gab keine Anweisungen für diese Situation. Die Zeit reichte nicht aus, um eine Checkliste für den Neustart der Triebwerke durchzugehen, obwohl Skiles es bei einem versuchte. Die Zeit reichte auch nicht, um sich irgendetwas zweimal zu überlegen. Sie konnten nur eines tun: eine Entscheidung treffen und sie in die Tat umsetzen.

Seit dem ersten Vordringen in die Lüfte sind Flugzeuge mit Vögeln zusammengestoßen. Bei einem Flug im Jahre 1905 traf Orville Wright den ersten, einen Rotschulterstärling.

Seitdem haben Flugzeuge schon fast alles getroffen, was fliegen kann. Sogar ein Space Shuttle kollidierte einmal mit einem Geier. 1964 brach eine Gans durch die Kanzel eines T-38-Trainingsflugzeugs und tötete dabei Theodore Freeman, einen der ersten Astronauten, bei einem Ausbildungsflug. Mehr als ein Pilot in der gewerblichen Luftfahrt hat es noch geschafft, sein Flugzeug zu landen, nachdem Vögel das Cockpit durchschlagen hatten und ihre zerfetzten Überreste die Piloten und die Instrumente übersäten.

Nach Berichten des National Transportation Safety Board sind in den letzten 30 Jahren mindestens 229 Personen aufgrund von Vogelschlag (oder gelegentlichen Zusammenstößen mit Landtieren auf der Rollbahn) ums Leben gekommen. Dabei wurden 194 Flugzeuge zerstört, darunter 26 große Verkehrsflugzeuge. Die Kosten aufgrund dieser Schäden belaufen sich für die US-Luftfahrtgesellschaften auf ungefähr 265 Mio. Dollar im Jahr. Allerdings sind die Statistiken über die Anzahl von Zusammenstößen mit Vögeln nicht aussagekräftig, denn die amerikanische Luftfahrtbehörde (Federal Aviation Administration, FAA) schätzt, dass nur jeder fünfte Vorfall gemeldet wird. Für 2007 liegen der FAA 7666 Meldungen vor, was bedeutet, dass die wirkliche Anzahl bei fast 40.000 Zusammenstößen mit Vögeln in den USA liegen kann, also mehr als 100 pro Tag.

Erst zwei Monate vor dem US Airways-Flug 1549 ereignete sich fast unbemerkt von der Weltöffentlichkeit ein ähnlicher Vorfall, als beim Anflug auf den Flughafen Ciampino von Rom beide Triebwerke einer Boeing 737 von Ryanair aufgrund eines Zusammenstoßes mit Staren ausfielen. Das Geschick, mit dem der Pilot es schaffte, das Flugzeug ohne Todesopfer und ohne ernsthafte Verletzungen wieder auf den Boden zu bringen, kann sich mit dem Können messen, das Sullenberger der Welt vorführte.

Moderne Flugzeuge wurden schon von Adlern, Geiern, Kranichen, Schwänen, Pelikanen, Bussarden, Gänsen, Enten, Truthähnen, Reihern, Starenschwärmen und fast jeder denkbaren Art von Kleinvögeln getroffen und gelegentlich zum Absturz gebracht. Wissenschaftler des Smithsonian Institute erkannten, dass die Vogelreste, die aus den Triebwerken, Tragflächen und dem Rumpf von Flug 1549 geborgen wurden, hauptsächlich von kanadischen Gänsen stammten, aber auch von Enten, Tauben und verschiedenen Singvogelarten.

Aufgrund ihrer Größe, ihrer Flugformation und des erheblichen Anstiegs ihrer Population (wegen der Verabschiedung von mehr und mehr Tierschutzgesetzen) stellt kein Vogel eine größere Gefahr für Luftfahrzeuge dar als die Kanadagans (*Branta canadensis*). Vor einem Jahrhundert war sie fast ausgestorben, doch 2007 betrug die Anzahl in Nordamerika über 5,6 Millionen. Einige wandern über weite Entfernungen, darunter auch diejenigen, denen Sullenberger und Skiles von Angesicht zu Angesicht begegneten. Die meisten jedoch tun es nicht – eine starke Verhaltensänderung während der letzten dreißig Jahre – und bilden wahrscheinlich die größte Gefahr für den Luftverkehr. Mit einer Spannweite von fast zwei Metern gehören sie zu den größten Vögeln, und während das durchschnittliche männliche Tier etwa vier Kilo wiegt, bringen es einige auf bis zu sieben Kilo. Es ist garantiert, dass die Triebwerke eines Airbus den Aufschlag eines Vogels von zwei Kilogramm aushalten. Bei Bodentests schießen die Hersteller tote Zwei-Kilo-Vögel auf die Triebwerke, um das zu beweisen. Mit Vier-Kilo-Vögeln jedoch tun sie das nicht, denn es wäre sinnlos. Die Triebwerke halten das einfach nicht aus.

Aufgrund von DNS-Untersuchungen können Wissenschaftler aus den Überresten die Vogelart bestimmen und im Fall von Gänsen sogar auf eine der siebenundzwanzig Unterarten eingrenzen. Mit anderen Tests lässt sich fast genau bestimmen, woher die Vögel kamen. Dazu wird die Nahrung analysiert, die die Tiere zu sich genommen hatten, was gewöhnlich vor dem Aufbruch von ihrem Zuhause im Norden geschah. Die Gänse, die mit Flug 1549 zusammenstießen, hatten ihr Futter in Labrador gefressen. Nicht in anderen Teilen von Neufundland oder Quebec, sondern in Labrador – so genau ließ es sich bestimmen.

Die Wissenschaft ist hier ungeheuer präzise, aber genauso präzise verhalten sich Zugvögel. Sie werden nicht als besonders intelligent eingestuft, aber Jahr um Jahr, Generation um Generation, kehren sie immer wieder zu denselben Sommer- und Winterquartieren zurück, wobei sie wie viele andere Zugvögel sogar die Sterne zur Navigation heranziehen.

Damit bleibt aber ein ungelöstes Rätsel dieses Schwarms zurück. Warum wanderten die Gänse aus Labrador mitten im Winter? Höchstwahrscheinlich verließen sie Labrador weit früher, vermutlich im Oktober. Kanadagänse mit ihrer bemerkenswert effizienten V-Formation können an einem Tag bis zu 2400 km zurücklegen und dabei von Labrador über New York hinweg zu den einladenden Gegenden um die Chesapeake Bay oder die Halbinsel Delmarva gelangen. Die Wissenschaftler glauben daher, dass dies kein Nonstopflug von Labrador nach Chesapeake gewesen ist, sondern dass der kalte Wind aus Nordosten, der an diesem Tag auch andere Flugpläne durcheinandergebracht hatte, die Vögel von ihrem üblichen Winterquartier nördlich der Stadt vertrieben und zur Suche nach einer gemütlicheren Gegend weiter südlich veranlasst hatte.

Einige zufällige Beobachter, darunter auch einige wenige Passagiere an Bord, waren überrascht, dass die Gänse so hoch flogen. Kanadagänse können jedoch in Höhen von bis zu 2500 m ziehen. Die durchschnittliche Höhe bei ihren Vogelzügen ist genau die Höhe, in der sie sich an diesem Tag befanden, nämlich etwa 1000 m.

Es gibt bemerkenswerte Geschichten zu den verschiedenen Arten von Gänsen. Die nur in Asien heimische Streifengans (*Anser indicus*) zieht vom Westen Chinas und dem tibetischen Hochland über den Himalaya nach Indien und Pakistan, wobei sie oft Luftströmungen von über 300 km/h ausnutzen, um ihre 2000-km-Reisen ohne Zwischenlandung durchstehen zu können. Sie sind über dem Mount Everest schon in Flughöhen von 10.000 m gesichtet worden. Streifengänse sorgten für Schlagzeilen, als sie in China erkrankten und kurz vor dem Aufbruch zu ihrem Vogelzeug starben. Epidemiologen befürchteten damals, dass sie den tödlichen Vogelgrippevirus H5N1 auf dem indischen Subkontinent verbreiten könnten.

Das schlimmste bekannte Flugzeugunglück aufgrund eines Zusammenstoßes mit Kanadagänsen gelangte kaum an die Öffentlichkeit, da darin ein militärisches Luftfahrzeug voller geheimer Ausrüstung verwickelt war. Im Jahre 1995 stieß eine AWACS-Maschine der US-Luftwaffe – eine zur fliegenden Überwachungsstation umgebaute Boeing 707 – kurz nach dem Start von der Luftwaffenbasis Elmendorf in Alaska mit einem Schwarm zusammen und stürzte ab. Alle 24 Insassen kamen bei der darauf folgenden Explosion ums Leben. Es gab noch ähnlich grauenhafte Zusammenstöße von Militärflugzeugen mit Gänsen. Beispielsweise stürzte ein Überschalljäger vom Typ F16 der US Air Force ab, nachdem ein Truthahngeier die Kanzel durchschlagen hatte, wobei der Pilot geköpft wurde und sein Copilot durch die Überreste des Vogels sein Augenlicht verlor.

Geier sind außergewöhnlich bedrohlich, da sie sich mühelos für Stunden auf Höhen von etwa 800 m halten können, wo sie nach Beute Ausschau halten. Vögel, die selbst von Raubvögeln gejagt werden, weichen aus, Geier dagegen nicht. Auch Gänse brechen ihre Formation nur in Ausnahmefällen auf. Dadurch, dass sie in der so rationellen V-Formation ihrem Leitvogel hinterherfliegen, können sie bis zu 70% Energie sparen. Dieses Verhalten ist so tief in ihrer Natur verankert, dass die Schwärme einem orientierungslosen Leitvogel bekanntlich sogar in perfekter Formation in die Tiefe folgen.

Aufgrund der Geschwindigkeit der Schallausbreitung ist es schwierig, einen herannahenden Jet zu hören, und da Triebwerke immer leiser werden, haben Gänse und andere Vögel immer weniger Zeit zu reagieren. Die Frage, ob der Schwarm noch Zeit genug gehabt hätte, um auszuweichen oder seine Formation aufzubrechen, ist jedoch rein akademisch. Flug 1549 traf frontal auf die Formation. Gänseteile wurden überall an dem Flugzeug gefunden, selbst noch nachdem es einige Tage lang im Hudson River gelegen hatte.

Die Wahrscheinlichkeit, dass dieser Vogelschwarm den Kurs des Airbus im selben Augenblick kreuzte, war äußerst gering. Aber das ist die Wahrscheinlichkeit immer, wenn ein Unfall geschieht – die Art von Unfall, bei dem Sie sagen: »Hätten wir doch nur Startposition 12 eingenommen statt 11!«, »Hätte ich doch einen anderen Flug genommen!«, »Hätte ich ... hätte ich ... hätte ich ... !«

Unmittelbar nach dem Vogelschlag füllte sich die Kabine mit einem leichten Rauchschleier und einem Geruch, der alle Insassen erschaudern ließ. Dieser Geruch wurde auf verschiedene Weise beschrieben, doch keine der Schilderungen klingt angenehm. Alex Magness, ein New Yorker auf Platz 17A, fasst seinen Eindruck wie folgt zusammen: »Es roch schlagartig faulig, wie brennendes Fleisch oder Treibstoff oder beides. Es war ein ganz eigener, fürchterlicher Geruch.« Ricardo Valeriano beschreibt es auf folgende Weise: »Ein eindeutiger Geruch nach Kerosin, brennendem Haar und brennendem Fleisch. Das ist eine Mischung, die Sie niemals in Ihrem Leben riechen möchten, und ganz bestimmt nicht in einem Flugzeug.«

In der hinteren Kabine schrie jemand »Feuer!«, doch es ist unklar, ob das eine Reaktion auf die Flammen in den Triebwerken oder auf den Rauch mit seinem widerwärtigen Geruch war. Allerdings sorgte der Ausruf sofort für Aufruhr. Zu diesem Zeitpunkt überprüfte Doreen Walsh die Gepäckablage, um sicherzustellen, das sich in der Kabine nichts gelöst hatte. Vallie Collins, deren Nerven bereits gereizt waren, löste ihren Sicherheitsgurt, stand von ihrem Platz in der letzten Reihe auf und trat in den Gang. »Soll ich für Sie Hilfe holen?«, fragte sie und meinte damit, ob sie den Schalter drücken sollte, um eine weitere Flugbegleiterin herbeizurufen. Welsh brauchte keine Hilfe von Passagieren und forderte Collins auf, sich wieder zu setzen, allerdings auf den Mittelplatz neben Brian Moss, sodass sie selbst den Platz am Gang einnehmen konnte, falls das notwendig werden würde.

Nachdem sich die O-mein-Gotts und die anderen Stoßseufzer gelegt hatten, konnte man den ganzen Gang entlang Gespräche hören, wie sie in einem Flugzeug sonst nie zu vernehmen sind. Stumme Gebete wurden gesprochen, Gebete zu den vielen verschiedenen Vorstellungen von Gott. An Bord befanden sich Christen, Juden, Moslems und ein Hindu.

Überall wurden Handys gezückt, doch trotz ihrer Allgegenwart im modernen Leben blieben viele unbenutzt. Einige versuchten zwar, einen Anruf zu tätigen oder eine Textnachricht zu schreiben, hielten aber damit inne, als sie sich vorzustellen begannen, welche Auswirkungen das auf ihre Lieben haben könnte. Einige wenige Passagiere schimpften, weil sie glaubten, dass ein solches Durcheinander von Handyfunkverkehr die Kommunikationseinrichtungen und Instrumente des Piloten in dieser Situation stören könnte, in der es um Leben und Tod ging (das allerdings war nicht der Fall). Andere wollten die Telefonate ihrer Mitpassagiere in dem jetzt so still gewordenen Flugzeug nicht mitbekommen. Sie hatten alle ihre eigenen Gedanken und Ängste, die in ihrem Kopf durcheinanderwirbelten.

Mehrere Passagiere hatten sofort dasselbe beängstigende Gefühl von »nicht noch einmal!« wie Eric Stevenson, der Überlebende des Flugzeugs, das beinahe in den Pazifik gestürzt war. Jay McDonald, ein 39 Jahre alter Softwareverkäufer aus Charlotte, hatte vor zwei Jahren die Operation eines gutartigen Gehirntumors überstanden. »Einer der Millionen Gedanken, die mir durch den Kopf schossen, lautete: *Wie kann es sein, dass so etwas schon wieder geschieht?*«, erzählt er, »*warum habe ich das überlebt, nur um zwei Jahre später bei einem Flugzeugabsturz zu sterben. Das hatte keinerlei Sinn. Ich frage mich immer: Warum?*«

McDonald, der auf Platz 14A unmittelbar hinter dem linken Triebwerk saß, genoss gerade den Blick auf das alte und das neue Yankee-Stadion, als die Vögel einschlugen. Sofort wandte er seinen Blick vom Fenster ab. Er wusste, dass das linke Triebwerk ausgefallen war. Er kann sich nicht daran erinnern, wieder hingeschaut und die wütende Flammenorgie beobachtet zu haben, die andere aus dem hinteren Ende haben schlagen sehen. Obwohl er ein guter Beobachter ist, konnte oder wollte er nicht glauben, dass auch das rechte Triebwerk ausgefallen war. Er bemerkte jedoch das Flackern der Lichter, roch den üblen Gestank und spürte, den unmittelbaren Verlust an Schubkraft.

Das ist nicht normal, schoss es ihm durch den Kopf. »Ich erstarrte in meinem Sitz, schaute nach vorn, lauschte den anderen. Überall wurde miteinander gesprochen, etwas lauter als üblich. Niemand schien hysterisch zu sein. Alle stellten nur eine Menge rhetorischer Fragen an die Welt:

Was geschieht hier? Explodiert das Flugzeug? Stürzen wir ab? Warum sagt der Flugkapitän nichts? Ich erinnere mich nur an die Fragen, aber nicht an irgendwelche Antworten – falls es welche gegeben haben sollte.«

In McDonald kamen Erinnerungen an Träume über Flugzeugabstürze hoch, die er einst gehabt hatte, aber er drängte sie zurück. *So* schlimm war die Lage nicht. Es war nicht einfach, sich selbst davon zu überzeugen, und er fragte sich, ob er seine Frau anrufen solle.

»Ich erinnere mich, dass ich eine Frau mit einem Handy am Ohr sah und dachte: *Kann man das machen? Was zum Teufel möchtest du jetzt jemandem mitteilen?* Ich wollte nicht, dass meine Frau mitbekam, wie ich in meinen letzten Minuten litt. Es wäre mir lieber, wenn sie nicht wüsste, was uns zugestoßen war. Ich wollte sie nicht direkt, per E-Mail oder Textnachricht damit konfrontieren.«

Bei der Frau mit dem Telefon handelte es sich um Eileen Shleffar, die den Schrei ausgestoßen hatte. Sie behauptet von sich selbst, an »Telefonitis« zu leiden, und führte gerade ein außergewöhnliches Telefonat.

»Ich sah mich um und ich wusste es«, erklärt sie, »ich wusste es einfach. Von meinem Fenster aus konnte ich die Blitze sehen. Ich griff in meine Handtasche, holte mein Handy heraus und dachte noch, die Verbindung würde gar nicht erst zustande kommen, bevor wir abstürzten. Hut ab vor Verizon![3] Die Verbindung war sofort da. Ich drückte die Taste, um die Nummer meines Mannes zu wählen, und er ging ran und sagte: ›Was ist los? Hat das Flugzeug Verspätung?‹ Ich sagte: ›Nein, uns hat irgendetwas getroffen.‹ Dann riss die Verbindung ab.«

Damit begann ein praktisch durchgängiges, nur von einigen Verbindungsausfällen unterbrochenes Gespräch zwischen Eileen und ihrem Mann David, das die ganze Zeit bis zur Notwasserung im Hudson und

---

3 *Ein Mobilfunkunternehmen*

zur Bergung aus dem Fluss dauerte. Sehr lange hatte David, der die Flugangst seiner Frau kannte, nicht die geringste Ahnung davon, wovon sie überhaupt sprach.

Eileen beschreibt die Unterhaltung wie folgt: »Als ich hinsah und das Display wieder aktiv war, drückte ich [erneut] die Taste. David sagte: ›Was ist jetzt los? Ist alles in Ordnung?‹

›Ich weiß nicht, was los ist. Irgendetwas brennt ganz fürchterlich.‹

Er sagte: ›Bist du am Flughafen? Was wird denn durchgesagt?‹

Und ich sagte: ›O mein Gott, es ist so still hier!‹

Es kam mir so lange vor, wie fünfzehn Minuten oder eine Stunde oder ein ganzes Leben. Und ich dachte die ganze Zeit, jeden Augenblick ist – bumm! – alles zu Ende. In einem Feuerball. Wir würden einfach explodieren.

Er sagte: ›Was heißt das? Bist du am Flughafen?‹

Ich war nicht hysterisch. Ich weinte nicht. Er sagte später, ich sei äußerst ruhig gewesen. Es war jedoch klar, dass er nicht verstehen konnte, was ich ihm sagte. Aber das machte nichts. Er ist mein Fels in der Brandung. Mit ihm zu sprechen gab mir Stärke.«

David Shleffar, Eileens Ehemann, war nicht gerade in der geeigneten Situation, um einen solchen Anruf entgegenzunehmen – falls es dazu überhaupt eine geeignete Situation gibt. Dass er während der ersten Minute nicht folgen konnte, ist zu entschuldigen. Eileen erklärt:

»Es stellte sich heraus, dass er sich in der Autowaschanlage befand und die Mitarbeiter gerade den Innenraum säuberten. Als er schließlich verstand, was ich ihm mitteilte, rief er den Angestellten in einer instinktiven Reaktion zu: ›Raus, raus, raus!‹ Die Putzlappen flogen, die Leute sprangen aus seinem Wagen, und er rief einfach immer nur weiter: ›Raus, raus,

raus!‹ Dann warf er den Angestellten das Geld zu, sprang in den Wagen und brauste los. Er fuhr nach Hause wie ein Irrer. Ein paar Sekunden lang riss die Verbindung wieder ab.«

Überall in dem Flugzeug ereigneten sich solche eng begrenzten Minidramen.

In der letzten Reihe auf der linken Seite hatte die unter Flugangst leidende Tracey Wolsko auf dem mittleren Platz die New Yorkerin Irina Levshina gebeten, während des Starts den Sonnenschutz vor das Fenster zu ziehen. Jetzt wurde Wolsko zum Ruhepol. Sowohl Levshina als auch Vicki Barnhardt auf dem Platz am Gang griffen nach ihren Handys, doch Wolsko hielt beide bei der Hand und sagte: »Mädchen, legt die Handys wieder weg. Betet einfach. Es wird alles gut.« Levshina berichtet, dass sie den Sinkflug fast wie eine außerkörperliche Erfahrung erlebte. »Wie in einem Film oder so«, sagt sie, »das kann doch nicht mir passieren. Das ist nicht mein Leben. Es war seltsam.« Wolskos Geste aber wirkte beruhigend auf sie, und diese in der UdSSR geborene Frau mit der amerikanischen Erfolgsgeschichte und ihre beiden Mitreisenden aus Florida – eine Presbyterianerin, eine Jüdin, aber beide fast genau in ihrem Alter – fassten sich an den Händen und beteten miteinander. Levshina betete stumm auf Russisch.

Für Tess Sosa, die Mutter aus Greenwich Village, die in Reihe 19 saß und während des Starts ihren neun Monate alten Sohn gefüttert hatte, verwandelte sich der ohnehin schon schreckliche Tag in einen echten Albtraum. Vier Reihen weiter hinten saß ihre vierjährige Tochter Sofia neben dem Vater Martin. Tess rief nach hinten: »Alles wird gut, Sofia. Bitte hör auf Papa!« Sie erinnert sich noch daran, dass sie versuchte »ruhig zu bleiben, da ich das Baby hielt und Damian kein Gefühl von Angst und Qual vermitteln wollte«. Das aber war schwierig. Nach dem Hin und Her wegen der Sitzplätze und dem für sie inakzeptablen Verhalten der Fluggesellschaft und einiger Passagiere, die nicht auf die Bedürfnisse ihrer Familie eingingen, war sie noch nicht wieder zur Ruhe gekommen.

Neben ihr auf dem Platz am Gang saß Hiroki Takigawa, der japanische Kaufmann aus New York, der gern fliegt, dabei aber immer sofort einschläft. Er erinnert sich noch daran, dass Sosa beim Start, kurz bevor er wegdämmerte, sagte: »Das ist so schrecklich, das ist so schrecklich!« Als ihn der Vogelschlag weckte, fand er Sosa völlig verstört vor. Seiner Meinung nach war der Mann, der auf dem Fensterplatz neben ihr saß, ein echter Glücksfall für sie.

Jim Whitaker, 44 Jahre, der im Jahr mehr als 160.000 km fliegt, ist ein Geschäftsreisender par excellence. Whitaker ist ein Mann, der viel verlangt, und nach eigener Aussage ein »wieder erfolgreicher Architekt, und das ist gut so«. Er arbeitet in der Baubranche an Großprojekten. Eines davon ist das New-Meadowlands-Stadion auf der anderen Seite des Flusses in New Jersey, das im Jahre 2010 zur Heimat der Footballmannschaften New York Giants und New York Jets wurde. Dieses preisgekrönte Ergebnis seiner Arbeit sollte er schon bald aus einer erschreckenden Höhe sehen. Whitaker, ein Mann mit kurz geschnittenem, ergrauendem Haar und selbst Vater von fünf Kindern, kümmerte sich sofort um Damian und verstand die Ängste der Mutter.

»Was ist hier los?«, bedrängte sie ihn nach dem Vogelschlag, »ist alles in Ordnung?«

Whitaker sah aus dem Fenster zu dem funktionsunfähigen Triebwerk und wandte sich ruhig wieder zurück. »Oh, ein Triebwerksproblem«, erklärte er, »so etwas habe ich schon erlebt. Kein Grund, sich Sorgen zu machen.«

»Er wirkte sehr gefasst«, erinnert sich Sosa, »ich sagte: ›Woher wollen Sie das wissen?‹ Und er antwortete: ›Ich weiß es einfach.‹«

Während der ganzen verbleibenden Zeit dieses kurzen Fluges beruhigte Whitaker sie weiterhin und tat noch mehr für sie.

Später sagte er: »Ich log die ganze Zeit wie gedruckt.«

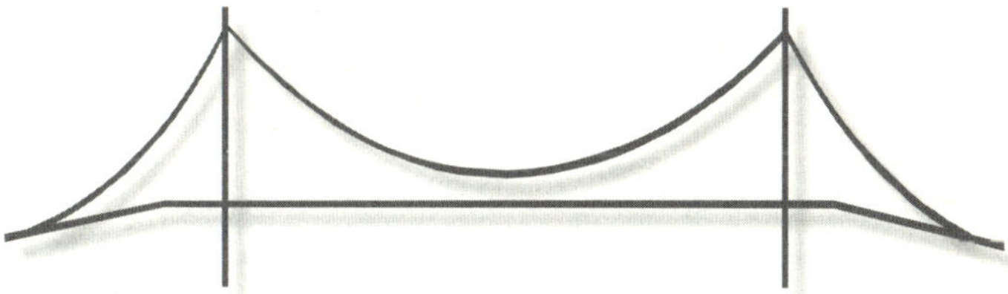

4 Die Brücke

Durch den Startschub konnte sich der Airbus, jetzt ein fast funktionsunfähiges Wrack aus 75 Tonnen fortschrittlichster Technik, noch einige Dutzend Meter höher schleppen. Seine größte Höhe erreichte er mit etwa eintausend Metern über dem Bronx Zoo. Dieser Steigflug führte jedoch rasch zu einem Verlust an Geschwindigkeit. Wie einer der Passagiere sagte, fühlte es sich an, als ob man bei über 100 km/h plötzlich den Fuß vom Gaspedal nimmt. Susan Wittmann, eine 57 Jahre alte Bankangestellte aus Charlotte, hatte ein Gefühl, »als hätte das Flugzeug für eine Nanosekunde mitten in der Luft angehalten«. Um einen Strömungsabriss zu vermeiden und um sich einen Überblick über die Möglichkeiten zu verschaffen, die ihm die Umgebung gab, ließ Sullenberger das Flugzeug in eine scharfe Linkskurve zurück nach Manhattan einrollen. Dadurch verlor er fast die Hälfte der Höhe, aber er konnte wieder Geschwindigkeit gewinnen und erhielt einen Teil der Kontrolle über den Airbus zurück.

Außerdem bekam er einen Eindruck davon, wie weit er mit dem Riesensegelflugzeug noch kommen konnte.

Fern auf der rechten Seite lockte der Teterboro Airport von New Jersey, ein Ausweichflughafen der allgemeinen Luftfahrt für den überfüllten New Yorker Luftraum, und auf der linken Seite lag LaGuardia, der Flughafen, den er gerade erst verlassen hatte. Beide erstreckten sich in der Ferne, und es gab zumindest eine kleine Wahrscheinlichkeit, sie zu erreichen. In einem Stadtgebiet mit hohen Gebäuden und dichter Bevölkerung jedoch ist eine »kleine Wahrscheinlichkeit« ein Rezept für eine Katastrophe.

Es gibt Augenblicke, in denen das menschliche Gehirn fast so schnell arbeiten kann wie ein Computer und dabei mehr Vertrauen in die eingegebenen Daten setzen kann. Dies war einer dieser Augenblicke. Trotz Anfragen an die Flugleitung und Bitten um Räumung der Landebahnen kam Sullenberger sehr schnell zu seiner Entscheidung.

In der Passagierkabine breitete sich lähmende Unkenntnis der Situation und eine gute Dosis Angst aus. Schrecken herrschte noch nicht. »Aber es waren Augenblicke großer Anspannung, voller Stimmengesumm, Luftschnappen, Stoßseufzer und Stöhnen«, berichtet Whitaker. Man konnte Menschen weinen hören – nicht jammern oder kreischen, sondern still schluchzen. Viele der Passagiere hatten sich ganz in sich selbst zurückgezogen und nicht einmal mit ihren Sitznachbarn gesprochen. Während des ganzen Abstiegs schauten viele nicht einmal mehr aus dem Fenster.

Es ist fast unmöglich, alle Ereignisse während dieser unglaublich kurzen Zeitspanne und all die Gedanken aufzuzeigen, die den verschiedenen Passagieren in diesen Augenblicken durch den Kopf schossen. Später brauchten die Passage oft Stunden dazu, um zu erklären, was in diesen drei Minuten geschah. Wie in einem Hollywoodfilm zogen bei einigen tatsächlich Eindrücke aus dem ganzen Leben vorbei – die erste Freundin, erste Baseballspiele in der Jugendliga, die Hochzeit, die Geburt der Kinder, die Geburt der Enkel. Aber das geschah nicht so häufig, wie man glauben könnte. Fast genauso oft stellten sich Eindrücke einer verlorenen Zukunft ein, ein Kaleidoskop der Trauer: die nie mehr besuchten High-School-Basketballspiele des Sohnes, die Hochzeit der Tochter, die ohne den Vater stattfinden musste, noch ungeborene Enkel, niemals mit den Kindern zum Angeln gehen, und die große Traurigkeit darüber, einen Dreijährigen zu hinterlassen, der sich nicht mehr an einen erinnern würde. Das Wichtige im Leben vermischte sich mit dem Trivialen – ungemachte Betten, Geschirr in der Spüle, nicht weggebrachter Müll, ein vergessener Abschiedskuss.

Seit dem Vogelschlag waren erst etwa 20 oder 30 Sekunden vergangen.

Stephanie King, die Anwältin aus Wisconsin, die in Kürze heiraten wollte, begann zu weinen und konnte nicht mehr damit aufhören. Was sie bewegte, war weniger Angst als vielmehr eine furchtbare Unwirklichkeit: Sollten all das Glück und die Unwahrscheinlichkeit ihrer Liebe und die baldige Hochzeit mit dem Mann, der sie zu trösten versuchte, wirklich auf diese Weise enden? Eine Beziehung zwischen West Bend in Wisconsin und Monroe in Lousiana, über Afghanistan und eHarmony, und eine so große Liebe – wie konnte das so enden? Gray versuchte sie zu trösten, aber spürte selbst seine Hilflosigkeit wie einen gähnenden Abgrund. Er konnte 41 Mann unverletzt durch das afghanische Kriegsgebiet führen, aber er war nicht in der Lage, diese wunderbare Frau auf einem ganz normalen Linienflug zu schützen. »Zu Anfang war ich ganz schön naiv, was die Probleme mit dem Flugzeug anging«, gesteht Gray, der im Rückblick zu dem Schluss kommt, dass er die Tatsachen einfach nicht wahr haben wollte, »ich konnte nicht glauben, dass es wirklich so schlimm stand. Für mich hatte der Geruch etwas Elektrisches an sich, so als ob Sie auf

Reisen in Europa sind und ein 110-V-Gerät an eine 220-V-Steckdose anschließen. ›Keine Angst, keine Angst‹, sagte ich zu ihr, ›da ist bloß eine Sicherung durchgebrannt.‹«

Die anderen jungen Liebenden, Chris Rooney und Karin Hill aus Colorado Springs, kämpften sich auch durch die ersten Augenblicke. Karin war ebenfalls in Tränen ausgebrochen. Chris, der Ingenieur und Sohn eines Piloten, der versucht hatte, ihr während des Starts die physikalischen Grundlagen der Luftfahrt zu erklären, um sie zu beruhigen, konnte jetzt nichts anderes sagen als: »Mach dir keine Sorgen. Wir fliegen zurück.« Tief in seinem Inneren aber glaubte er, dass sie ins Wasser stürzen würden. Das aber konnte er ihr nicht sagen.

Sie beteten.

Bei der Linkskurve ging es steil nach unten – nicht wie in einem Sturzflug, sondern eher wie in einer Achterbahn statt in einem Flugzeug –, doch deuteten die Passagiere dies auf unterschiedliche Weise. Casey Jones, leitendes Vorstandsmitglied der Bank of America, fragte sich, ob das Flugzeug in einer Todesspirale abstürzte. Für die anderen war dies ein Hinweis darauf, dass das Flugzeug die Kurve mit nur einem Triebwerk nahm und sich auf den Rückweg nach LaGuardia machte.

Die beiden dienstreisenden Piloten an Bord versicherten ihren Sitznachbarn, dass Letzteres der Fall wäre. Derek Alter blieb dabei, dass der Airbus immer noch ein Triebwerk hatte. »Wir üben so etwas ständig«, erklärte er allen in seiner Nähe, »in gerader Linie über den Hudson hinweg, an der Freiheitsstatue links ab, und schon sind Sie im Endteil auf Landebahn 04.«

In der ersten Klasse fragte Valeriano Susan O'Donnell von American Airlines: »Wird das gut gehen?«

»Ja«, antwortete sie, »wir fliegen zurück nach LaGuardia.«

Sie befanden sich in einer merkwürdigen Situation. Ihr Wissen schien sie psychisch davon abzuhalten, die Totenstille wahrzunehmen, die ihnen deutlich sagte, dass beide Triebwerke ausgefallen waren. Zwei Triebwerke fielen schließlich *niemals* aus.

Nicht allen war die Situation jedoch unklar. Die scharfe Kurve um fast 180° im rapiden Sinkflug machte viele auf die schlimme Lage aufmerksam. Mitten in der Kurve blickte Jeff Kolodjay, einer der Golfer, aus dem Fenster zu seiner linken auf das Triebwerk und sah von dort Flammen gegen den Rumpf schlagen. *Hier kommt kein Feuerwehrmann vorbei, um das Triebwerk zu löschen*, schoss es ihm durch den Kopf. »Die Gebäude kamen immer näher. Ich dachte noch: *Er wird nicht riskieren wollen, eines der Gebäude zu treffen und damit die Leute am Boden zu gefährden. Wir gehen im Wasser herunter, aber eine sichere Landung ist das nicht.*«

Durch die Wende änderte sich auch die Aussicht für alle Insassen. Diejenigen auf der rechten Seite blickten auf New Jersey und den Fluss, während die auf der linken Seite LaGuardia und Manhattan erkennen konnten. Während des Kurvenflugs bekam die linke Seite zeitweilig einen Panoramablick auf das südliche Stadtgebiet und beide Flussufer. Alex Magness, ein New Yorker auf Platz 17A auf der linken Seite, gehörte zu den wenigen, die bereits begriffen hatten, dass beide Triebwerke ausgefallen waren. »Das Flugzeug war so still wie ein Schlafzimmer in der Nacht«, sagt er.

Er berichtet, was ihm der Blick aus dem Fenster sagte: »Mir wurde klar, dass der Hudson unsere Landebahn sein würde. Ich sagte zu meinem Sitznachbarn [Nick Gamache aus Raleigh in North Carolina]: ›Ich glaube, wir gehen auf dem Wasser herunter.‹ Jemand hinter mir äußerte: ›Nein, wir fliegen nach New Jersey.‹ Jeder wollte glauben, dass wir zu einem Flughafen zurückkehren.« Für Magness erschien die Gefahr geringer als an jenem anderen Augenblick des Schreckens in seinem Leben. Am 11. September 2001 hatte er auf dem Weg zu seinem Arbeitsplatz in Liberty Plaza Nr. 1, einem Bürohochhaus neben dem World Trade

Center, um 9 Uhr die U-Bahn verlassen. Als er auf die Straße trat, schlugen Flammen aus dem Nordturm, und schon bald sprangen die ersten Menschen aus großer Höhe herab. Seine instinktive Reaktion bestand darin, vor diesem Schrecken zu fliehen und sich unter Freunde zu begeben. Minuten später befand er sich daher im Aufzug zu seinem Büro im 19. Stockwerk, als er »das Dröhnen von Triebwerken im Flug und eine Explosion« (vom zweiten Anschlag, der den Südturm auf der anderen Straßenseite traf) hörte und der Lift zwischen zwei Stockwerken stecken blieb. Den restlichen Vormittag verbrachte er zusammen mit Tausenden anderer New Yorker auf der Flucht vor dem Terror und den Schrecknissen dieses Tages. Selbst in der tödlichen Situation, in der er sich jetzt befand, fühlte er sich nicht so sehr der Angst und der Gefahr ausgesetzt wie im September 2001.

Durch die Kehrtwende erhielt Adelaide Horton, eine 58 Jahre alte Anzeigenleiterin aus North Carolina, einen ersten guten Blick auf LaGuardia. »Ich wusste sofort, dass wir den Rückweg nicht schaffen würden. Ich hoffte, er würde es nicht versuchen. Es war schon schlimm genug, wenn wir alle abstürzten und verbrannten, aber es wäre noch schrecklicher, wenn dabei auch noch andere Menschen getötet würden. Instinktiv wusste ich, dass er das nicht tun würde, sondern dass wir im Fluss runterkommen würden.«

Hinter Horton saß Pam Seagle, die bereits den dramatischen Höhenverlust bemerkt hatte. Jetzt drang auch das Fehlen von Triebwerksgeräuschen in ihr Bewusstsein. Sie blickte auf das breite Panorama von Manhattan. *O Gott, die müssen das für einen Terroranschlag halten*, überlegte sie. Dann kehrten ihre Gedanken zu ihrer eigenen Situation zurück: *Kein Triebwerksgeräusch, keine Informationen aus dem Cockpit, und dazu Höhenverlust.* Sie wusste, dass das Flugzeug herunterkommen müsste – aber nicht auf einem Flughafen.

Fred Beretta, Privatpilot und Aktienhändler der Bank of America aus Charlotte, war der erste, der die »große Mauer« im Mittelgang überwand. »Ganz plötzlich traf mich die Erkenntnis«, berichtet er, »ich hörte keine

Geräusche mehr vom linken Triebwerk, sondern nur noch den vorbeistreichenden Wind. Also sprach ich einen Passagier auf der rechten Seite an und fragte ihn, ob er auf der rechten Seite auch nichts hörte. Ich hatte einen gewaltigen Adrenalinstoß und wusste, dass die Lage wirklich ernst war.«

In den Reihen zwischen Seagle und Beretta saßen – hintereinander auf Platz 13B und 14B – Mike und Mary Berkwits. Sie sind seit 30 Jahren verheiratet und wohnen in North Carolina, sind aber waschechte New Yorker. Mit ihrem eigenen Boot fahren sie häufig über den Hudson. Wenn Sie eine Schauspieleragentur anriefen und dort nach einem New Yorker Pärchen fragten, würde man ihnen Mike (54) und Mary (53) schicken. Sie reden wie New Yorker, sie benahmen sich wie New Yorker, und gerade jetzt gaben sie eine Spitzenvorstellung davon. Sie ist eine unerschütterliche Katholikin, er ein unerschütterlicher Agnostiker.

Ebenso schnell, wie die Erkenntnis Beretta getroffen hatte, schloss Mike Berkwits aus der Totenstille, dass beide Triebwerke ausgefallen waren. Aber der New Yorker in ihm, der sehr stolz auf die Helden des 11. September war, wusste, dass New York sie retten würde. »New Yorker wissen, wie man mit Katastrophen umgeht«, sagt er, »sie sind einfach an Ort und Stelle. Ich dachte, wir landen auf dem Wasser, die Türen gehen auf, wir steigen in ein Boot um, das bringt mich zum Ufer, und dann ...« Wie jeder New Yorker, der schon einmal versucht hat, zur Stoßzeit ein Taxi zu erwischen, schließt er: »... dann müssen wir zusehen, wie wir nach Hause kommen.« Erst später, bei einem der vielen Fernsehauftritte in der Folgezeit, wurde ihm bewusst, wie gefährlich die Lage gewesen war. »Die Angst traf mich immer wieder. Wie konnte ich der Gefahr gegenüber so ignorant gewesen sein?« Er fragt sich immer noch, wie er so viele Dinge einfach hatte ausblenden können.

An Bord des Flugzeugs dagegen halfen Berkwits sonderbare Unerschütterlichkeit und die Ruhe seiner Frau drei aufgeregten Passagieren, die Ereignisse durchzustehen. Links von ihm saß Debbie Ramsey, die 49 Jahre alte Einkäuferin eines Geschäfts namens »New York New York« in einer

Ladenstraße in Pigeon Forge, Tennessee, rechts von ihm Shae Childers, 38 Jahre alt, Einkäuferin für ein Familienbekleidungsgeschäft in Gaffney, South Carolina. Childers Freundin und Kollegin Amy Jolly, 29, saß genau hinter ihr, neben Mary.

Die Gruppe saß praktisch neben dem Triebwerk. Als es ausfiel, waren sie alle zu Tode erschrocken. In ihrer Beunruhigung legte Ramsey die Hand auf Mikes Bein und fragte: »Werden wir hier heil herauskommen?«

»Machen Sie sich keine Sorgen«, antwortete er, »wir haben einen Triebwerksausfall und kehren um.«

Anschließend war es ihr peinlich, dass sie ihm die Hand auf das Bein gelegt hatte.

»Ach, machen Sie sich auch darüber keine Sorgen«, sagte Berkwits, »meine Frau hat ihre Hand auf meinen Kopf gelegt.«

Während des restlichen Fluges sprachen die Berkwits kein Wort miteinander, sondern berührten sich nur über die Rückenlehne hinweg. Beide versuchten eifrig, ihre Sitznachbarn abzulenken.

»Ich versuchte, nicht ans Sterben zu denken«, berichtet Jolly, »aber mehrere Male fragte ich Mary: ›Werden wir sterben? Wird es schnell gehen oder weh tun?‹ Jedes Mal antwortete Mary: ›Ich habe Magenkrebs überlebt. Ich habe nicht vor, jetzt zu sterben. Meine Nichte ist ungefähr in Ihrem Alter. Sie sind viel zu jung zum Sterben. Es wird alles gut.«

Mike übernahm freiwillig die ungewöhnliche Aufgabe des Fremdenführers für die New Yorker Sehenswürdigkeiten, an denen sie vorbeirasten. Als Ramsey in Panik zu geraten drohte, legte Berkwits los: »Schauen Sie, das Yankee-Stadion, das alte und das neue gleich nebeneinander. Einen besseren Blick darauf werden Sie nie bekommen. Da ist das Grant-Mausoleum!«

»Ich wusste, dass er versuchte, mich zu beruhigen«, erzählt Ramsey, »ich betete: ›Bitte, lieber Gott, nimm mich nicht schon heute zu dir!‹ Mein Handy war in meiner Tasche, und ich zog es heraus und schaltete es ein, um meinen Ehemann anzurufen, aber der Mann im Flugzeug – Mr. Berkwits, wie ich später herausfand – versuchte mich zu beruhigen und sagte so etwas wie: ›Rufen Sie nicht zu Hause an. Sie wollen ihn doch nicht unnötig aufregen, oder?‹«

Der rasche Sinkflug beunruhigte Childers. Sie hatte keine Angst vor dem Fliegen, aber der rapide Höhenverlust machte ihr Angst, sodass sie, eine Baptistin, zu beten begann. Dabei hielt sie die Hand ihrer Freundin und Arbeitskollegin Amy Jolly im Sitz hinter ihr fest umklammert. Auch sie fand die augenfällige Lässigkeit der Berkwits beruhigend. Mike Berkwits weiß noch, dass er ihr riet, sich die George-Washington-Brücke anzusehen, während sie sich ihr näherten. Childers jedoch kann sich nicht daran erinnern, und auch nicht, die Brücke überhaupt gesehen zu haben. Immerhin saß sie auf einem Platz am Gang und auf der falschen Seite des Flugzeugs. Die Passagiere auf den Gangplätzen hatten den Nachteil – vielleicht war es auch ein Vorteil –, nicht viel erkennen zu können.

Die Brücke nicht sehen zu können war für viele wahrscheinlich ein Segen. Als das Flugzeug langsam über die riesige Hängebrücke hinwegzog, war das einer der beunruhigendsten Anblicke während des ganzen Sinkflugs. Wer auf der rechten Seite des Flugzeugs saß und erkennen konnte, wie nah die Brücke war, brauchte schon ein gehöriges Maß an Weltfremdheit, um sich nicht zu fürchten.

Über 17 Brücken fließt der Verkehr von und nach Manhattan, aber nur eine einzige führt über den Hudson nach New Jersey. Bei ihrer Fertigstellung zu Beginn der Weltwirtschaftskrise 1931 übertraf die George-Washington-Brücke die bis dahin größte Hängebrücke der Welt um mehr als das Doppelte, und noch heute wirkt es atemberaubend, wie sie sich mit ihren 14 Fahrspuren auf zwei Ebenen fast 1500 m weit über den Fluss spannt. Während der Hauptverkehrszeit am Nachmittag sind alle Spuren verstopft.

Die imposantesten Teile der Brücke sind die riesigen Pfeiler an den beiden Enden – breite, hervorspringende Rechtecke aus senkrechten Sichtstahlbalken, die durch ein Fachwerk aus offenen Stahlstreben verstärkt werden und 200 m über den Fluss aufragen. Flug 1549, der 550 m Höhe verloren hatte, bewegte sich auf einer Höhe von 380 m knapp außerhalb des Pfeilers am Manhattaner Ufer, nicht mehr als 180 m über dem höchsten Punkt der Konstruktion. Wenn die Passagiere auf der rechten Seite des Flugzeuges hinsahen – viele taten das nicht und wollten es auch nicht tun –, konnten sie die Pfeiler und die Brücke deutlich erkennen. Einige sahen sogar die Autos – und den Fluss, breit und sehr nah. Die Passagiere auf der linken Seite konnten die Flughöhe des Airbus im Verhältnis zu den Gebäuden von Manhattan erkennen. Er bewegte sich auf der Höhe der Aussichtsplattform des Empire State Building und damit über 30 m tiefer, als die Spitzen der Zwillingstürme des World Trade Centers gewesen waren.

Plötzlich schrie jemand: »Wann sagt uns endlich mal einer Bescheid?«

Ungefähr zur selben Zeit wurde Bill Zuhowski, der Gelegenheitsflieger aus Mattituck auf Long Island, von dem Mann auf dem benachbarten Sitzplatz abrupt in die Gegenwart geholt. Bis dahin hatte Zuhowski keine rechte Vorstellung von den Ereignissen gehabt. Er hielt es immer noch für durchaus wahrscheinlich, dass der Pilot das Flugzeug abfangen und den Flug nach Charlotte fortsetzen könnte. Der Gedanke an einen Absturz war ihm noch nicht ernsthaft gekommen. Dann verschränkte sein Sitznachbar Luther Lockhart, ein Personal-Trainer aus der Bronx, den Arm mit ihm und verkündete: »Es ist schön, es vorher zu wissen, wenn man sterben muss.«

»Es war erschreckend«, berichtet Zuhowski, »aber einen Augenblick später senkte der Mann den Kopf und fragte mich: ›Sind wir schon zurück auf dem Flughafen?‹« Der merkwürdige Vorfall erschütterte Zuhowski, zwang ihn aber auch dazu, sich den Realitäten zu stellen. Wie für alle anderen aber stellte sich ihm das Problem: Wie gehe ich mit diesen Informationen um? Was soll ich damit *anfangen*? »Natürlich bekam ich

Angst«, berichtet Zuhowski, »aber so voller Furcht und Panik Sie auch sind, es gibt nichts, das Sie tun können. Sie sind auf Ihrem Platz festgenagelt, und das war es.«

Lockhart sagte später, dass sein Verstand Achterbahn fuhr. »Ich war nicht etwa hysterisch«, erklärte er, »ich sagte mir immer wieder: ›Menschenskind, ich werde sterben!‹ Was ich fühlte, war jedoch eher: ›Mann, ich sterbe! Scheiße, ich sterbe!‹ Es kam mir vor, als wäre ich Zuschauer bei einer Veranstaltung. Ich hatte mich mit dem Sterben abgefunden.«

Wendell Fox, ein ehemaliger Polizist aus Charlotte, der jetzt als Betrugsermittler bei der Bank of America arbeitete, sah die Spitze der Brücke, erkannte, dass das Flugzeug seinen Kurs nach dem Flussverlauf ausrichtete, und »kam zu dem Schluss, dass ich sterben musste. Ich nahm an, dass Flugzeug würde auseinanderbrechen, und da es mit Treibstoff vollgepumpt war, würden wir alle eines gewaltsamen Todes sterben. Immerhin würde es schnell gehen.«

Brad Wentzell, Vertreter für Terrassentüren aus Charlotte, dachte schon, sie würden die Brücke treffen. »Als wir darüber hinweg waren«, berichtet er, »wurde mir klar, dass wir es nicht zu einem Flughafen schaffen würden. Wir hatten keine Chance. Ich konnte spüren, dass wir segelten. Ich sagte zwei Vaterunser auf. Ich sagte: ›Herr, ich habe kein ideales Leben geführt. Bitte vergib mir meine Sünden. Kümmere dich um meine Frau und meine Tochter. Nimm mich zu den Pforten des Himmels.‹«

Ian Wells, ein 29 Jahre alter Collegestudent aus Rye im Staat New York, dachte an seine Familie. Es kam ihm vor, als hinge er langen, persönlichen Erinnerungen nach. »Es schien eine Million Jahre her zu sein, seit wir die Vögel getroffen hatten. Die Zeit verging so langsam.« Tatsächlich verstrichen zwischen dem Vogelschlag und dem Erreichen der Brücke 98 Sekunden. »Wir hatten diese scharfe Linkskurve geflogen, bei der die Tragflächen fast senkrecht standen. Dann kamen wir wieder in die Horizontale, gingen tiefer und tiefer und wurden immer langsamer. Ich kenne die Gegend. Ich konnte die Steilküste von New Jersey sehen. Als wir über die George-Washington-Brücke hinwegflogen, sah ich den Fluss und wusste sofort, dass wir zu keinem Flughafen unterwegs waren. Wir würden im Fluss aufsetzen. Es würde schlimm werden.«

Michelle DePonte, die erwartungsvolle Braut, sah den Fluss und »wusste, dass wir beim Aufschlag sterben würden. Sofort.« Der Gedanke daran überstieg ihre Vorstellungskraft. »Um ehrlich zu sein, saß ich da wie benebelt«, gesteht sie, »es war einen Monat vor meiner Hochzeit. Ich dachte die ganze Zeit: *Geschieht dies hier wirklich? Ich lebe seit zehn Jahren mit diesem Mann zusammen, und einen Monat bevor wir heiraten sollen, stürze ich ab?*«

Josh Peltz, ein 39 Jahre alter leitender Angestellte im Softwarevertrieb aus Charlotte, sah aus seinem Fenster auf der New-Jersey-Seite in Reihe 10. »Als wir über die Brücke flogen, wusste ich, dass es keinen passenden Flughafen für uns gab. Wir würden im Fluss landen.« Peltz hat eine ironische Ader, die sich in weniger als einer Minute allen Anwesenden zeigen würde, von denen nicht alle dafür bereit waren. »Ich hatte gehofft, wir würden auf dem Hudson Parkway oder auf einer der Straßen am anderen Flussufer landen, aber dann fiel mir sofort ein, dass kein Pilot so etwas tun würde. Schließlich kann man den Verkehr nicht so schnell umleiten«, sagt er – und dann zeigt sich auch schon seine ironische Ader: »Allerdings«, so witzelt er, »wenn Ihnen ein großes Flugzeug entgegenkommt, leitet das den Verkehr schon ziemlich schnell um.«

Beth McHugh, 64 Jahre alt, die von Platz 20C auf der Manhattan-Seite die Lage verfolgte, war sehr viel früher, aber für sich allein, zu dem Schluss gekommen, dass beide Triebwerke ausgefallen waren. Damit fand sie sich ab. Danach aber wurde der Verlauf des Fluges für sie verwirrend. »Ich sah aus dem Fenster und erkannte die George-Washington-Brücke, nur die Pfeiler, und sie waren sehr nah«, berichtet sie. Anschließend beobachtete sie: »Und wir gingen ziemlich schnell runter, während ich noch glaubte, wir befänden uns immer noch über den Häusern von Manhattan. Auf dem Gangplatz konnte ich nicht so viel sehen. Ich war mir sicher, dass wir sterben würden. Ich war mir sicher, dass es sehr, sehr schlimm sein würde.«

Jim Whitaker hatte damit begonnen, sich auf seinen Tod vorzubereiten. Als überzeugter Katholik war er nicht so furchtsam wie manch anderer. »Ich war mir sicher, was danach geschehen würde«, erklärt er, »ich wusste genau, wie der ›Augenblick danach‹ aussehen würde. Ich dachte an meine Familie und daran, was sie durchzumachen hatte. Ich erwartete zu sterben. Aber zu sterben ist nicht das Schlimmste, was einem zustoßen kann. Es gibt unendlich viel schlimmere Sachen, die vor dem Tod geschehen.« Whitaker hatte sein Kind durch plötzlichen Kindstod verloren. Das war eines der schlimmsten Dinge.

Inzwischen versuchte Whitaker weiterhin, Tess Sosa so gut zu beruhigen, wie er es vermochte. Sie erinnert sich daran, dass er dabei sagte: »Es ist alles in Ordnung. Ich habe selbst fünf Kinder und erwarte, sie aufwachsen zu sehen.«

Martin Sosa ging es sehr viel schlechter. Wie viele der Menschen an Bord hatte er eine panische Angst vor dem Ertrinken. Er sagt: »In meinem Leben habe ich immer vor zwei Dingen Angst gehabt, nämlich vom Himmel zu fallen und zu ertrinken.« Jetzt sah er beiden Möglichkeiten ins Angesicht, und das versetzte ihn in Panik. Heute hält er Rückschau über diese wenigen Sekunden seines Lebens:

»Ich wusste sofort, dass etwas ganz fürchterlich schiefgegangen war«, berichtet er, »ich konnte sehen, dass das Triebwerk brannte. Das war schon schlecht, aber dann hörten wir, wie das andere ausging. Völlige Stille! Irgendjemand schrie: ›Feuer, Feuer!‹ Dann sah ich hinten die Flugbegleiterin mit dem Feuerlöscher. Das war ganz entschieden schlecht.

Man macht sich dann diese Gedanken. Sofia drehte durch. ›Papa, was ist das für ein Geruch?‹ Es wird alles gut. Keine Panik. Keine Panik. Ich sagte: ›O mein Gott!‹ In dem Augenblick drehte das Flugzeug scharf nach links. Ich sagte mir selbst, dass das nicht so aussieht, als würden wir zum Flughafen zurückkehren. Ich sah, dass wir uns der George-Washington-Brücke näherten, und erkannte, dass wir im Wasser landen würden. Ich sah, dass wir schnell nach unten gingen und uns der Skyline von Manhattan auf der linken Seite näherten. Ich war wütend. Ich fluchte. Eine Menge Leute fingen an zu beten, aber ich erging mich in Kraftausdrücken.«

Wen wollte er damit beschimpfen?

»Ich war einfach nur wütend. ›Fuck, fuck!‹ Ich konnte nicht glauben, dass uns dies wirklich zustieß. Es sah aus, als wäre unser Ende gekommen. Wir würden einfach sterben. Wie sollte das ausgehen? Würde das Flugzeug auseinanderbrechen? Wie konnte ich Sofia festhalten? Was, wenn ich das Bewusstsein verliere? Ich wusste einfach nicht, was vor sich ging.«

Zu diesem Zeitpunkt waren den meisten Menschen an Bord die Realitäten noch nicht klar. Sie konnten sie einfach nicht sehen. Viele hatten die Augen im Gebet geschlossen oder sich von der Außenwelt abgewandt. Andere weigerten sich einfach, die Tatsachen anzuerkennen, obwohl das in wenigen Sekunden viel schwieriger sein würde.

»Ich konnte direkt aus dem Fenster sehen und trotzdem bis kurz vor Schluss die Wirklichkeit verleugnen«, erzählt Brian Moss, der in der letzten Reihe weiterhin versuchte, Vallie Collins in ihrer Angst beizustehen. Auf der anderen Seite des Ganges hatte Irina Levshina, die Fensterplätze bevorzugte, um die Aussicht zu genießen, die Sichtblende nicht wieder hochgeschoben. Sie betete – vollständig im Dunkeln.

Jerry Shanko, ein weiterer Mitarbeiter der Bank of America, glaubte zwar, aufmerksam zu sein, doch er gibt zu: »Ich ignorierte, was geschah. Flugzeuge stürzen nicht ab. Das ist keine normale Situation. Wir waren nicht explodiert, also ging ich davon aus, dass alles in Ordnung sei. Im Rückblick fällt mir auf, dass in der Kabine eine merkwürdige Stille herrschte. Es war kein Triebwerksgeräusch zu hören. Mein Verstand weigerte sich, das wahrzuhaben.«

Douglas Schrift, ein 36 Jahre alter leitender Angestellter im Baugewerbe aus Charlotte, sagte Monate später, eine der Lektionen, die er bei diesem Flug gelernt hatte, bestünde darin, dass Menschen in derselben Situation nicht notwendigerweise dasselbe sehen. Das war jetzt und während der wenigen verbleibenden Flugsekunden mit Sicherheit der Fall.

Chris Rini, der Drag-Rennfahrer aus Holmes in New York, befand sich auf dem Weg nach Süden, um mit seinem Motorenhersteller über die kommende Rennsaison zu sprechen. Er starrte nach unten auf die Brücke, die sie überflogen. »Ich konnte in die Autos hineinsehen«, erklärte er gegenüber *Racin' Today*, einem Onlinemagazin für Motorsport, »ich bin mir sicher, dass die Leute auch ein bisschen erschrocken waren.« Er selbst dagegen hatte noch nicht so viel Angst. Wenn er bei einem Unfall sterben sollte, so würde es ein Autounfall sein, kein Flugzeugabsturz, das hatte er immer angenommen. Als Weltklassefahrer hatte Rini seinen aufgemotzten Dodge Strata auf Geschwindigkeiten gebracht, die sich fast mit denen messen konnten, mit denen das Flugzeug jetzt segelte.

Eric Stevenson hätte stärker beunruhigt sein können, denn Flug 1549 war weiter und schneller gestürzt als das Flugzeug bei jenem Beinaheabsturz über dem Pazifik, den er vor 22 Jahren erlebt hatte. Aber der Airbus war immer noch doppelt so hoch, wie die Boeing 767 gewesen war, als der Sturzflug endete. Stevenson jedoch hielt sich hartnäckig an dem Gedanken fest, dass 1549 auf dem Weg nach Newark war.

Dieser Flug war definitiv anders.

Er erinnert sich noch an den Beinaheabsturz von 1987: »Die Crew kam und rief: ›Bereiten Sie sich auf eine Notwasserung vor‹. Die Leute griffen zu den Schwimmwesten und legten sie an. Mir kam das vor wie das absolute Ende. Jetzt dagegen dachte ich, dass das Flugzeug noch in der Lage sein musste, zu landen. Ich konnte mir nicht vorstellen, dass der Zwischenfall so verheerend war.«

Die 150 Passagiere von Flug 1549 lebten alle in ihrer eigenen Wirklichkeit. Manche sahen den Vorgängen zu wie einem Film. »Ich hatte das Gefühl, als würde ich mich selbst aus der Entfernung beobachten«, berichtet Kanau Deguchi, einer der japanischen Kaufleute. Für einige, wie etwa Mike Berkwits, wirkte der Vorfall wie ein einmaliges Erlebnis, und für wenige war es ein Abenteuer, nicht eine erschreckende Gelegenheit, den letzten Akt ihres Lebens zu sehen. Der kleine Damian lag in tiefem Schlaf.

Viele beteten. So viele Glaubensrichtungen waren hier versammelt, so viele Ansichten von Gott und dem Weg zu ihm:

Balaji Ganesan, ein Hindu, sah von Platz 20E aus auf den Fluss. Neben ihm war Amber Wells, eine fromme Christin, tief im Gebet versunken.

Heyam Kawas, eine Moslima, beugte sich im Gebet an einen anderen Gott nieder – der wahrscheinlich nur anders war, weil die Menschen ihn so gemacht hatten.

Ein stummes russisches Gebet wurde neben einem stummen jüdischen Gebet gesprochen, während sich die Gläubigen an den Händen hielten.

Es gab Katholiken, armenische Orthodoxe und all die verschiedenen christlichen Glaubensrichtungen, die alle ihren eigenen Weg entwickelt hatten. Es gab Weihnachts-Kirchgänger, Agnostiker und Atheisten. Es gab Männer und Frauen, die sich bis zu diesem Augenblick nicht für religiös gehalten hatten und plötzlich wie in einem fliegenden Schützengraben konvertierten.

Takigawa war der einsame Buddhist an Bord. In seiner Religion sind Gebete eher innere Meditation als nach außen gerichtete Gespräche mit einem höheren Wesen. Takigawa sagte später, dass er sich unter all den Betenden isoliert und allein gefühlt hatte, sogar ein wenig verloren und ausgegrenzt.

Flug 1549 glitt jetzt mit knapp über 320 km/h und wenig mehr als 300 m über das zu New Jersey gehörende Ufer des Hudson River dahin und sank rasch tiefer. Auf der einen Seite lockten die teuren Apartments von Hudson Cove in New Jersey, auf der anderen Seite befand sich West 155th Street, die Nordgrenze Harlems und früher der stolze Standort der Polo Grounds des Big Apple.

In diesem Augenblick drang Chesley Sullenbergers Stimme zum ersten Mal seit dem Start vor fast vier Minuten in die Kabine.

»Hier spricht der Kapitän«, sagte er, »nehmen Sie Ihre Sicherheitspositionen ein!«

5 »Abstützen! Kopf nach unten! Unten bleiben«

»Wenn Sie während eines Fluges diese Worte hören – Sicherheitsposition und so weiter –, dann glauben Sie erst, Sie haben nicht richtig gehört«, erklärt Douglas Schrift, »ich blickte mich um und hörte einige Leute fragen: ›Hat er wirklich »Sicherheitsposition« gesagt?‹ Dann begannen die Flugbegleiterinnen mit ihrer Litanei. Ein gruseliger Sprechchor, wie in einem Horrorfilm: ›Abstützen! Abstützen! Kopf nach unten! Unten bleiben‹ Immer und immer wieder. Es war wirklich fürchterlich.«

Schrift sagt, es sei so gut wie unmöglich zu beschreiben, wie der Verstand in einem solchen Augenblick arbeitet. Andere schilderten ihre Verfassung so, als befänden sie sich in einem Tischtennisspiel, bei dem die Spieler aber alle vier Seiten des Tisches nutzen. »Soll ich beten? Soll ich zu Hause anrufen? Sie taten, was sie gerade fühlten«, erklärt Schrift, »gleichzeitig sind Sie sich aber auch einiger der Dinge bewusst, die um Sie herum vor sich gehen. Das Schluchzen. Das Stöhnen. Ein Mann fragte mich in einer monotonen Stimme: ›Wie nahe sind wir?‹ Ein anderer antwortete: ›Wir sind auf dem Wasser.‹ Was heißen sollte, dass wir jeden Moment auf dem Wasser aufschlagen würden.«

Jim Whitaker sagt aus, dass ihn diese Worte nur wenig erschreckten, da er wusste, dass sie irgendwann kommen mussten. »Aber das war der Auslöser für ein Gefühlschaos an Bord des Flugzeugs«, führt er weiter aus, »Adrenalinausstoß und Angst schalteten in den höchsten Gang. Die Menschen weinten, schrien, beteten, hielten sich an den Händen, ließen Stoßseufzer hören. In meiner Erinnerung sehe ich immer noch die Menschen in meiner Nähe und kann die körperliche Reaktion und die echte Todesangst in ihren Augen erkennen.« Andere bezeichneten diesen Augenblick als surreal, und manche beschreiben ihn wie eine außerkörperliche Erfahrung. »Nein, bei mir war das nicht so«, widerspricht Whitaker, »für mich war das nicht so etwas. Für mich war es sehr real, sehr fühlbar, sehr direkt. Es schnürte einem die Eingeweide zusammen. Es war so wirklich, wie das Leben nur sein kann.«

Einige zogen sich in ihr Innerstes zurück und verblieben dort. Heyam Kawas, eine 1,60 m große Jordanierin, die seit 1992 als Spezialistin für arabische Sprachen bei den Vereinten Nationen arbeitet, hielt seit dem Zusammenstoß mit den Vögeln ihren Kopf im Gebet gesenkt. Sie hatte die Worte des Piloten nicht verstanden, weshalb sie den Kopf hob und den Mann neben sich danach fragte. »Wir sollen die Sicherheitsposition einnehmen«, wiederholte er freundlich und zeigte ihr, wie sie das tun sollte. Kawas war von Schrecken erfüllt. Im Rückblick aber kommt es ihr vor, als hätte sie alle folgenden Ereignisse im Schlaf erlebt. Sie kann sich an nichts erinnern. »Ich hielt meinen Kopf unten, bis ich aufwachte, als der Mann mich anstieß und sagte: ›Gehen Sie jetzt!‹«, berichtet sie.

»Bei dem Gedanken, dass mein Leben jetzt enden sollte, spürte ich plötzlich eine völlige Blutleere«, erzählt Jeff Kolodjay, der Anführer der Golfspieler, dessen Vater und dessen Freunde überall vor ihm im Flugzeug verstreut saßen, »ich sagte mir: *He, ich bin 31 Jahre alt. Ich bin ein gesunder Mann. Warum passiert das? Was kann ich tun, um hier heil herauszukommen?* Nur langsam erkannte ich, dass ich nichts tun konnte.

Es ist erstaunlich, aber die Zeit kann einfach stillstehen. Ich schwöre, dass mir in den nächsten paar Sekunden nicht weniger als 50.000 Gedanken durch den Kopf gingen. Es war ein völlig verrückter mentaler Vorgang. Ich weiß nicht, ob es gut ist, so etwas zu sagen, aber manche Menschen haben die Gelegenheit, sich auf den Tod vorzubereiten, wenn sie an Altersschwäche oder an einer unheilbaren Krankheit sterben. Aber von dieser Freude und dieser wunderbaren Hochstimmung, zusammen mit meinem Vater und meinen Freunden diesen Ausflug zu machen, so urplötzlich in diese reine Panik gestoßen zu werden, in diesen – o mein Gott…

Selbstsüchtig sagte ich zu mir selbst: *Lass es bitte schmerzlos sein!* Ich stellte mir vor, wie mein Körper zerfetzt und von Metall durchbohrt wurde. Ein richtig lebhaftes Bild. Ich starrte auf die Rückseite des Sitzes vor mir und sah die beiden Griffe des Klapptischchens. Würden sie mich durchbohren?

Ich blickte aus dem Fenster. Wir näherten uns immer mehr dem Wasser, und ich sagte mir: *In ein paar Sekunden werden wir zehn, zwanzig Meter unter Wasser liegen. Hol so tief Luft, wie du nur kannst. Wenn sich dir eine Chance bietet, dann nimm sie wahr.* Also holte ich so tief Luft wie möglich. Ich wollte meinem Vater zurufen, dass ich ihn liebe, aber mit Sicherheit war das Letzte was er hören wollte, die Stimme seines Sohnes, kurz bevor er bei einem Flugzeugabsturz ums Leben kam.«

In Reihe 10 am Ausgang saßen die beiden tüchtigen Geschäftsfrauen Lori Lightner und Michelle DePonte auf den Plätzen A und C mit Michael Whitesides zwischen sich, einem tief religiösen Verkaufsmanager für eine japanische Firma. Lightner, die modebewusste Managerin von Belk, platzte in einer unmittelbaren Reaktion auf die körperlose Stimme von Sullenberger heraus: »Oh, Mist, wir stürzen ab!«

Wie alle Mitglieder der Belk-Gruppe arbeitete Lightner 80 Stunden in der Woche in einem hektischen Beruf, der von ihr den Drahtseilakt verlangt, zu wissen, was beim Schönheitswettbewerb in Charlotte in sechs Monaten in ist – oder es festzulegen. Angesichts dieser Schnelllebigkeit und ihrer Angst vor dem Fliegen zog sie es auf Flügen immer vor, die Wirklichkeit auszublenden und tief in Bücher einzutauchen. Dadurch konnte sie sich so sehr aus der Welt herauslösen, dass sie vor kurzem Seite an Seite mit Hillary Duff quer durch das Land geflogen war, ohne es zu bemerken.

Jetzt legte sie ihr Buch beiseite und griff zum Handy, um ihren Mann anzurufen. »Ich stürzte ab, ich würde sterben, und ich wollte ihm sagen, dass ich ihn liebe«, erklärt sie im Nachhinein. Aber ihre Hand zitterte so sehr, dass sie das Telefon nicht einschalten konnte. Dann verschränkte plötzlich Whitesides, der bis dahin sehr schweigsam gewesen war, die Arme mit den beiden Frauen und begann eindringlich zu beten.

»Das Gebet erschien uns sehr wichtig«, berichtet Lightner in dem Schnellfeuer-Stakkato, das zu ihrem Arbeitsleben passt, »ich betete für meine Familie und meinen Mann und dafür, dass er mit den Finanzen zurechtkommen möge. Ich hoffte, dass es Eric, meinem Mann, klar war, dass er die doppelte Summe aus meiner Lebensversicherung verlangen konnte, da ich mich auf einer Dienstreise befand. Es ist vielleicht merkwürdig, im Angesicht des Todes an seine Versicherung zu denken, aber ich bin ein praktisch veranlagter Mensch. Mein erstes Gebet aber war kurz: ›Vergib mir alles, was ich falsch gemacht habe. Ich habe keine Zeit, alles anzuführen, weil ich sterben werde.‹«

Am Fenster bereitete sich Michelle DePonte schon auf den Tod vor, seit sie die George-Washington-Brücke gesehen hatte. Wie Lightner dachte sie an die Risikolebensversicherung, die sie vor kurzem abgeschlossen hatte. Sie war sich nicht sicher, ob das klug gewesen war. Jetzt war sie sich sicher. »Ich dachte, es würde niemals jemand daraus Nutzen ziehen«, berichtet sie. *Jetzt wird es jemand tun*, dachte sie.

Tripp Harris stellte fest, dass sich sein Geist in die entgegengesetzte Richtung als die bewegte, die von Romanautoren und Drehbuchschreibern beschrieben wird.

»Man erzählt uns immer, dass unser bisheriges Leben vor unseren Augen abläuft«, erklärt er, »bei mir war das genaue Gegenteil der Fall. Ich dachte an die Dinge, die ich geplant und auf die ich mich gefreut hatte, z.B. mit meinem Sohn Baseball zu spielen. Er ist zweieinhalb Jahre alt. Ich dachte daran, ihn aufwachsen zu sehen.«

In traumatischen Situationen geraten viele Menschen in einen Zustand, den Psychologen als dissoziative Störung bezeichnen, wobei sie unwahrscheinlich schnell und kaleidoskopartig, aber nicht zwingend zusammenhängend denken. Es ist ein hypnotischer Geisteszustand, wie ihn auch Soldaten im Kampf erleben, oder noch häufiger *nach* einem ermüdenden Kampf. Dasselbe widerfährt Überlebenden schrecklicher Unfälle oder den Opfern von Gewaltverbrechen als Schutz gegen eine Realität, die der Geist nicht verarbeiten kann.

Der merkwürdige, rhythmische, leicht schrille Sprechgesang der Flugbegleiterinnen – »Abstützen! Abstützen!« – drang nicht zu Michelle DePonte durch. »Ich stellte mir einen dieser Flugzeugkatastrophenfilme vor, bei denen das Flugzeug auf dem Wasser aufschlägt, sich irgendwie spiralfömig bewegt, einen Ringelpiez hinlegt. In mir war nicht ein Quäntchen von ›Ich werde das überleben‹. Ich weiß nicht, wie viele Personen an Bord glaubten, dass sie es überstehen würden, ich aber auf jeden Fall nicht. Es war immer meine größte Angst, mit einem Flugzeug abzustürzen, und jetzt geschah es, und niemand überlebt so etwas.«

DePonte saß gleich neben dem Notausgang und starrte zur Tür in der Seitenwand des Flugzeugs hinüber, doch ihre Gedanken hätten so manche ihrer Mitpassagiere aus der Fassung bringen können. »Ich buche immer einen Fensterplatz in der Reihe am Notausgang«, gesteht sie, »wegen der Beinfreiheit und wegen der Fluchtmöglichkeiten, wobei ich aber nie geglaubt habe, dass Letzteres nützlich sein kann. Ich habe mich nie um die Stewardess gekümmert, die mich fragt, ob ich mit der Tür umgehen kann. Und jetzt geschah es wirklich. Konnte ich herauskommen? Nein.[4] Mein letzter Gedanke war, dass wir abstürzen würden, dass es sehr schnell gehen und ich nichts spüren würde, da ich automatisch sterben werde.«

Jeder, der häufiger fliegt, weiß, dass die meisten Passagiere die Sicherheitseinweisung ignorieren. Bei der Untersuchung von Flug 1549 kam das National Transportation Safety Board zu dem Schluss, dass nur 25% der Passagiere der Vorführung gefolgt waren, und nur 12 hatten die Anweisungen gelesen. Überraschenderweise legten nach der Anweisung für die Sicherheitsposition und vor dem Aufsetzen nur zwei Passagiere die Schwimmwesten an, die sich unter dem Sitz befanden. Einige wussten nicht, was mit »Sicherheitsposition« gemeint war, und eine ganze Menge hatte keine Ahnung, wie die vorgeschriebene Körperhaltung dafür aussah.

»Wie zum Teufel soll man sich abstützen?«, fragte sich Amber Wells, die die einzelnen Sekunden des Startvorgangs gezählt hatte, »ich blickte mich nach den anderen um, da ich keinerlei Vorstellung davon hatte.«

Auch dies ist nicht überraschend. Trotz einer Menge Beweise für das Gegenteil setzen viele Fluggäste wie DePonte einen Absturz mit dem sicheren Tod gleich, als ob es keine Alternative gäbe. Außerdem wurden die Abstützpositionen im Laufe der Zeit weiterentwickelt, und darüber hinaus ist es schwierig, sich eine wirklich sichere Körperhaltung für einen Zwei-Meter-Mann in einem der Sardinendosensitze hinten in der Economyklasse vorzustellen. Darüber hinaus hatten die Passagiere keine Ahnung, dass Sullenberger seine Meldung ganze neunzig Sekunden vor dem Auf-

4 *Später erklärte DePonte, dass sie damit nicht meinte, die Tür nicht öffnen zu können, was sie und Whiteside gemeinsam schafften. Sie wollte sagen, dass alle bei dem Absturz ums Leben kommen würden, sodass die Türen bedeutungslos wurden.*

schlag gegeben hatte, was vielleicht die vorgeschriebene Zeitspanne sein mag, angesichts der Gesamtflugdauer von nur 300 Sekunden auf diesem Flug jedoch wie eine Ewigkeit wirkte.

In ihrem unruhigen und verängstigten Zustand hielten es einige Passagiere einfach nicht so lange in der Abstützposition aus. Viele wurden dazu verführt, während der letzten Sekunden herumzugaffen oder wenigstens einen kurzen Blick zu riskieren. (Dies führte dazu, dass über dreißig Personen während des Aufschlags Kopfverletzungen erlitten, die jedoch meistens nur leicht waren.)

»Mir kam es vor wie eine Ewigkeit«, berichtet Beverly Waters, eine 48 Jahre alte Börsenhändlerin aus Gastonia in North Carolina, »mein Herz sprang mir fast aus der Brust. Ich war nervös, voller Angst. Würden wir in die Gebäude stürzen? Auf ein Feld? Was würde das bedeuten? Und dann dieses ständige ›Abstützen! Abstützen! Kopf nach unten! Unten bleiben!‹ der Flugbegleiterinnen.«

Laura Zych, die 30-jährige Belk-Einkäuferin, die gerade aus Fargo zugezogen war, hatte ihre Einsamkeit durch eine ungebremste Vermehrung ihrer Garderobe durch New Yorker Kleidung zu Wirtschaftskrisenpreisen übertüncht, aber jetzt ließ sie sich von etwas ganz anderem beruhigen. Mehrere Augenblicke lang verblasste für sie der Sprechgesang der Flugbegleiterinnen, und im Flugzeug wurde es für sie ganz still. »Alles, was ich hörte, war das Weinen dieses Kindes. Es war völlig surreal«, berichtet Zych, »wahrscheinlich kennen Sie diese Situation, dass Sie ein Flugzeug besteigen und es ein nerviges Kind an Bord gibt, das dauernd weint und einfach nicht damit aufhören will. So aber war es hier nicht. Ich hatte eher das Gefühl, solange ich dieses Weinen hören kann, lebe ich noch.«

Die kleine, vier Jahre alte Sofia Sosa war für das Weinen verantwortlich. Um sie zu schützen, hatte ihr Vater Martin ihren Gurt so fest zugezogen, dass er ihr weh tat. Einige Reihen weiter vorn hörte Tess das Schluchzen und drehte sich nach hinten, um ihre Tochter zu trösten.

Tess Sosa, geborene Anastasia Tess Gianiks, eine gebürtige Griechin, 1,60 m klein, 52 kg leicht, aber zäh, hatte jedoch ein viel größeres Problem. Wie konnte sie sich abstützen und gleichzeitig das hilflose neun Monate alte Kind auf ihrem Schoß schützen?

Erneut blickte sie zu Whitaker hinüber. »Ach, wir nähern uns einer Landebahn«, sagte sie.

»Ja«, bestätigte Whitaker.

Sie blickte ihm in die Augen. »Er sah aus, als glaube er das wirklich, aber er wusste es besser. Und ich glaube, in dem Augenblick wusste ich es auch. Ich beugte mich über ihn und blickte aus dem Fenster, und er lehnte sich zurück und forderte mich mit einer Geste auf, hinzusehen. Ich sah Wasser und wusste, dass wir auf dem Wasser landen würden«, berichtet sie. Auf sie wirkte das Wasser beruhigend.

Was Whitaker angeht, erklärt Sosa: »Ich hatte das Gefühl, als ob er mir erklären konnte, welchen Verlauf die Dinge nehmen würden, und ich glaubte ihm einfach. Er forderte mich sehr bestimmt auf, meinen Sohn festzuhalten. Ich war gleichzeitig erleichtert und am Boden zerstört, denn ich hatte keine Ahnung, wie ich das tun sollte. Schließlich bin ich ziemlich klein, während Damian ziemlich groß ist. Die Stewardessen sagten: ›Kopf nach unten! Unten bleiben!‹ Aber ich hörte auch eine Reihe lauter Männerstimmen, die riefen: ›In Deckung! In Deckung!‹ Daran erinnere ich mich noch stärker. Ich fragte mich: *Sind wir hier im Krieg?* Als Whitaker mich fragte, ob ich meinen Sohn festhalten könnte, kam es mir vor, als sei er da, um mir eine Menge Sorgen abzunehmen.«

Whitaker, über 1,80 m groß und gut 80 kg schwer, erinnert sich daran: »Schon vor dem Start, als deutlich wurde, wie verzweifelt sie war, erzählte ich ihr von meinen Kindern. Ich versuchte kein übermenschlicher Sitznachbar zu sein, kein fremder, unbekannter Geschäftsmann, und gab ihr die Gelegenheit, ihre Angst vor dem Flug ein wenig abzubauen.

Jetzt gab die Crew Anweisungen, uns nach vorn zu lehnen und für den Aufschlag vorzubereiten. Das war der Zeitpunkt, an dem meine Sitznachbarin und ich mit unserer erst wenige Minuten währenden Bekanntschaft etwas unternehmen mussten. Sie war nicht in der Lage, sich mit dem Kind in ihren Armen nach vorn zu lehnen. Also fragte ich Tess, ob ich ihren Sohn halten sollte, während alle anderen die Abstützposition einnahmen. Die Angstwerte sprengten die Skala, die Besatzungsmitglieder riefen Anweisungen, die Furcht stieg exponentiell an.

In diesem Augenblick unglaublicher Verwirrung und menschlicher Nähe blickte sie mich an und sagte etwas wie: ›Sind Sie sicher?‹ Und ich antwortete: ›Absolut!‹ und streckte meine Arme aus. Dann übergab sie mir ihren Sohn.

Er war so klein, dass ich ihn wie einen Fußball quer vor meiner Brust halten konnte. Allerdings war mir klar, dass ich ihn bei einem heftigen Aufschlag auf dem Wasser am besten halten konnte, wenn ich beide Arme in Längsrichtung um seinen Körper legte. Er war mucksmäuschenstill, aber ich befürchtete immer noch, dass ich ihn zerquetschen könnte. Also stemmte ich ein Knie gegen die Rücklehne des Vordersitzes und schob mich so weit wie möglich in meinem Sitz zurück.«

In den Sitzreihen nahmen die verschiedenen Dramen an Intensität zu.

Mike Leonard wandte sich seiner Sitznachbarin zu, die er nie zuvor gesehen hatte und wahrscheinlich nie wieder sehen würde.

»Sieht so aus, als würden wir in den Bach fallen«, sagte er.

»Ja«, antwortete March Dolphin, die Brooklyner Physiotherapeutin, die so begierig darauf war, beim 80. Geburtstag ihrer Mutter dabei zu sein.

Pam Seagle, die Marketingexpertin der Bank of America, die neben Dolphin auf dem Fensterplatz saß, verließ endlich das Traumland, in das sie sich seit dem Vogelschlag geflüchtet hatte. Ihre Handflächen waren schweißnass, sie war völlig still geworden und bedauerte sogar die New Yorker am Boden, auf die ein weiteres Flugzeug herniederstürzte. Plötzlich öffnete sie sich wieder. Sie fragte nach dem nächsten Notausgang, von dem sie glaubte, dass er mehrere Sitzreihen entfernt wäre. Leonard erklärte ihr, dass er genau vor ihr liege, eine Reihe weiter vorn. Bis jetzt hatte Seagle alles einfach über sich ergehen lassen, doch nun regte sich in ihr der Widerstand: »*Ich bin zu jung. Meine Kinder brauchen mich. Sie sind doch noch Teenager. Ich will so nicht sterben.* Sehr schnell kam ich zu der Haltung: *O nein, ich komme hier raus. Wenn wir im Fluss landen, kann ich hier rauskommen.*«

Auf Platz 13D fuhr Eileen Shleffar damit fort, ihrem Mann David aus Charlotte die Neuigkeiten live durchzugeben. »Die Verbindung war unterbrochen. Ich drückte erneut auf die Taste. ›Wir gehen herunter‹, rief ich, als mein Mann wieder da war, ›ich liebe dich. Ich liebe Samantha. Pass gut auf alle auf. Ich hoffe, dass ich wieder mit dir reden kann. Ich rufe an, wenn es möglich ist.‹«

Das Telefonat erschien endlos, aber in Wirklichkeit waren nur zwei Minuten vergangen. David war immer noch verwirrt.

»Was geht da vor?«, fragte er.

»Der Kapitän hat gerade gesagt: ›Sicherheitsposition einnehmen!‹«, antwortete sie, »alles was ich sehen kann, sind Häuser links und Häuser rechts, und ich glaube, wir stürzen ab.«

»Was meinst du damit, ›wir stürzen ab‹?«

»Er weiß, dass ich kein guter Passagier bin«, erklärt Shleffar, »plötzlich wurde mir klar, dass ich keine Ahnung hatte, wie ich mich abstützen sollte, weshalb ich mich umsah, um herauszufinden, was die anderen taten.«

Später wurde Shleffar gefragt, ob sie nicht erkannte hatte, wie merkwürdig es war, während des ganzen Absturzes mit ihrem Handy zu telefonieren. »Es war sehr merkwürdig, ich weiß das. Aber es half mir dabei, mich zu konzentrieren. Es gab mir Kraft. David ist mein Fels in der Brandung.«

In der letzten Reihe lehnte sich Vallie Collins nach vorn, griff unter ihre Knie und »sagte diesem Erdenleben Adieu«. Dann fügte sie, halb für sich selbst, halb im Gebet, hinzu: »Ja, ich habe mich nicht so gut aufgeführt, wie ich es hätte tun können, aber ich war gut genug, um in den Himmel zu kommen.«

Andrew Gray, der im Dezember ins Zivilleben zurückgekehrte Hauptmann der U.S. Army, sagt: »Das war der Augenblick, in dem mir klar wurde, dass wir in einem Sandwich aus oben und unten Scheiße steckten.« Er war untröstlich und mit sich selbst unzufrieden. »Das Brummen der Triebwerke ist immer da«, erklärt er, »es verschwimmt bei einem Flug im Hintergrund. Aber jetzt konnte ich beinahe den Wind vorbeistreichen hören. Wir segelten einfach dahin, und ich wusste es. Heiliger Strohsack, alles, was ich Stephanie erzählt hatte, war eine Lüge gewesen, war falsch. Es würde nicht alles gut werden.«

Stephanie hörte »eine Dame schreien, ein Japsen. Ich blickte zu Andrew um und spürte sofort ein Gefühl der Hoffnungslosigkeit. Ich dachte, wir würden in die Gebäude stürzen. Keiner wusste, wie lange er noch zu leben hatte.«

Im Nachhinein erschreckt Gray bei Stephanies Worten. »Es wäre noch schlimmer gewesen, wenn ich das gewusst hätte«, sagt er, »ich blickte nach draußen und sah Wasser.« Wie Tess Sosa, aber im Gegensatz zu so vielen anderen, bedeutete das Wasser für ihn einen Hoffnungsschimmer. In seinem Geist, der jetzt auf Hochtouren lief, malte er sich Überlebensstrategien aus und dachte daran, nach draußen zu schwimmen. Dann jedoch verließ ihn der Mut. Bei einem Militärflugzeug wäre das vielleicht möglich oder bei einem Hubschrauber. Aber bei 150 Personen an Bord? Konnte er Stephanie hier herausholen? *Was passiert, wenn wir beide bewusstlos sind?*, sorgte er sich

»Irgendwann akzeptiert man, dass man wahrscheinlich sterben muss. In vielerlei Hinsicht konnten wir uns sogar glücklich schätzen. Wir waren mit jemandem zusammen, den wir liebten, mit jemandem, den wir heiraten wollten, mit unserem Lebenspartner. Ich wurde ganz ruhig. Ich würde zwar sterben, aber ich hatte jemanden an meiner Seite, der mich liebte.«

Stephanie King erinnert sich: »Wir hielten uns an den Händen. Andrew sah mich an und sagte: ›Babe, ich liebe dich‹, und ich sagte etwas wie: ›Ich liebe dich auch.‹ Dann küssten wir uns. Wir hielten immer noch Händchen, doch wir mussten uns abstützen ...«

Die Angst, die Gebete, das Stöhnen und die Handytelefonate um sie herum blendeten sie einfach aus und beteten.

King: »Bitte, Gott, hilf uns, dies durchzustehen.«

Gray: »Herr, rette uns und befreie uns irgendwie aus diesem Irrsinn.«

Die anderen jungen Liebenden, Chris Rooney und Karin Hill, durchlebten ähnliche Augenblicke: »Wir sahen uns an, küssten uns, sagten uns, dass wir einander liebten, und hielten uns aneinander fest«, berichtet Rooney, »Karin kuschelte sich auf meinen Schoß, und ich schmiegte mich über sie – nicht die vorgeschriebene Sitzposition, aber das war die Abstützhaltung, die wir auf dem ganzen Weg nach unten einnahmen. Und wir beteten.«

Balaji Ganesan, der 30 Jahre alte IT-Experte aus Bangalore, dem Silicon Valley von Indien, war auf dem Weg nach Hause zu seiner Frau und seiner 18 Monate alten Tochter im kalifornischen Fremont. Er saß hinter Tess Sosa und war von Damian verzaubert – »ein munterer kleiner Bursche«. Jetzt dachte er: *Man besteigt ein Flugzeug, um zu einer Besprechung zu fliegen, man möchte sein Leben weiterleben, und dann kann so etwas passieren.* »Ich starrte auf den Platz vor mir. Das ist das letzte Mal, dass ich etwas sehe, dass ich etwas denke. Ich werde verschwunden sein. Ich dachte an meine Familie und sagte ihnen allen Adieu. Das war es.«

Lucille Palmer, die zähe, aber jetzt gebrechliche 85-jährige Urgroßmutter aus Brooklyn, kümmerte sich nur um ihr Fenster, ihr Geist war wie betäubt. »Ich blickte nicht nach draußen. Ich weiß nicht, was in meinem Kopf vor sich ging. Ich hatte nicht einmal Angst. Ich war einfach leer«, berichtet sie. Als Sullenbergers knappe Worte durch die Kabine schallten, wandte sie sich an ihre Tochter Diana Higgins, eine 58 Jahre alte Krankenschwester im öffentlichen Gesundheitswesen.

»Was hat er gesagt?«, fragte Lucille ihre Tochter und fügte hinzu: »Wir stürzen ab?«

»Nein, Mama«, antwortete Higgins. Ihr Kopf war ein einziges Durcheinander. Das Flugzeug wirkte so stabil, es schien so, als würden sie sich einem Flughafen nähern. Doch da war kein Flughafen. Higgins blickte nach draußen. »Alles, was ich sehen konnte, waren Gebäude. Ich dachte, wir würden in ein Wohnviertel stürzen und sterben. Wir klammerten uns so fest aneinander, wie wir konnten, und lehnten uns nach vorn.«

Auf dem Fensterplatz 2A in der ersten Klasse saß der ehemalige Marineinfanterist Mark Hood, der bei der Operation Desert Storm gedient, dann im Jahre 1991 Zivilisten aus dem Chaos von Monrovia gerettet hatte und erneut bei der Operation Desert Storm eingesetzt worden war. Er sprach mit Denise Lockie, die neben ihm saß, und betete während des Abstiegs die meiste Zeit.

Lockie hatte sich gerade über den Mittelgang hinweg an die American-Airlines-Pilotin Susan O'Donnell gewandt und gefragt, ob das Flugzeug aufschlagen würde.

»Sie sagte Ja und fügte einen Kraftausdruck hinzu«, berichtet Lockie. Sie selbst war nicht sehr religiös, betete aber gemeinsam mit Hood. Von diesem Augenblick an jedoch vermischten sich Gedanken und Gebete völlig regellos in ihrem Kopf. Als kinderloser Single dachte sie an ihre Schwester und daran, wie dieses Ereignis sie niederschmettern würde.

»Aber es schlüpften auch idiotische Gedanken herein, etwa die Tatsache, dass ich vor der Reise das Bett nicht gemacht hatte, und die Frage, wer zu Hause alles aufräumen sollte.«

Hoods Gebete waren auf seinen Sohn gerichtet, der jetzt mit 18 Jahren etwa in dem Alter war, in dem Hood selbst seinen Bruder verloren hatte. »Ich betete darum, dass mein Sohn damit besser umgehen könnte als ich, und bat Gott, ihm zu helfen.« Hood blickte jedoch auch aus dem Fenster, was seine Gedanken an einen sehr wahrscheinlichen Tod ein wenig veränderte. »Ich begann diesen Verdacht zu bekommen, dass es sich nicht so anfühlte, als würden wir sterben. Das Flugzeug flog viel zu ruhig.«

Brian Siegel, einer der Banker aus Charlotte, räumt ein, dass er auf dem ganzen Weg nach unten die Wahrheit einfach verleugnete und nicht ans Sterben dachte. Die Ankündigung des Flugkapitäns ergab für ihn keinerlei Sinn. »Ich konnte es nicht glauben, dass ich in einem Flugzeug sitze und dieser Bursche plötzlich etwas von *Aufschlag* sagt«, erinnert sich Siegel. Dass die Situation lebensbedrohlich war, drang nicht zu ihm durch. »Das Flugzeug war niemals außer Kontrolle«, berichtet er, »etwas in mir sagte, dass er die Maschine in den Fluss steuern würde. Ich dachte an den Absturz auf dem Potomac einige Jahre zuvor – eigentlich kein besonders beruhigender Gedanke –, und mir kam lediglich in den Sinn: *O Mann, das Wasser wird kalt sein!*«

Der Sprechchor ging weiter. Für viele klang er wie ein morbider Hintergrundgesang: »... Abstützen! Abstützen! Kopf nach unten! Unten bleiben! Abstützen! Abstützen! Kopf nach unten! Unten bleiben! ...«

In vielen der Insassen blitzten Erinnerungen an frühere Abstürze und Gedanken an Videoaufnahmen davon auf, vor allem von Abstürzen im Wasser, was nicht gerade zur Beruhigung beitrug. Welche Vorstellungen sich den Passagieren jeweils aufdrängten, hing sehr stark von ihrem Alter, ihrem Hintergrund und ihren Fernsehgewohnheiten ab.

Als Japaner verstrickte sich Hiroki Takigawa in Gedanken in eine Situation aus der Zeit, in der er ein junger Mann gewesen war. Sie war völlig anders gelagert gewesen, hatte aber auch zu einem Absturz geführt und Japan und die Welt schockiert. Am Ende der Urlaubssaison im August 1985 irrte Flug 123 der Japan Air Lines, eine Boeing 747 mit 524 Personen an Bord, 32 Minuten lang unkontrolliert herum, nachdem ein Riss in einem achteren Schott die Hydraulik außer Betrieb gesetzt hatte. Dann zerschellte das Flugzeug an einem Berghang unweit von Tokio. Dies war der schlimmste Unfall mit einem einzigen Flugzeug in der Luftfahrtgeschichte. Alle Insassen bis auf vier Passagiere kamen ums Leben, und die Körper der Toten waren grausam entstellt. Die endlosen 32 Minuten, in denen die Piloten noch Funkkontakt hielten und in denen die Passagiere vom nahezu sicheren tödlichen Ende wussten, verstärkten den Schrecken. Überall in der Nähe des Wracks waren Briefe an Familienmitglieder gefunden worden. Ganz Japan war in Trauer.

Zu diesem Zeitpunkt war Takigawa neunzehn Jahre alt. Jetzt, da er verheiratet war und einen elf Jahre alten Sohn hatte, ließ ihn ein einziger Gedanke nicht mehr los: »Ich hoffte nur, dass mein Körper, sollte ich schon sterben, gut erhalten bleiben würde, damit meine ihn Familie sehen kann. Das war es, was ich in den allerallerletzten Augenblicken erhoffte.«

In den meisten Köpfen spulte sich jedoch eine ganz andere Szene ab und ließ diejenigen, die sich daran erinnerten, zu dem Schluss kommen, dass Wasserungen oder Aufschläge auf dem Wasser fast immer tödlich ausgingen. Die betreffende Szene ist zum heiligen Gral der Flugzeugkatastrophen-Videoclips geworden und gewährt tiefe Einblicke in die Macht – und die Beschränkungen – der Bilder in unserem Zeitalter.

Das fragliche Video zeigt den gekaperten Flug 691 der Ehtiopian Airlines, ein Großraumflugzeug vom Typ Boeing 767, das nahe der afrikanischen Ostküste in unmittelbarer Nähe der Komoren zu wassern versucht. Der Absturz erfolgte im Blickfeld eines vornehmen, mit Touristen vollgestopften Urlaubshotels.

Der Film wurde von einem der Urlauber aufgenommen und ist ein Symbol unserer Ära der Bilder, ein Pflichtclip in der Filmbibliothek jedes Produzenten, ähnlich Zapruders Aufnahme vom Attentat auf John F. Kennedy. Er ist jetzt 13 Jahre alt und wurde in jeder Katastrophensendung im Privatfernsehen Tausende und Abertausende von Malen gezeigt und nach ähnlichen Unfällen auch in den seriösen Medien wiederholt gezeigt.

In dem Film zieht der schimmernde Großraumjet knapp oberhalb der Brandung über das Meer hinweg. Die linke Tragfläche taucht kurz in das Wasser. Dann schlägt das Flugzeug auf spektakuläre Weise ein Rad und zerbricht in Einzelteile.

Der weniger denkwürdige Kommentar, der dem Video manchmal mitgegeben wird, führt einige der erklärenden Umstände auf, vor allem die Luftpiraten, die im letzten Moment mit den Piloten kämpften. Viele Dinge jedoch bleiben ungesagt oder sind einfach in Vergessenheit geraten.

Die Bilder erzählen nicht die ganze Geschichte. Beispielsweise erfolgte die erste Grundberührung durch die Tragfläche, was offensichtlich ein katastrophales Ereignis war. Nicht zu sehen aber ist, dass sich das linke Triebwerk an einem Korallenriff verfing und dass die Landegeschwindigkeit des Flugzeugs 320 km/h betrug. Beide Faktoren können einzeln oder zusammen zu dem Purzelbaum geführt haben. Was auch kaum noch jemand weiß, ist, dass 50 der 175 Insassen überlebt haben. Etwa 50 weitere Passagiere hatten den Absturz überlebt, um auf besonders schreckliche Weise zu ertrinken. Ihre Leichen wurden an Bord des Wracks in relativ flachem Wasser gefunden. Von den aufgeblasenen Schwimmwesten waren sie gegen die Decke gedrückt und dadurch eingeklemmt worden, während Dutzende von Rettern, vor allem Freizeittaucher in den Ferien, zu dem Wrack eilten.

Die Bilder bleiben jedoch eindrucksvoll, und sie steckten wie ein Albtraum aus Kindheitstagen tief in den Köpfen der Passagiere von Flug 1549, während die neunzig Sekunden nach Sullenbergers Warnung vorbeitickten.

Joe Hart, 50 Jahre alt, Verkaufsleiter im Investmentgeschäft aus Davidson in North Carolina, bleibt dabei: »Niemand überlebt einen Flugzeugsabsturz auf dem Wasser. Wir haben alle den Videoclip der Maschine aus Ostafrika gesehen, die den Purzelbaum schlug.«

»Wenn Sie die Aufnahme von dem Flugzeug gesehen haben, das vor der afrikanischen Küste niederging«, bestätigt Dick Richardson, eine 57 Jahre alte Führungskraft aus Charlotte, »dann wissen Sie, was mit Flugzeugen passiert, die auf dem Wasser zu landen versuchen. Das Ding hat einfach ein Rad geschlagen. Ich dachte, ich müsste sterben.«

Selbst erfahrene Flieger klammerten sich an das Bild des sich überschlagenden Flugzeugs. »Ich habe einige Flugstunden auf dem Buckel«, erklärte Billy Wiley, 52 Jahre alt, ein Computerfachmann aus Johnson City in Tennessee, »ich hatte eine gewisse Vorstellung davon, wie gefährlich das werden würde und dachte an den Absturz des äthiopischen Flugzeugs. Ich war mir sicher, dass ich sterben würde.«

Für die meisten verliefen die Geschehnisse jetzt nicht im Zeitraffer, sondern in Zeitlupe. Verwirrte Menschen kämpften gegen die Vorstellung zerfetzter Körper in absurden Abstützpositionen. Und es war unglaublich still. Hier und da wurden die Köpfe gehoben, wurden Blicke auf die anderen Passagiere und aus dem Fenster geworfen. Außer dem unterdrückten Gewisper der Gebete – »Vater unser, der du bist im Himmel«, »Müde bin ich, geh zur Ruh«, »Gegrüßet seist du Maria, voll der Gnade« – war in der Kabine nur der stetige Sprechchor zu hören. Dann ertönte in der Mitte des Flugzeugs eine andere Stimme wie eine Lautsprecherdurchsage. Ein Passagier auf einem Fensterplatz begann laut den Abstand zum Wasser herunterzuzählen:

»Fünfzehn Meter ... vierzehn Meter ... dreizehn Meter ...«

6 Die letzten Augenblicke von Flug 1549

An einem wolkenverhangenen Tag im Jahre 1963 flog ein junger russischer Pilot namens Viktor Mostowoi mit seiner Tupolev-124 der Aeroflot über einer Stadt, die damals Leningrad hieß, im Kreis, um die Tanks zu entleeren, bevor er eine Bauchlandung mit defektem Fahrwerk versuchte. Allerdings umkreiste er die große Stadt, das frühere und jetzige St. Petersburg, einmal zu oft. Als ihm plötzlich der Treibstoff ausging, verstummten die Triebwerke bei einer Flughöhe von 500 m. In den Händen des Piloten, der erst 27 Jahre alt war, lag die Verantwortung für 52 Menschenleben und den Stolz der Sowjetunion.

Wie ein anderer Pilot es 46 Jahre später tun sollte, begutachtete Mostowoi die Szenerie unter ihm. Die Stadt, in der die Zaren ihre Paläste errichtet hatten, war inzwischen zu einer überfüllten Sowjetmetropole geworden.

Der Flughafen Pulkovo, der 20 km entfernt lag, hatte seine unbefestigte Landepiste auf eine harte Landung mit eingefahrenem Fahrwerk vorbereitet, war jetzt aber außer Reichweite. Da er plötzlich keinen Treibstoff mehr hatte, sah Mostowoi nur eine Möglichkeit. Seine Blicke saugten sich an der Newa fest, die sich durch die Stadt zog, einem viel befahrenen, gewundenen Wasserweg voller Zugbrücken und Bootsverkehr.

In 90 m Höhe glitt das Flugzeug über die erste Brücke hinweg, in 30 m Höhe über die zweite. Von der dritten Brücke kratzte es beinahe die Farbe ab, bevor es im Fluss landete und dabei nur knapp einen Schlepper verfehlte. Das Flugzeug ging nicht unter, und der Schlepper zog es zum Ufer. Niemand wurde verletzt.

Mostowois Heldentat ereignete sich auf dem Höhepunkt des Kalten Krieges und lange vor dem Zeitalter endlos ausgeschlachteter Nachrichten. Außerhalb der Sowjetunion hörte man nur sehr wenig davon – tatsächlich wurde die Geschichte seit der kurzen Reise von Flug 1549 häufiger erwähnt als in den vergangenen 46 Jahren.

Die Palette von Landefehlern, Notwasserungen und Abstürzen ist weit gespannt: Flugzeuge, die bei Interkontinentalflügen aus großer Höhe vom Himmel fallen, Flugzeuge, die schon vor oder erst zu weit hinten auf der Landebahn aufsetzen, Terroranschläge, Abschüsse durch das Militär, Unglücke, bei denen alle Menschenleben an Bord ausgelöscht werden – und einige wenige Erfolgsgeschichten.

Die Wasserung, die von Luftfahrtbegeisterten vermutlich am häufigsten weitererzählt wird, ereignete sich bei einem JAL-Flug (Japanese Air Lines) von Tokio im Jahre 1968, bei dem das Flugzeug eine Dreipunktlandung im Nebel machte – vier Kilometer vor der Landebahn in San Francisco Bay. Alle 107 Insassen überlebten, und das Flugzeug konnte danach wieder fliegen. Als er gefragt wurde, was schiefgelaufen war, antwortete der Pilot Kohei Asoh: »Wie ihr Amerikaner sagen würdet: Ich hab Scheiße gebaut.«

Es gab noch andere erfolgreiche Notwasserungen. 1956, kurz bevor die Ära des Massenpassagierflugverkehrs anbrach, landeten zwei Boeing Stratocruiser mit akzeptablen Erfolg im Wasser. Im April des Jahres ging ein Flug der Northwest Airlines im kalten Wasser des Puget-Sunds nieder. Die Notwasserung gelang fast perfekt. Boote und Flugzeuge eilten heran, aber unter den 38 Insassen, darunter zwei Kinder, sanken die Tragflächen und der Rumpf in die Fluten. Fünf der 38, darunter eines der Kinder, ertranken oder starben an Unterkühlung.

Sechs Monate später verlor Pan-American-Flug 006, der rund um die Welt führte, während der letzten Etappe von Honolulu nach San Francisco ein Triebwerk. Zu diesem Zeitpunkt war die Maschine zu weit von Hawaii entfernt, um noch zurückkehren zu können, aber noch nicht weit genug, um Kalifornien zu erreichen. Per Funk nahm die Besatzung Kontakt mit einem Wetterschiff der Küstenwache in diesem Gebiet auf, flog zu seinem Standort und umkreiste das Schiff mehrere Stunden lang bis zur Dämmerung. Dann setzte das Flugzeug bei fast fünf Meter hohem Wellengang auf, was den Rumpf in zwei Teile zerbrach. Das Flugzeug sank innerhalb von 17 Minuten, doch alle 38 Passagiere und Besatzungsmitglieder schafften es in die Rettungsflöße und wurden von der Küstenwache geborgen. Die erfolgreiche Notwasserung wurde eine »Mediensensation« mit ganzseitigen Bildern in der Zeitschrift *Life*.

Eine »ungeplante Wasserlandung« jedoch, wie das National Transportation Safety Board das Ereignis auf dem Hudson vom 15. Januar 2009 bezeichnete (um es aus der Kategorie »Notwasserung« herauszunehmen), war immer noch so selten wie zu dem Zeitpunkt, als Genosse Kapitän Mostowoi über Leningrad Ausschau hielt und die schnelle, richtige Entscheidung traf, Kurs auf die Newa zu nehmen. Um das »Wunder vom Hudson River« zu ermöglichen, war eine ganze Reihe von Wundern erforderlich. Ein Beamter des Safety Board, der mit der Untersuchung zu tun hatte, zählte acht »Voraussetzungen für das Wunder« auf, allen voran die Erfahrung der Cockpitcrew und ihre angeborene Gabe, fast unmittelbar Entscheidungen zu treffen und dabei der Versuchung der lockenden

Flughäfen zu widerstehen und stattdessen den Hudson anzufliegen und etwas zu tun, das sie niemals hatten proben können. Des Weiteren führte der Beamte das Wetter, einen ruhigen Fluss ohne Verkehr, geschulte Retter, die auf Zuruf bereitstanden, die konstruktive Stärke des Flugzeugs, erfahrene Flugbegleiterinnen und nicht zuletzt die Passagiere auf, die sich zusammenrissen, gelegentlich ausrasteten, aber schnell wieder zu sich kamen und vor allem nicht in Panik gerieten – trotz der ganz natürlichen und überwältigenden Angst, die auch nach dem Aufsetzen auf dem Wasser nicht nachließ.

»Das ist noch etwas anderes, als wenn einem das Antlitz Gottes auf einem Stück Toastbrot erscheint«, sagte der Beamte, »aber manchmal gibt es doch Wunder.«

Josh Peltz kann sich noch an zwei Gründe erinnern, deretwegen er begann, die Sekunden bis zum Aufschlag herunterzuzählen. Der »Abstützen! Abstützen«-Sprechgesang wurde immer schneller und kletterte eine Oktave höher, vielleicht weil die Flugbegleiterinnen selbst Angst hatten. »Es machte mich wahnsinnig«, sagt Peltz. Er blickte seine Sitzreihe entlang zu der Frau auf dem Platz am Gang, Jenny Moulton aus Charlotte, die er im Terminal kennengelernt hatte. *Dieselbe Angst muss auch in ihr aufsteigen*, dachte er. Da sie in der Mitte des Flugzeugs saß, konnte sie nichts sehen – sie flog praktisch blind. Zu diesem Zeitpunkt hatten alle Passagiere einen eigenartigen Ausdruck in den Augen, und der Blick in Moultons Augen sagte Peltz, dass er etwas tun musste. Also tat er es.

Angesichts von 150 sehr unterschiedlichen Persönlichkeiten, die in der immer bedrückenderen Enge des stummen Flugzeugs in einem Ozean von blauen Polstern saßen – eine beruhigende Farbe, wie Psychologen behaupten –, ist es sehr unrealistisch, anzunehmen, dass jeder Peltz' Countdownansage zu schätzen wusste. Fred Beretta, ein Banker aus Charlotte, der sechs Reihen hinter Peltz saß, erinnert sich daran, wie eine

Frau schrie: »Hören Sie auf! Sie machen uns allen Angst!« Peltz hörte sie nicht. Beretta gefiel der Countdown. Am Ende stellte er fest, dass Peltz' Vermutung über die Aufschlagzeit ziemlich genau war.

Peltz teilte mit vielen der anderen das Gefühl, die Kontrolle über sein Schicksal völlig verloren zu haben. Dieses Gefühl der Hilflosigkeit war für die hartgesottenen Geschäftsleute wahrscheinlich schlimmer als für andere, denn das Vertrauen in die Fähigkeit, das eigene Schicksal in der Hand zu halten, war stets ein wichtiger Faktor für ihren materiellen Erfolg gewesen. Es gab jedoch keine Menschen mit voherrsagbarer oder durchschnittlicher Psyche an Bord von Flug 1549. Einige akzeptierten ihr Schicksal, andere kämpften dagegen an, manche zogen sich in sich selbst zurück. Einige, die sich zuvor schon einmal geöffnet hatten, öffneten sich jetzt dem nächsten logischen Schritt.

Wie viele andere an Bord war auch Peltz kaum vorhersehbar oder durchschnittlich. Er hatte seinen eigenen Tod bereits akzeptiert. »Alles wird gut, was auch immer geschieht«, resümiert er, »ich hatte meinen Frieden mit der Welt geschlossen, soweit es ging. Es war ein schreckliches Gefühl, aber auch eine Erleichterung. Aber so schnell, wie das Gefühl des Loslassens über mich gekommen war, erkannte ich plötzlich, dass ich nicht gehen wollte. Der Pilot würde alles tun, um das Flugzeug sicher zu landen. Ich musste tun, was ich tun konnte.«

Das bedeutete, die Ausgangstür zu öffnen, falls er die Gelegenheit dazu bekommen sollte. Das war der Augenblick, als er bemerkte, dass sein Gehirn nicht auf allen Zylindern lief – oder dass die Zylinder aus dem Takt geraten waren. Anderen Passagieren, die neben den Notausgängen saßen, erging es ähnlich: Was eine schlichte Routinetätigkeit war, vor allem für einen disziplinierten Geist, wurde unter dem unglaublich hohen Stress plötzlich hoffnungslos kompliziert und verwirrend. Der Vorgang selbst war ziemlich einfach, wahrscheinlich war sogar die schriftliche Anleitung komplizierter als die eigentlichen Handgriffe. »Zumindest erschienen sie mir in meiner damaligen Verfassung nicht einfach – eine sechsseitige Anleitung, wenn ich mich recht entsinne. Ich ging die Anweisung Schritt für Schritt durch, und dann fragte ich mich: *Was war doch gleich Schritt 3 gewesen?* Unter Stress verliere ich mich oft in Humor. Ich begann tatsächlich, über mich selbst zu lachen. Ich fühlte mich so, als würde ich wieder für eine Zwischenprüfung in der Schule pauken, und zwar in ziemlich hohem Tempo.«

Hinter Peltz, auf Platz 11F am zweiten Notausgang der rechten Seite, saß Don Norton, der in einer Vorstadt von Charlotte wohnte. Er machte dieselbe Erfahrung. »Ich habe die Anleitung zwanzig Sekunden lang gelesen«, erinnert er sich, »und kein Wort davon verstanden.«[5]

Abgesehen vom endlosen Sprechgesang und Peltz' Countdown wurde das Flugzeug immer stiller. »Die Angst war fühlbar«, berichtet Carl Bazarian, ein 62 Jahre alter Investmentbanker von Amelia Island in Florida. Merkwürdigerweise hatte Bazarian während eines Großteils seines Lebens wiederholt von einem Flugzeug geträumt, dass »abhob, nach links rollte, auf eine Brücke zuhielt und keinen Antrieb mehr hatte«. Der Traum endete offen, aber Bazarian erkannte die Situation wieder. Als armenischer orthodoxer Christ sagte er jetzt das Vaterunser in Armenisch auf. Aber während des ganzen Abstiegs befehdeten sich seine Gedanken, als herrschte Krieg in seinem Kopf. »Ich wechselte von Panik mit weiß hervortretenden Knöcheln – und ich meine weiß hervortretende Knöchel! – zu einem Zustand, in dem sich mein Geist von meinem Körper löste und zurückschaute. Ich wusste, dass wir sterben würden. Ich wollte den Schmerz nicht erleben. Dieses Erlebnis dauerte jedoch nur wenige Sekunden an.« Dann kehrte er wieder zu Meditation und Gebet zurück. »Ich glaube, das waren zwei ziemlich lange Minuten.«

---

5 *Trotzdem waren die beiden Männer sowie die Passagiere an den beiden anderen Notausgängen, Adelaide Horton und Michelle DePonte, bei der Handhabung der beiden Fluchtwege erstaunlich tüchtig. Als der Zeitpunkt herangekommen war, platzten die Türen praktisch gleichzeitig aus dem Flugzeug.*

Die Gedanken wanderten mit erstaunlicher Geschwindigkeit in die unterschiedlichsten Richtungen. Steve O'Brien, ein New Yorker, der nach Charlotte gezogen war, kam von elementarer Erkenntnis zur Ironie des Schicksals. »Ich dachte, wie ironisch es war, dass ich im Hudson River sterben sollte«, erklärt er, »drei meiner vier Großeltern kamen aus Irland und betraten auf Ellis Island dieses Land, und jetzt sollte ich es an dieser Stelle verlassen. Der Kreis hatte sich geschlossen.« Ellis Island lag genau voraus, acht Kilometer flussabwärts, wo der Hudson in den New Yorker Hafen mündet.

Tracey Wolsko, die versuchte hatte, ihre Flugangst auszusperren, indem sie beim Start die Fensterblende herabzog, konzentrierte sich jetzt energisch auf das Überleben: »Ich kann es schaffen. Ich kann es schaffen. Es wird nicht einfach sein. Ich werde verletzt werden, aber muss mich konzentrieren. Ich weiß, was ich zu tun habe. Ich weiß, wie ich hier herauskomme. Es wird Blut fließen. Ich werde mir die Knochen brechen. Ich erinnere mich noch daran, wie ich dachte: O Gott, nicht mein Gesicht. Alles, nur nicht mein Gesicht!« Wolsko packte ein Kissen zwischen ihre Arme und ihr Gesicht und dachte: *Ich bin noch nicht bereit, um meinen Mann zu einem reichen Witwer zu machen. Ich will nicht, dass meine Mutter ihr Kind zu Grabe tragen muss.*

Die Gedanken wandten sich unvermeidlich der Familie und den Kindern zu. Besonders ergreifend schildert es Brad Wentzell, ein 31 Jahre alter Geschäftsmann aus Charlotte, der glaubte, seine dreijährige Tochter nie wiedersehen zu können: »Ich konnte sie riechen. Es war ein sehr greifbarer Eindruck. Jeder Vater kennt den Geruch seiner Tochter, seines Kindes. Es ist ein warmer, schweißiger Geruch mit einem leichten Beigeschmack von Windeln, und ich konnte sie tatsächlich riechen.« Er dachte an den Himmel und den allgemeinen Glauben, dass man dort keine anderen Menschen und keine irdischen Dinge vermisst. »Ich bin mir nicht sicher, ob es wirklich wünschenswert wäre, all dies nicht zu vermissen.«

Mindestens zwei Passagiere trugen Lebensgeschichten mit sich herum, die den Wirrwarr ihrer Gefühle auf unvorstellbare Weise verstärkten.

John Howell, der auf Platz 2D in der ersten Klasse saß, starrte forschend in die Augen der Flugbegleiterin Sheila Dail und suchte nach irgendeinem Anzeichen, das ihm verraten konnte, was wirklich vor sich ging. Dail glaubte, dass sie sich gut hielt und durch ihre Körpersprache und den Augenkontakt deutlich machte, dass alles gut wäre. Er aber konnte aus den Fenstern sehen: »Und ich wusste, dass nicht alles gut sei.«

Howell, Kundenberater des hochkarätigen internationalen Steuerberatungs- und Buchhaltungsunternehmens KPMG, verbrachte scheinbar sein ganzes Leben in der Luft, wobei gewöhnlich an einem Ende der Reise jeweils New York lag. Jetzt dachte er über alle möglichen Arten nach, sich abzustützen, und zog schließlich den Sicherheitsgurt ganz fest zu, wie um sich selbst zu bestrafen, und griff nach seinen Fußgelenken. »Aber es kam mir halbherzig vor«, berichtet er, »ich glaubte nicht, dass wir eine echte Chance hatten. Also hielt ich meine Knöchel fest, erwartete das Schlimmste, und plötzlich geriet ich wegen all dem außer mir. Ich dachte an meine Eltern und an den Rest meiner Familie. Ich hatte keine Angst, sondern ärgerte mich maßlos über mich selbst. Das war eine zu große Last für sie. Und da ich die Gänse gesehen hatte, erschien es mir geradezu lächerlich.«

Das war aber nicht alles. Howells Bruder, der New Yorker Feuerwehrmann George DiPasquale, war sieben Jahre zuvor beim Einsturz des World Trade Center als Held gestorben. Sein Leichnam wurde nie gefunden. DiPasquale, ein riesiger Mann von fast zwei Metern, hatte sich auf mehreren Gebieten seines Lebens hervorgetan. Da er ein Ältester der Zeugen Jehovas war, nannten ihn seine Kollegen in der Feuerwehrstation des New Yorker Stadtteils Hell's Kitchen »heiliger Mann«. Unter den 343 Feuerwehrleuten, die am 11. September ihr Leben ließen, wurde er so oft als besondere Persönlichkeit herausgestellt, dass die Witwe die Medien schließlich aufforderte, keine Geschichten mehr über ihn zu schreiben.

»Meine Eltern litten so sehr. Viele Menschen litten noch viele Jahre danach«, erzählt Howell, »und jetzt sollte ich der Grund dafür werden, dass es wieder geschah. Dabei hatte ich die Wahl gehabt. Ich *musste* diesen Job nicht annehmen. Ich *musste* nicht in einem Flugzeug in New York abstürzen. Es erschien mir so selbstsüchtig. New York. *Schon wieder!*«

Howell klagte sich während des ganzen Abstiegs zum Hudson selbst an.

Eric Stevenson hatte endlich begriffen, dass es ihm erneut widerfuhr – ein Déjà-vu mit Ausrufezeichen. Aber erst, als das Flugzeug auf 150 oder 120 m abgesackt war – die geringste Höhe, die seine Boeing 767 mit den ausgefallenen Triebwerken erreicht hatte –, wurde ihm erschreckend bewusst, dass diese beiden bis dahin auf gespenstische Weise ähnlichen Flüge nicht auf die gleiche Weise enden würden. Dieses Mal würde sich keines der Triebwerke wieder einschalten. Anders als bei dem Flug vor 22 Jahren, als er in der Mitte des Großraumflugzeugs saß und nichts sehen konnte, hatte er diesmal einen ungehinderten Blick aus dem Fenster. Er glaubte nicht, dass es bei dem ersten Zwischenfall möglich gewesen wäre, eine Wasserung zu überleben, und er glaubte auch nicht, dass es diesmal möglich wäre. »Ich dachte, das Flugzeug bricht auseinander«, erinnert er sich. Was er fühlte, lässt sich am besten mit »äußerster Ungläubigkeit« beschreiben. Es schien jede Wahrscheinlichkeit zu verhöhnen.

O mein Gott, so etwas sollte einem doch nur einmal im Leben passieren, und jetzt geschieht es schon wieder, dachte er. »Ich konnte es nicht glauben. Ich konnte nicht glauben, dass ich schon wieder in einem Flugzeug saß, das abstürzte. Es erschien mir unwirklich.«

Er dachte wieder daran, wie er 1987 in dem großen Flugzeug über dem Pazifik saß. Es gab zwei Sitze links, zwei rechts und fünf in der Mitte, und er war in der Fünfergruppe eingekeilt, ohne etwas sehen zu können, während die Flugbegleiterinnen ausführliche Anweisungen über Schwimmwesten und andere Einzelheiten einer Landung, Wasserung, eines Absturzes oder was auch immer gaben. Er erinnerte sich daran, dass die Passagiere die Worte gar nicht richtig erfassten. Überall um sich herum konnte er das *zisch, zisch, zisch* von Schwimmwesten hören, die aufgepumpt wurden, während die Flugbegleiterinnen riefen: »Pumpen Sie die Schwimmwesten nicht im Flugzeug auf! Pumpen Sie die Schwimmwesten nicht im Flugzeug auf!« *Zisch, zisch, zisch* ...

Stevenson schlussfolgerte später, dass der Schock für ihn größer gewesen war, da er sich so lange an der irrigen Vermutung festgehalten hatte, dass sie in Newark landen würden, bis die Wahrheit über den Bestimmungsort von Flug 1549 zu ihm durchdrang. »Als ich diese Hürde genommen hatte«, erklärt er, »fühlte ich mich wie gelähmt: *O mein Gott, wir stürzen ab!*« Eilig schrieb er eine Nachricht an seine Mutter und seine Schwester und steckte sie in seine Hemdtasche, wie er es schon vor 22 Jahren getan hatte, in der Hoffnung, dass man die Notiz später finden würde. Dann legte er seine Arme um den Vordersitz, legte den Kopf darauf und drehte ihn, um nach draußen zu sehen, wo ihm das Wasser schnell entgegenkam. Das war keine gute Abstützposition, aber viele der Passagiere hatten keine gute Abstützposition eingenommen. Auch das gehört zum Wunder vom Hudson River.

Mit fast zwei Metern Größe ist Alex Magness in jeder Hinsicht ein großer Mann – 38 Jahre alt und als New Yorker Vertriebsleiter für Hewlett Packard rasant erfolgreich. Da er auf einem der engsten Plätze saß, dem Fenstersitz 17A im hinteren Bereich der Economyklasse, war es ihm unmöglich, die Abstützposition mit dem Kopf auf den Knien einzunehmen. Er konnte nicht einmal seine Knie gegen den Vordersitz drücken. Neben ihm saß Nick Gamache, ein Software-Fachberater aus Raleigh in North Carolina, und versuchte ihm zu helfen, indem er ein wenig nach links rückte, sodass Magness seine Knie schräg gegen die Rückenlehne des Vordersitzes drücken konnte. Er verwandelte sich in eine Zwei-Meter-Brezel. »Bei dem kommenden Aufschlag«, sagt er, »hatte ich die Wahl, mir das Genick zu brechen, wenn ich an die Decke schlug, oder mir das Genick zu brechen, indem ich gegen die Rückenlehne prallte.« Er ertappte sich dabei, wie er den Abstand zur Decke abschätzte: »Hauptsächlich überlegte ich, ob ich wohl durch die ganze Kabine fliegen würde.« Seine Gedanken gingen zum 11. September 2001 zurück, als er aus der U-Bahn kam und zusehen musste, wie Menschen aus dem brennenden Turm des World Trade Center sprangen. Er war sich persönlich nicht sicher, was schlimmer war. Als er kurz den Kopf hob, sah er die Skyline von Manhattan vorbeirasen. Der Pilot hielt das Flugzeug gerade, als ob er eine Landung auf einem Flughafen versuchte. Wie viele andere hatte auch Magness die Hoffnung noch nicht aufgegeben.

Ein weiterer verbissener Beobachter war Billy Campbell auf dem Fensterplatz 25A im Heck. Er sah Boote auf dem Fluss »ganz in unserer Nähe«. Während des ganzen Weges nach unten fuhr Campbell fort, gelegentlich Blicke aus dem Fenster zu werfen.

Als sich das Flugzeug dem Fluss näherte, raste Eileen Shleffars Ehemann in Charlotte von der Autowaschanlage nach Hause, weshalb das Telefongespräch vorübergehend unterbrochen war. »Ich hatte immer noch Hoffnung«, berichtet sie, »aber mir wurde bewusst, dass ich keine Ahnung hatte, was eine Abstützposition ist, und dass dies nicht der richtige Zeitpunkt war, um lange darüber nachzudenken. Im Gang war so viel Platz, weshalb ich meine Beine dorthin streckte und mit den Armen umfaste. Als ich nach vorn und hinten den Gang entlangschaute, sah ich niemanden, der das Gleiche tat. Ein Blick nach links und rechts zeigte mir aber nur Gebäude, weshalb ich dachte: *Darauf kommt es doch auch nicht mehr an!*« Schließlich nahm sie wieder eine üblichere Sitzhaltung ein.

Die meisten Passagiere nahmen eine von zwei empfohlenen Abstützpositionen ein, indem sie entweder den Kopf senkten und ihre Fußgelenke umfassten oder die Arme gegen die Rückenlehne des Vordersitzes und den Kopf auf die Arme legten. Viele aber riskierten kurze Blicke, viele erhoben sich von Zeit zu Zeit, und viele litten unter dem Gefühl von Endgültigkeit.

Bill Zuhowski stützte sich ab, aber dabei fragte er sich: *Wie stützt man sich gegen den Tod ab? Welchen Unterschied macht es aus, ob mein Kopf oben oder unten ist? Es ist alles vorbei.*

Andere hatten den tödlichen Ausgang des Fluges im Einklang mit ihrem religiösen Glauben akzeptiert. Mike Kollmansberger, ein 36 Jahre altes

Mitglied einer evangelikalen christlichen Kirche in South Carolina war sich sicher, dass er sterben würde. »Ich war damit im Reinen«, sagt er, »wir würden im Wasser aufschlagen, und in fünfzehn Sekunden würde ich den Herrn Jesus sehen.«

Manche, wie Carl Bazarian, versuchten sich mental davonzustehlen, während andere, z.B. Jim Whitaker, das Erlebnis »so greifbar« fanden – wie auf dem Präsentierteller –, dass es ihnen unmöglich war, in eine Gegenwelt zu flüchten. Für Whitaker war dieses Erlebnis so wirklich, wie das Leben nur sein kann.

Wieder andere, die später mit leichtem Erröten davon erzählten, ertappten sich bei einer tiefgreifenden Beschäftigung mit den letzten Fragen.

Dan Vinton, ein Rechnungsprüfer aus Charlotte, glaubte nicht, dass er überleben würde. Er hatte Mitleid mit seiner Familie, aber keine besondere Angst vor dem Tod. »Ich hoffte nur, dass wir nicht noch einen ganzen Gebäudekomplex von New York mit uns nehmen würden.« Mit einer gewissen Faszination sah er der Gelegenheit entgegen, »mich selbst sterben zu sehen. Werden einfach die Lichter ausgehen? Jetzt würde ich es herausfinden: Fahren wir in den Himmel auf oder kehren wir einfach zum Staub zurück?« (Vinton erzählte diese Geschichte später nur widerstrebend, bis er herausfand, dass andere eine ähnliche Neugier an den Tag legten. Nach einer Fernsehshow kam Bazarian einmal zu ihm, um ihm mitzuteilen, dass er nicht in der Lage gewesen sei, die gleiche Geschichte über sich selbst zu erzählen, bevor er Vinton darüber reden gehört hatte.)

Andere machten das, was das Pentagon als »Notfallplanung« bezeichnet. Ganz gleich, wie schlecht ihre Chancen standen, schmiedeten sie doch die bestmöglichen Pläne für ihr Verhalten bei dem, was zwangsläufig kommen musste.

Jay McDonald ist dafür ein typisches Beispiel. Nachdem er seine Überlebenschancen schon einmal bei einem Gehirntumor durchgespielt hatte, dachte er nun: *Vielleicht, aber auch nur vielleicht, kann ich es überleben.* Er war sich sicher, dass alle Albträume davon hatten, unter Wasser oder im Feuer eingeschlossen zu sein. *Gut, das Flugzeug wird auseinanderbrechen,* sagte er zu sich selbst, *eine Sturzflut von Wasser. Schwimme dem Licht entgegen und bete zu Gott, dass es im Rumpf über dir einen Riss gibt, aber verstrick dich nicht in dem ganzen Kabelsalat da oben. Wie schaffe ich es durch einen solchen Hindernisparcours?*

»Man muss versuchen, die grausigen Gedanken beiseite zu schieben. Also übte ich mich ein wenig in positivem Denken, das von ›Das ist das Ende‹ bis zu ›Halt, diesen Filme habe ich schon einmal gesehen. Ich gehöre zu den Leuten, die herauskommen‹ führte«, berichtet McDonald.

Jim Hanks, der Anwalt aus Baltimore, wälzte auch einen ganzen Wust von Gedanken, während das Flugzeug dem Wasser immer näher kam. Mit seinen 65 Jahren war er einer der wenigen an Bord, der alt genug war, um noch Kindheitserinnerungen an die Fotos in *Life* über die Notwasserung von Pan-Am-Flug 006 zu haben, bei der alle Insassen gerettet wurden. Als er diese Bilder zum letzten Mal betrachtet hatte, war er zwölf Jahre alt gewesen, aber während die meisten anderen Passagiere wieder den erschreckenden Film vor sich sahen, wie das Flugzeug der Ethiopian Airlines ein Rad schlug, dachte er an die alten Schwarzweißfotos in *Life* zurück.

Die Abstürzposition, die 90 Sekunden vor dem Aufsetzen angeordnet worden war, wurde für ihn so unbequem, dass er mindestens zweimal aufstand und sich umsah. Trotz des Sprechchors und Joe Peltz' Countdown herrschte in der Kabine »eine angespannte, fast explosive Stille«. Er erinnert sich noch daran, wie er dachte, dass er bei rechtlichen Auseinandersetzungen gelegentlich eine ähnliche Situation erlebt hatte: »Wenn einer durchdreht, ist das für alle anderen ein Vorwand, um ebenfalls durchzudrehen. Wenn niemand durchdreht, hält alles zusammen.« *Wenn* jemand durchdrehte, so erkannte er jetzt, war es entscheidend, dass jemand in der Nähe war, der ihn schnell wieder beruhigen konnte.

Zur gleichen Zeit hatte March Dolphin, die zwölf Reihen weiter vorn saß, einen ähnlichen Gedanken: *Ruhe kann genauso ansteckend wirken wie Panik.* Wenn sie die Landung überleben sollten, dann brauchte man einige Leute, die Panik im Keim ersticken konnten.

Als er aus seiner steifen Abstützposition hochschaute, blickte Hanks auf allen Seiten aus den Fenstern und sah Autos und Wohnblöcke an beiden Flussufern. Sie waren jetzt so nahe, dass er Menschen erkennen konnte. Es war ein schöner Tag. Die Einwohner von New York und New Jersey gingen ihren Geschäften nach, lebten ihr Leben, kämpften mit ihren Problemen, liebten ihre Lieben.

Wie kann sich eine solche gewaltige Tragödie in diesem Meer von Normalität ereignen?, fragte sich Hanks. »Das ist ein völlig irrationaler Gedanke. Natürlich kann an einem völlig normalen Tag etwas geschehen. Ich wollte nur nicht wahrhaben, dass ich Teil davon war.« Als er jedoch schließlich erkannte, dass sie auf die Höhe des West Side Highway abgesackt waren, krümmte sich Hanks, ein groß gewachsener Mann, »zu einer so kleinen Kugel wie möglich zusammen«.

Von außen blickten die Menschen auf das Flugzeug. Vince Carter, der Star-Abwehrspieler der Baseballmannschaft New Jersey Nets, stand wie angenagelt am Fenster seiner Wohnung am jerseyseitigen Ufer, als der große Jet knapp über dem Wasser vorbeiflog. »Ich konnte es nicht glauben«, sagte er der *New York Daily News*, »es war wie im Fernsehen.«

Inzwischen hatten SMS-Nachrichten und Handyanrufe Tausende von New Yorkern an die Fenster ihrer Büros sowie Einwohner von New Jersey wie Carter an die Fenster ihrer Wohnungen gelockt, wo sie alle Zeugen eines bemerkenswerten Anblicks wurden – ein langer, weißer Airbus, der in einem perfekten Landeanflug längs am Central Park vorbeiflog, wenige Meter über dem Hudson, und das mit einer Sinkgeschwindigkeit, die den fernen und ungeschulten Bewohnern nur wenig schneller als bei einer normalen Landung auf dem Flughafen erschien. Tatsächlich war das Flugzeug langsamer geworden und hatte eine fast normale Landegeschwindigkeit von etwa 240 km/h erreicht, doch sank es dreimal so schnell, wie es sollte, nämlich mit etwa vier Metern pro Sekunde.

Innerhalb des Airbus waren die Passagiere bis auf das Gemurmel einiger weniger geflüsterter Gebete verstummt.

Casey Jones, der für die Verbindung der Technologien zwischen den beiden fusionierten Finanzriesen Bank of America und Merrill verantwortlich war und weit vorn auf Platz 7C saß, hatte gerade das Reuegebet gesprochen – einen katholischen Ritus zur Vorbereitung auf den Tod – und ein »Ave Maria« angeschlossen. Dann hörte er entmutigende Worte aus dem automatischen Cockpit-Warnsystem, eine durch Gongs und Pfeiftöne unterstützte Computerstimme, die mit wachsender Gefahr immer lauter wurde:

Warnung! Bodenberührung! (Caution! Terrain!)

Zu niedrig! Bodenberührung! (Too low! Terrain!)

Warnung! Bodenberührung! (Caution! Terrain!)

Bodenberührung! Bodenberührung! Hochziehen! Hochziehen! (Terrain! Pull up!)

Hochziehen! Hochziehen! Hochziehen! Hochziehen!! Hochziehen!! Hochziehen!! (Pull up!)

Der laute Klang der Gongschläge dauerte an.

Warnung!! Bodenberührung!! (Caution! Terrain!)

Bodenberührung!! Bodenberührung!! Hochziehen!!! Hochziehen!!! (Terrain! Pull up!)

Jones hatte den »Abstützen! Abstützen!«-Sprechgesang der Flugbegleiterinnen als gruselig empfunden, aber die anschwellenden maschinellen Töne aus dem automatischen Cockpit-Warnsystem, die durch die Tür drangen, beunruhigten ihn jetzt kein bisschen. »Es gab keine Möglichkeit, dem auszuweichen, was geschehen würde«, erklärt Jones, »alle Hoffnungen, dass sich ein Absturz vermeiden ließe, waren nichtig, und ich musste mich auf das Überleben konzentrieren.«

Wenn Jones noch etwas anderes aus dem Cockpit hätte hören können, wäre er vielleicht etwas stärker besorgt gewesen. Dann hätte er nämlich vielleicht den letzten Wortwechsel zwischen Sullenberger und Skiles vernommen.

Sullenberger: »Irgendeine Idee?«

Skiles: »Ehrlich gesagt, nein.«

Einige drängende und befehlende Stimmen drangen von vorn und hinten zur Mitte der Kabine: »Bereithalten an den Türen! Bereithalten an den Türen!«

Die letzte Zahl, die die Insassen von Josh Peltz hörten, war die vier.

Dann schlug der Schwanz des Flugzeugs im Hudson auf. Ganz vorn im Flugzeug, knapp über dem Wasser und bevor ihn alle anderen Geräusche überschwemmten, hörte Barry Leonard den gequälten Rumpf des Flugzeugs stöhnen.

»Ehrlich«, versichert er, »es hat gestöhnt.«

7 Wie die Lemminge

Das Heck von Flug 1549 schlug hart auf dem Wasser auf der zu New Jersey gelegenen Seite auf, genau gegenüber der 55. Straße West in Manhattan. Rumpf und Nase senkten sich schnell auf das Wasser, und das Flugzeug glitt fünf oder sechs Häuserblöcke weiter flussabwärts. Als das linke Triebwerk vom Wasserdruck abgerissen wurde, drehte sich das Flugzeug dramatisch nach links, sodass seine Nase auf die 44. Straße West, den Fährhafen und das Gebäude der *New York Times* zeigte.

Der Aufschlag ereignete sich um 15.30 Uhr und 42 Sekunden, fünf Minuten und neun Sekunden nach dem Start von LaGuardia.

Das Flugzeug ging etwa acht Kilometer vom Flughafen nieder. Angesicht der weiten Schleife, die es geflogen hatte, scherzte Jeff Kolodjay später, dass er für seinen Vielfliegerrabatt 22 km anrechnen lassen konnte.

So endete der 16.300ste Flug des zehn Jahre alten Airbus A320 mit der Registrierungsnummer N106US. US Airways hatte erwartet, das Flugzeug noch mindestens zehn weitere Jahre lang einzusetzen und dann für vielleicht noch einmal zehn Dienstjahre an eine andere Gesellschaft zu verkaufen.

Der Untergang der N106US wurde als »ungeplante Wasserlandung« in Weehawken, New Jersey, aktenkundig. Als hätte das 60-Millionen-Dollar-Flugzeug sein eigenes Gespür für Medienwirksamkeit und dafür, wo es Nachruhm ernten konnte, platzierte es sich in Richtung der Legenden webenden, nach Geschichten hungernden Medienhauptstadt der Welt, die bereits damit begonnen hatte, das dramatische Geschehen blitzartig weltweit zu verbreiten.

Keine dieser Überlegungen – und der Konsequenzen, die sie während der nächsten Monate für die Insassen haben sollten – drang jedoch durch die dünne Aluminiumhaut des schwimmenden, aber leckgeschlagenen Airbus.

Innerhalb des Flugzeugs war das Drama noch lange nicht zu Ende, und die nächsten Sekunden unterlagen wieder jener Zeitverzerrung, bei der ein Lidschlag im Geiste so langsam ablief wie das Öffnen und Schließen einer Zugbrücke. Während der ersten fünf oder sechs Sekunden – zumindest bis das Flugzeug anhielt und ordnungsgemäß der 4-km/h-Strömung des Hudson flussabwärts folgte – waren die Passagiere wie erstarrt und von dem Gewirr von Geräuschen und Eindrücken überwältigt, die sie später in sehr unterschiedlicher Weise beschreiben sollten. Während dieser kurzen Zeit glaubten immer noch viele, dass sich das Flugzeug überschlagen würde, und als es den unvorhergesehenen Linksschwenk machte, stützten sie sich gegen das anscheinend unvermeidliche Auseinanderbrechen ab.

Viele waren sehr kurz bewusstlos oder leicht betäubt gewesen, als sie mit den Köpfen gegen die Vordersitze stießen. Andere waren so stark abgeschaltet, um sich auf den Tod vorzubereiten oder einfach vor der Wirklichkeit abzuschotten, dass sie sich später nicht mehr an die Landung erinnern konnten. Einige dachten, dass sie schon tot wären und dass die Landung selbst der Augenblick des Todes wäre. Viele beobachteten das ganze Ereignis wie Zuschauer von außen.

Mindestens eine Passagierin, nämlich Mary Berkwits, dachte, dass sie auf dem Newark International Airport gelandet war.

In der Erinnerung der Passagiere ist nichts haften geblieben, das auch nur eine teilweise zusammenhängende Beschreibung der Landung ergeben würde. Die meisten jedoch hatten das Gefühl, dass die Landung weit weniger heftig war, als sie erwartet hatten. Die meisten klammerten sich während dieser Sekunden voller Stöße und Gepolter fest, als der Rest des Rumpfes und schließlich auch die Nase ins Wasser krachten und den unerwarteten Schwenk durchführten. In diesen Sekundenbruchteilen stieg die Furcht vor einem Überschlagen und Auseinanderbrechen des Flugzeugs rapide an. Flugzeuge zerbrechen oft an den Trennstellen, an denen große, unabhängig voneinander gefertigte Abschnitte wie das Cockpit, das Heck und die Rumpfeinheiten zusammengefügt wurden. N106US ächzte und stöhne, als enorme Kräfte an den Schwachpunkten angriffen, aber das Flugzeug zerbrach nicht.

Die Erinnerung spielte den Überlebenden einige außergewöhnliche Streiche, vor allem denen im Heck des Flugzeugs. Einige waren davon überzeugt, dass die Fenster zerbrochen waren und Wasser durch die Öffnungen einströmte, aber es ist nicht schwer einzusehen, dass man unter Schock auf solche Gedanken kommt. Einige der Fenster lagen kurzzeitig unter Wasser, und einige der inneren Blenden platzten ab und trafen die Passagiere im Gesicht oder landeten auf deren Schoß. Gleichzeitig sprudelte eisiges Wasser unterhalb der Fenster und im Gang durch die Bodenbretter hoch.

Was für einige Passagiere nicht besonders dramatisch wirkte, wurde für andere ganz schnell zum schrecklichsten Augenblick.

Sobald das Flugzeug im Wasser lag, befanden sich die Passagiere durch ihre jeweilige Position in drei verschiedenen Welten:

Die Gruppe in der ersten Klasse und in den ersten Reihen der Economyklasse konnte die beiden vorderen Ausstiegstüren nutzen.

Die Personen auf den mittleren Plätzen drängten sich um die vier Notausgänge an den Tragflächen.

Die Passagiere in der Economyklasse von Reihe 19 oder 20 heckwärts würden normalerweise die beiden hinteren Ausgänge verwenden. Leider strömte der Hudson schon durch mehrere Lecks im Flugzeugheck herein und machte die hinteren Ausgänge nutzlos.

Niemand kann sich an irgendwelche menschlichen Laute während dieses sehr kurzen Zeitraums der ersten fünf Sekunden erinnern – kein Schreien, kein Weinen, nicht einmal ein hörbares Gebet. Woran sich die Passagiere jedoch erinnern – und was nicht –ist Folgendes:

»Es gab drei Stöße«, berichtet Clay Presley, ein Geschäftsmann aus Charlotte, »bumm, bumm, bumm, Schwenk nach links. Das war der Zeitpunkt, an dem ich dachte: *O Scheiße, jetzt überschlagen wir uns.*«

»Es fühlte sich nicht wie ein Aufschlag an«, beschreibt es Alecia Shuford aus Matthews in North Carolina, »eher wie eine ungemütliche Landung.«

»Ich kann mich an nichts erinnern«, gesteht Amber Wells, die leitende Angestellte der NASCAR, die während des Starts die Sekunden gezählt hatte, »nicht daran, wie es sich anfühlte, wie hart der Aufschlag war oder was mein Körper spürte.«

»Es war wie eine Landung auf Klettband«, formuliert es Keith Anthony, ein Anlageberater aus Davidson in North Carolina, »man bleibt einfach stecken.«

»Es gab einen ungeheuren Lärm«, berichtet Jim Whitaker. Beim Aufschlag schützte er immer noch den kleinen Damian Sosa mit seinen Armen, während er den Vorgang beobachtete und am eigenen Leib spürte. »Wie von einem riesigen Gegenstand, der auf das Wasser klatscht. Das ist kein sehr angenehmen Gefühl oder Geräusch. Es gab wiederholte Stöße, als der Rumpf aufsetzte, und dann kam das Wasser, das sich als riesige Welle hinter dem Flugzeug aufbaute.«

»Wenn Sie dieses Gefühl nachvollziehen wollen, dann fahren Sie über die Autobahn«, erzählt Chris Rini, der Drag-Rennfahrer, der Zeitschrift *Racin' Today*, »bringen Sie Ihren Wagen auf etwa 140 km/h, schalten Sie den Tempomat ein und springen Sie auf den Rücksitz.«

»Es fühlte sich an wie in der Riesenwasserrutsche in Disney World«, erklärt Hiroki Takigawa.

»Als ob wir mit einem Space Shuttle landeten«, kommentiert Joe Hart den Vorgang.

»Ich dachte, wir wären unter der Wasseroberfläche, da an den Fenstern kein Wasser herunterlief«, sagt Molly Schugel, die in einer der Reihen an den Notausgängen über den Tragflächen saß.

»Ein sehr ungewöhnliches Geräusch«, beschreibt es Irina Levshina, die in der letzten Reihe saß, »eine Art Kreischen. Ich dachte, jetzt ist es aus. Das ist das letzte Geräusch, das ich je hören werde. Kein angenehmes Geräusch.«

»Nur ein wenig heftiger als ein kleinerer Auffahrunfall«, sagt Brian Moss, der in der gleichen Position wie Levshina in Reihe 26 saß, aber auf der anderen Seite des Flugzeugs.

»Wir setzten einfach auf – *BUMM!* – und kamen zum Halten«, erzählt Jim Hanks, »und plötzlich hatte ich dieses große Stück Metall im Schoß.«

»Die Erschütterungen waren ohrenbetäubend«, erinnert sich John Howell, »das Heck schleifte im Wasser. Ich dachte noch: *Es bricht auseinander!* Das geschah alles so schnell, und als sich das Flugzeug drehte, glaubte ich, dass die linke Tragfläche ins Wasser eintauchte. Ich war der Meinung, dass das Flugzeug mit Sicherheit bersten und das Wasser so schnell eindringen würde, dass wir überhaupt nicht mehr darüber nachdenken konnten.«

»Die Leute, die sich später die Videoaufnahme ansahen, sagten, die Landung sei ganz glatt verlaufen«, sagt Luther Lockhart, »Quatsch mit Soße! Das war wie eine Mordsautokarambolage.«

Jeff Kolodjay sah vom Fensterplatz 22A zu. »Es wurde schwarz, als wir im Wasser einsanken. Dann wurde es sehr hell, als wir wieder auftauchten. Ich fühlte mich wie in einem Aquarium.«

Raymond Mandrell, der Rap-Produzent aus Miami auf dem Fensterplatz 24F, sah einen Videoclip mit ganz eigenen Spezialeffekten ablaufen. »Wuhu, Mann! O Mann, das war wie, also, haben Sie jemals einen Hurrikan erlebt? Ich wusste, wir flogen mit mehreren hundert Stundenkilometern. Alle Fenster zersplittern, alles, was du fühlst, ist die Luft, die durch die Fenster kommt. Du siehst einen Haufen Eis durch die Fenster hereinwehen. Ich will nicht sagen, dass es so war wie gegen eine Wand prallen. Es war wie ein Hurrikan. Als ob das ganze Flugzeug in Einzelteile auseinanderbricht.«

Alyson Bell, die vier Reihen vor Mondrell saß, hatte einen anderen Eindruck, obwohl sie keine regelmäßige Kirchgängerin ist, sondern nur die Weihnachts- und Ostergottesdienste besucht: »Mich überkam ein überwältigendes Gefühl von Wärme. Ich war ganz ruhig, spürte Frieden und wusste: Wenn meine Zeit gekommen ist, dann ist meine Zeit gekommen.«

Dann schlug ihr Kopf gegen den Vordersitz, und sie spürte kaltes Wasser an den Fußknöcheln.

So viel zu den ersten fünf oder sechs Sekunden. Nachdem das Flugzeug zum Stillstand gekommen war, ging sein Kreischen und Stöhnen in ein gelegentliches metallisches Ächzen und die rauschenden, schwappenden Geräusche über, die ein Boot auf See macht. Als ob sie eine übergezogen bekommen hatten oder unter dem Einfluss eines Narkosemittels standen, blieben die Passagiere noch einen Augenblick lang vollkommen still. »Wir hatten diese kleine Atempause, berichtet Clay Presley, »fühlt sich so der Tod an?«

Viele hatten sich auf das Ende vorbereitet. Sie mussten wieder umschalten, wobei einige sehr schnell wieder zu klarem Denken kamen, während andere noch länger in anderen Welten blieben. Dann hallte ein erstes Klicken in der Kabine wider, gefolgt von einem Sperrfeuer, als ob jemand mit einem alten Gewehr Muschelschalen zerschießt. Die Passagiere befreiten sich aus dem, was ihre Sicherheitsgurte gewesen waren und jetzt das Gegenteil bedeuteten. Innerhalb des Flugzeugs brach ein Wirrwarr aus Geräuschen, Flüchen, Anweisungen, drängenden und ängstlichen Ausrufen, Kreischen und beinahe militärischen Befehlen aus: »Zu den Türen! Macht die Türen auf! Nicht da, hier entlang! Machen Sie die Gepäckablage zu! Sind Sie verrückt geworden? Türen!«

Schon sehr früh in diesem Tumult kam Chesley Sullenberger aus dem Cockpit und rief laut, knapp und mit einer dankbar aufgenommenen Sicherheit: »Flugzeug evakuieren!« Nicht alle hörten ihn, aber die meisten hatten sich schon in Bewegung gesetzt.

Plötzlich verwandelte sich der Gang in ein Tollhaus.

Brad Wentzell, der sich nach vorn durchkämpfte, sah mehrere Personen, die in der Gepäckablage nach ihrer Habe und ihren Wertsachen suchten. Ein wertvoller Nerz lag dort. Computer mit Jahren von Arbeit. Erbstücke – und Nichtigkeiten. »Weg von der Gepäckablage«, brüllte Wentzell,

»irgendwer wird für das ersaufen, was Sie da suchen!« Die meisten hielten inne, als ob ihnen der Gedanke erst jetzt gekommen wäre.

Manche Passagiere verharrten wie angeleimt auf ihren Plätzen. Andere schoben sich an ihnen vorbei oder halfen denen, die anscheinend nicht mehr reagieren konnten, und hoben sie auf die Füße. Der Mittelgang verwandelte sich in eine feste Mauer aus Menschen. Man brauchte schon einen kräftigen Ellenbogen, um sich hindurchzukämpfen. In vielen Fällen reichte das aber nicht aus, denn dann kam ein kräftiger Ellenbogen zurück. Einige begannen, über die Sitze hinwegzuklettern. »Wie Katzen über die Möbel«, vergleicht es Diane Higgins, die in panischer Angst überlegte, wie sie ihre 85 Jahre alte Mutter Lucille Palmer, die kaum gehen konnte, aus dem Flugzeug bringen konnte. »Lass mich einfach hier«, sagte ihre Mutter. »Mama!«, schrie Higgins. Der bloße Gedanke erschütterte sie.

Die Passagiere vorn in der ersten Klasse hatten einen kräftigen Schlag durchstehen müssen, als die Nase aufsetzte, aber niemand an Bord befand sich in einer besseren Position als sie: Sie brauchten nur aus den Notausgängen in der ersten Klasse auszusteigen und sich in die Flöße begeben. Aber auch sie mussten zuerst in die Wirklichkeit zurückfinden, um überleben zu können.

Denise Lockie blieb noch zusammengekrümmt in der Abstützposition, als die Passagiere im Gang bereits an ihr vorbeiströmten. Mark Hood tippte ihr auf die Schultern, und als sie aufblickte, sah sie ihm in die Augen und fragte: »Sind wir im Himmel?«

Hood antwortete: »Nein, und ich bin auch kein Engel. Vorwärts, wir müssen gehen!«

Genau vor ihnen erhob sich Barry Leonard, setzte sich in Bewegung, hielt dann aber an und blickte zurück zu seinem Sitzplatz. »Ich wollte mich davon überzeugen, dass mein Körper nicht mehr dort saß«, erklärt er.

In der Mitte des Flugzeugs drängten sich die Passagiere um die Ausgänge über den Tragflächen. Auf jeder Seite gab es zwei davon. Alle Zweifel, die die Passagiere an diesen Ausgängen darüber gehegt hatten, ob sie noch klar denken könnten, waren wie weggeblasen. Sie öffneten die Luken so schnell, dass sie dafür ins Guinness-Buch der Rekorde gekommen wären, wenn die Redaktion solche Rekorde aufnehmen würde.

Videoaufnahmen, die vom Ufer aus gemacht wurden, beweisen, dass auf der linken Seite Michelle DePonte – die den Platz wegen der Aussicht und der Beinfreiheit genommen hatte – ihre Tür mit der Hilfe von Michael Whitesides innerhalb von 15 Sekunden aufbekam. Adelaide Hortons Tür folgte unmittelbar darauf, und die Aufnahmen zeigen, wie die Passagiere fast gleichzeitig durch die beiden Ausgänge strömten. Auf der rechten Seite öffneten sich die Luken über den Tragflächen wenige Sekunden später. Dem war ein kurzer Augenblick der Verwirrung vorausgegangen, als der Passagier neben Joe Peltz versuchte, die Tür nach innen zu ziehen, während Peltz sie nach außen aufdrückte. Don Norton hatte die andere Tür geöffnet, bevor seine Sitznachbarin ihrer entscheidenden Befürchtung Ausdruck verleihen konnte. Molly Schugel befürchtete, dass sie sich unter Wasser befinden könnten. »Ich wollte zu Don sagen: ›Mach sie nicht auf‹, aber er hatte sie schon innerhalb einer Nanosekunde geöffnet.«

Schugel war mehr im Recht, als sie wusste. In den Sicherheitsanweisungen wird den Passagieren angeordnet, die Ausgänge über den Tragflächen bei Wasserungen nicht zu öffnen, um eine Überflutung des Flugzeugs zu vermeiden. Stattdessen sollen sie zu den Ausgängen vorn und hinten gehen, wo Rettungsflöße bereitliegen. Aber hier zeigte sich ein weiteres Wunder: Die Ausgänge lagen noch über der Wasseroberfläche, und an diesem Nachmittag gab es keinen Wellengang wie noch wenige Tage zuvor. Die Passagiere handelten richtig. Tatsächlich war dieses Vorgehen richtiger, als sie ahnen konnten.

Die Fluggäste im hinteren Teil der Kabine drängten sich dem Heck entgegen, wohin die Schilder sie wiesen, aber dort warteten nur Angst und Schrecken auf sie.

Im Gegensatz zum Rest der Kabine, der in relativ gutem Zustand geblieben war, sah das hintere Ende immer mehr wie das Wrack eines entgleisten Zuges aus, je näher man der Bordküche kam. Sauerstoffmasken baumelten von der Decke, die Klappen der Gepäckablage waren aus den Scharnieren gesprungen und hingen schief, Gepäck war herausgefallen und Teile der Deckenverkleidung waren geborsten und zu Boden gefallen.

Aber es gab Schlimmeres als dieses Durcheinander. Beim Aufschlag war Wasser unter den Kabinenboden gedrungen und begann zu den Passagieren hochzudrücken.

Dann sprudelte es plötzlich nach oben.

Auf dem Gangplatz 20C saß Beth McHugh immer noch in der Abstützposition mit gesenktem Kopf, als sie durch die Drehung des Flugzeugs nach rechts geschleudert wurde. Sie blickte nach unten und sah »Wasser, das durch die Flurplatten nach oben schoss«.

In der vorletzten Reihe saß die 46 Jahre alte Buchhalterin Laurel Hubbard aus Matthews in North Carolina immer noch auf ihrem Platz 25F, als sie plötzlich jemanden schreien hörte: »Wir ertrinken!« Etwas keilte sie in ihrem Sitz ein, ein Trümmerstück, das sich von dem Flugzeug gelöst hatte. Sie hob es an und stopfte es hinter sich. Dabei spürte sie, wie Eiswasser fast bis auf Sitzhöhe an ihren Beinen hochstieg. Da sie nicht schwimmen konnte, geriet sie in Panik. Sie glaubte, dass sie auf die Lehne ihres Sitzes klettern musste, um zu atmen, und versuchte verzweifelt abzuschätzen, wie groß der Abstand zur Decke war. »Ich fragte mich, wie lange es wohl dauern würde, zu ertrinken. Vielleicht zwei Minuten«, berichtet sie und fügt hinzu: »Ich wollte nicht zwei Minuten lang dagegen ankämpfen. Ich wollte einfach nur loslassen.«

Bei einer solchen Panik verwirren sich die Erinnerungen und das Zeitgefühl. Eines aber war klar: Niemand konnte die hinteren Ausgänge benutzen. Sie lagen unter Wasser und waren verklemmt.

Nach Doreen Welsh, der Flugbegleiterin, war Vallie Collins die erste, die in die jetzt überflutete Bordküche kam. Als sie sich endlich umdrehte, um den Raum wieder zu verlassen, erkannte sie, dass sie sich am geschlossenen Ende eines Tunnels befand, durch den ein Heer verängstigter Passagiere zu ihr strömte und den einzigen Weg nach draußen versperrte, der in die andere Richtung führte.

Trotz ihrer Furcht und Verwirrung erinnert sie sich noch genau an den Augenblick: »Das Wasser stand mir jetzt bis zur Brust. Genau bis zu der Stelle, an der die Körbchen des BHs in den Träger übergehen. Es fühlte sich an wie Nadelstiche.« Die größte Angst ihres Lebens war es immer gewesen, mit dem Auto von einer Brücke zu stürzen und nicht mehr aus dem Wagen herauszukommen.

Sie drehte sich um und versuchte, nach vorn zu kommen. Ein Mann kam auf sie zu und ruderte mit den Armen, doch sie blieb standhaft: »Gehen Sie in die andere Richtung!« In einem Zeitraum, der wie eine Ewigkeit wirkte, gab es in dem verstopften Gang keine Bewegung, weder in die eine noch in die andere Richtung.

Chesley Sullenberger hatte seinen Teil getan und sie alle nach unten gebracht. Jetzt mussten die Passagiere ihren Beitrag leisten – ohne Schulung und ohne Anleitung. Die Flugbegleiterinnen waren an den entgegengesetzten Enden des Flugzeugs gestrandet.

Es war eine sonderbare Situation. Einige Passagiere verließen das Flugzeug bereits und fühlten sich frei, während andere im Innern zusammengepfercht waren und noch mehr Angst ausstanden als während des Gleitflugs.

In Wirklichkeit jedoch waren alle Passagiere tödlicher Gefahr durch das Wasser ausgesetzt – sowohl diejenigen innerhalb als auch außerhalb des Flugzeugs.

Michelle DePonte kletterte auf die linke Tragfläche und in einen herrlichen Sonnenschein hinaus. Sie war die erste, der die Flucht aus dem vermeintlichen Unterwassergrab gelang. Das Panorama von Manhattan vor einem klaren, kalten, blauen Himmel sah noch nie so einladend aus. Vollgepumpt mit Adrenalin, überwältigt von Erleichterung und überglücklich, am Leben zu sein, achtete DePonte nicht auf die beißende Kälte der eisigen Luft. Während des Abstiegs hatte sie aus dem Fenster gestarrt und nicht glauben können, was sie sah. Erst kurz vor dem Aufschlag hatte sie ihre Augen fest zugekniffen.

»Ich öffnete meine Augen und dachte: *Bin ich wirklich noch am Leben?* Es war so merkwürdig. Sie schließen Ihre Augen und denken, dass Sie sterben werden, und wenn Sie sie dann doch wieder öffnen, haben Sie dieses erstaunliche Gefühl. Ich fühlte mich ziemlich gut. Jetzt wollte ich aus diesem Flugzeug rauskommen. Wenn ich schon einen verdammten Flugzeugabsturz überlebe, dann werde ich nicht anschließend sterben, egal was passiert.«

DePonte und ihr Sitznachbar Michael Westside hatten die Tür über der Tragfläche blitzschnell geöffnet. »Ich kann mich nicht einmal daran erinnern, dass ich den Sicherheitsgurt gelöst habe«, erzählt sie, »die Tür flog einfach auf.«

Die Passagiere haben unterschiedliche Erinnerungen daran, wer zuerst von der Tragfläche sprang. DePonte meint, dass sie auf die Tragfläche stieg und zögerte, weil sie nicht wusste, was sie als Nächstes tun sollte. Whitesides dagegen sagt, DePonte sei die Tragfläche entlanggelaufen und dann gesprungen, woraufhin er ihr ins Wasser folgte. »Ich bemerkte, dass sie nichts mitgenommen hatte, und griff nach einem Sitzkissen für sie und für mich, und dann sprang ich nach ihr«, berichtet er.

Wie es sich auch immer abgespielt haben mag, die nächsten Passagiere, die nach Whiteside auf die Tragfläche traten, folgten ihm in den Fluss –

ein Mann, eine Frau, eine weitere Frau, noch ein Mann. Steve O'Brien arbeitete sich von Reihe 15 vor, trat auf die Tragfläche und hob mit beiden Beinen ab: »Wie in einen Swimmingpool.«

»Es war so, als würde man Lemmingen zusehen«, beschreibt es Clay Presley, der den Gangplatz gegenüber Steve O'Brien hatte und den Ausgang erreichte, nachdem O'Brien gesprungen war, »alle verhielten sich wie die Lemminge.«

Die Schwimmenden sagten später, dass sie keine andere Möglichkeit gesehen hätten. »Wir mussten schnell aus dem Flugzeug heraus«, erklärt O'Brien, »die Passagiere schrieen ›Schnell! Schnell! Schnell!‹ Wir mussten heraus. Es kam mir nicht in den Sinn, auf der Tragfläche zu bleiben. Zu diesem Zeitpunkt stand niemand da.«

Nach ihrer eigenen Erinnerung hockte DePonte nervös einige Sekunden lang auf der Tragfläche, bevor sie sprang. Sie wusste nicht, was sie als Nächstes tun sollte. Die Crew hatte keine Anweisungen gegeben. Sie hatte erwartet, ein Rettungsfloß zu sehen, aber keines war in Sicht. Die Flöße, die sich im untergetauchten Heck des Flugzeugs befanden, würden niemals erscheinen. Das Floß auf der linken Seite der Erste-Klasse-Kabine war auch noch nicht aufgetaucht.

DePonte war verwirrt. *Warum haben wir kein Floß?*, wunderte sie sich, *was geht hier vor?* Als einige der Passagiere im Wasser ihr zuriefen, dass sie springen sollte, und ein Mann winkte, »dachte ich, nun, das ist keine schlechte Idee«, und sprang von ihrer Vogelstange. »Ins Wasser zu springen, war keine schwierige oder überwältigende Entscheidung. Das war der einfachere Teil«, sagt sie.

In der Erste-Klasse-Kabine, in der das Rettungsfloß noch nicht bereit war, begab sich inzwischen Barry Leonard zur Tür. Er sah keinen seiner Kabinengenossen, die sich auf demselben Weg vorarbeiteten, sondern konzentrierte sich wie alle anderen nur auf den Fluchtweg. Der Fluss schien sich etwa einen Meter unter ihm zu befinden. Eine Stimme befahl:

»Springen Sie!« Leonard beugte sich vor, öffnete die Schnürsenkel, zog seine Schuhe aus und sprang.

Seit dem Aufschlag des Airbus waren 44 Sekunden vergangen.

Auf der linken Seite des Flugzeugs schwammen jetzt acht Passagiere im Fluss. Das Wasser war so kalt, dass vom Bug der Fähren, die zur Hilfe kamen, Eiszapfen wie Fangzähne herabhingen. Vier Fluggäste hatten Sitzkissen mitgenommen, als sie zum Ausgang geeilt waren, doch niemand trug eine Schwimmweste, die seinen Kopf oben gehalten hätte, wenn er aufgrund der Unterkühlung das Bewusstsein verloren hätte. Nachdem sie den Aufschlag so gut wie unbeschadet überstanden hatten, sahen sie sich jetzt dem Ertrinken ausgesetzt. Vom Ausgang sahen andere zu, wie mehrere der Personen im Wasser schnell vom Flugzeug hinwegzuschwimmen versuchten.

»Ich dachte, die sind verrückt«, berichtet Michael Leonard, einer aus der Belk-Gruppe, der die Schwimmenden beobachtete, während er selbst darauf wartete, nach draußen auf die Tragfläche klettern zu können, »draußen fror es. Unterkühlung ist tödlich. Warum sollte jemand ins Wasser springen?«

Diejenigen, die den Unfall untersuchten, grübelten später über dieselbe Frage, vor allem da die Passagiere auf der rechten Seite sehr schnell auf die Tragfläche hinaustraten. Clay Presley hatte es richtig erkannt. Passagiere, die aus einem Flugzeug flüchten, folgen einem Anführer.

»Wenn einer irgendetwas tut, machen es alle«, erklärte Nora Marshall, die für das National Transportation Safety Board, die US-Behörde für Flugunfalluntersuchungen, Evakuierungen untersucht.

Vielleicht noch entscheidender war die Tatsache, dass bei den Passagieren, die auf der linken Seite nach draußen gelangten, die Furcht vor einer Explosion die Furcht vor dem kalten Wasser verdrängte. Da das Triebwerk unter der linken Tragfläche abgerissen war, strömte jetzt Kerosin aus mehreren leckgeschlagenen Treibstoffleitungen aus und zeigte sich in Form öliger Flecken auf der Wasseroberfläche. Überall roch es nach Flugbenzin, aber der Geruch war vor allem auf der linken Seite beißend und weckte in den ersten Personen, die aus dem Notausgang kamen, die Furcht davor, in einem Feuerball zu verbrennen.

Bei der Mehrzahl der Flugunfälle spielt Feuer *keine* Rolle, doch viele Menschen behalten Fernsehbilder von Katastrophen im Gedächtnis, bei denen es tatsächlich gebrannt hat. Einen Monat zuvor, fünf Tage vor Weihnachten, zeigten die Nachrichten Bilder eines spektakulären Feuers, das eine Boeing 737 der Continental Airlines einhüllte. Das Flugzeug war beim Start von der Landebahn gerutscht – *gerutscht*, nicht gestürzt. Das Feuer verzehrte den halben Rumpf, wobei 41 der 115 Insassen verletzt wurden, bevor die Feuerwehr den Brand löschen konnte.

»Wir hatten schon einen Brandgeruch wahrgenommen«, erklärt Shae Childers, »mein einziger Gedanke war: Wir sind gerade erst gestartet, das Flugzeug ist voller Treibstoff, und Benzin brennt auf dem Wasser.«

Wendell Fox sah sich beim Aussteigen nach dem Triebwerk um. »Ich konnte es nicht sehen. Da dämmerte es mir, dass daher der Treibstoff kam. Ich dachte: *Feuer!*«

Remington Chin, ein Finanzanalytiker aus New York, der auf dem Weg in den Skiurlaub in Denver war, weigerte sich, überhaupt an die Kälte zu *denken*. »Ja, das Wasser war kalt«, gibt er zu. Aber diese Tatsache schien zum damaligen Zeitpunkt völlig irrelevant zu sein. Er hatte das Gefühl, es sei »völlig sinnlos, auch nur einen Gedanken daran zu verschwenden. *Wir mussten von dem Flugzeug wegkommen. Wir mussten uns in Sicherheit bringen.*«

DePonte trug rosa Schaffellstiefel, die sie wie Anker nach unten zogen, als sie sich mit Wasser vollsogen. Doch obwohl auch sie sich sofort benommen fühlte, ignorierte sie die Kälte. »Ich war so froh, am Leben zu sein, dass Erfrierungen und Unterkühlung das Letzte war, woran ich dachte. Ich war entschlossen, nach New Jersey oder Manhattan zu schwimmen, wenn es sein musste.«

Schon bevor das Flugzeug aufsetzte, war Pam Seagle klar gewesen, dass sie schließlich im Wasser landen würde, Kälte hin oder her. »Ich hatte drei Gedanken«, zählt sie auf, »erstens, es wird brennen. Zweitens, es wird sinken. Drittens, hinter mir stehen eine Menge Leute und uns war noch nicht der Gedanke gekommen, uns auf der Tragfläche zu verteilen.«

Während er bugwärts schwamm, fühlte sich Steve O'Brien »auf sonderbare Weise gut«, als sei er der Wirklichkeit zum Teil entrückt. »Ich wusste, dass etwas Schlimmes passiert war und dass ich es meiner Frau mitteilen musste, da ich mich im Wasser befand«, berichtet er, »dann drehte ich mich um und sah den Rumpf neben mir treiben. Er schwamm ganz ruhig. Das Flugzeug schaukelte nicht, sondern machte diese schwappenden *Blubb-Blubb*-Geräusche wie ein am Ufer festgemachtes Boot.«

»Ich erwartete wirklich, dass das Flugzeug explodieren oder sinken würde. Ich dachte, wir würden alle im Wasser enden. Meine Sinne waren verwirrt. Das Flugzeug wirkte im Sonnenlicht so lebendig, es sah mit seinen Farben in Weiß, Rot und Blau so majestätisch aus, und es kam mir völlig absurd vor, dass es neben mir schwamm, während ich auf einem Sitzkissen im Hudson trieb, Hell's Kitchen genau vor mir.«

O'Brien ist 20 km nördlich von Manhattan in Tappan aufgewachsen, einem Dorf, das schon im 17. Jahrhundert gegründet wurde. Im Sommer schwamm er im Bear Mountain State Park im Hudson River, und einige Kilometer südlich bei Piermont fischte er nach Krabben. »Ich befand mich an einem vertrauten Ort«, erklärt er, »von dem Augenblick an, in dem ich sah, wie sich die Türen öffneten, wollte ich ins Wasser gelangen.

Es wirkte so einladend, und ich brannte darauf, mich hineinzustürzen – es bedeutete, dass ich noch lebte und meine Kinder wiedersehen würde.«

O'Briens Vater hatte 28 Jahre lang als Polizist in New York City gearbeitet. »Ich wusste, dass die Polizei und die Feuerwehr kommen würde«, berichtet er. Doch in den ersten Momenten waren die Passagiere von Flug 1549 da draußen im Fluss völlig auf sich allein gestellt. »Wenn Sie sich die Bilder ansehen, können Sie erkennen, dass wir mitten im Nirgendwo waren, wahrscheinlich an dem abgelegensten Platz, den Sie in dieser größten Stadt der Welt überhaupt erreichen können. Wir waren allein, und dieses Gefühl überwältigte uns.«

Zu diesem Zeitpunkt wurde das Flugzeug mit gut 6 km/h flussabwärts getrieben, getragen vom Ebbstrom und der nachmittäglichen Strömung. (Wäre Sullenberger nicht bei Ebbe, sondern bei Flut gelandet, wäre das Flugzeug flussaufwärts getrieben. Dieses Phänomen ist der Grund dafür, dass die Mohikaner den Hudson »den Fluss, der in beide Richtungen fließt« nannten.) Es befand sich auf dem Weg zur Flussmündung am Battery Park, wo der Hudson in den oberen New Yorker Hafen und schließlich in den Atlantik mündet. Wäre das Flugzeug dort niedergegangen, wäre die Rettung aufgrund der aufgewühlten Wasser am Zusammenfluss von Hudson und East River weit schwieriger geworden.

Da der Rumpf im rechten Winkel zur Uferlinie lag und die linke Tragfläche flussaufwärts zeigte, mussten diejenigen, die an der linken Seite in den Hudson gesprungen waren, gegen den Strom flussaufwärts schwimmen, um dem Flugzeug zu entkommen. Shae Childers kam kaum vom Fleck, gab auf und schwamm zur Tragfläche zurück.

Pam Seagle schwamm rasch zur Flugzeugnase in die Nähe von O'Brien. In diesem Abschnitt des Flusses ragten auf der Seite von Manhattan mehrere Anleger etwa 100 m in den Fluss hinein, was den verführerischen Gedanken verstärkte, dorthin zu schwimmen. An Pier 86, einer der bekanntesten Sehenswürdigkeiten der Stadt, leuchtete einladend das Intrepid Sea, Air

& Space Museum, das an Bord eines Flugzeugträgers aus dem Zweiten Weltkrieg untergebracht war. »Ich sah nach links, ich sah nach rechts«, berichtet Seagle, »und Manhattan schien mir günstiger gelegen zu sein. *Ich schwimme zur* Intrepid. *Ich kenne die* Intrepid.« Sie erinnert sich noch deutlich an diese Gedankenkette. Was danach geschah, hat sie jedoch weitgehend ausgeblendet.

Inzwischen bildete sich in der Mitte des Flugzeugs sehr schnell ein Engpass. Über den Tragflächen gab es jeweils zwei Ausgänge in den Reihen 10 und 11. Bei einer Evakuierung an Land klettern die Passagiere durch beide Öffnungen, gelangen auf eine aufblasbare Rutsche, die vom Rand der Tragfläche nach unten führt, und schlittern darüber zu Boden. Das untere Ende der Rutsche bläst sich zu einem großen Kissen auf, um den Aufprall abzufedern. Auf dem Fluss aber hatte sich die Rutsche wie eine riesige Luftmatratze aufgebläht, wobei das Kissenende nach oben ragte. Adelaide Horton, die die Ausgangstür unmittelbar nach DePonte geöffnet hatte, verhedderte sich in der Rutsche, kaum dass sie nach draußen getreten war. Sie stolperte und sank auf die Knie. Allerdings strömten hinter ihr weitere Überlebende auf die Tragfläche. Einige kletterten über Horton hinweg, um auf die Rutsche zu gelangen, wobei sie ihre Schultern wie ein Geländer benutzten. Knapp außerhalb des Rumpfes bildete sich ein Menschenknäuel, das die Auflösung des Staus im Innern noch weiter verlangsamte.

Clay Presley, ein erfinderischer Unternehmer aus Charlotte, erreichte von Platz 15D aus den Ausgang zu einem Zeitpunkt, der sich als entscheidend erweisen sollte. »Alle vor mir waren ins Wasser gesprungen«, berichtet er, »ich nahm an, dass auch die anderen springen würden.« Er beugte seine Knie und setzte dazu an, selbst zu springen wie ein weiterer Lemming, aber er konnte sich nicht dazu überwinden. Ein Sitzkissen hatte er nicht, und er sah auch keines in seiner Reichweite. Die Menge drückte von hinten, sodass er auch keine Möglichkeit mehr hatte, zurückzugehen und nach der Schwimmweste unter seinem Sitz zu suchen.

»Ich starrte auf die Tragfläche und auf die Menschen im Wasser, die Laute von sich gaben, als würden sie erfrieren. Ich war bereit zu springen, aber ich konnte mich nicht überwinden. Es schien zu verdammt kalt, um sich ihm anzuvertrauen.«

Jorge Morgado, einer der Golfspieler, kam noch rechtzeitig, um zu sehen, wie die letzten beiden Mitglieder der ersten Gruppe sprangen. Sofort begann er zu rufen: »Nicht springen!«

Michael Leonard stürzte aus dem Ausgang, fest dazu entschlossen, trocken zu bleiben. »Geht zur Spitze, geht zur Spitze«, flehte er. Als gebürtigem Kalifornier ist ihm Kälte ein Graus. Beim Schwimmunterricht als Fünfjähriger versagte er und schloss als »Allerletzter« ab, sodass eine lebenslange Angst vor dem Wasser in ihm zurückblieb. Leonard hatte vor, sich an der Tragfläche festzuhalten, bis das Flugzeug unter ihm versank. »Ins Wasser zu gehen war das Letzte, was ich mir wünschte«, sagt er.

Clay Presley erkannte die Gefahr, in der er selbst schwebte. Enteisungsflüssigkeit und Treibstoff mischten sich mit dem Wasser des Hudson, das über die Tragfläche schwappte. Selbst in Schuhen mit Gummisohlen war es eine unsichere Wanderung über die Tragfläche. Er blickte über die aufgeblasene Rutsche hinweg. Obwohl sie so arg verdreht war, schien sie das einzige schwimmfähige Ding weit und breit zu sein, und er wollte sich nur ungern weit davon entfernen. Andererseits war das Ende der Tragfläche zurzeit ein vollkommen trockenes Plätzchen. Also setzte sich Presley vorsichtig dorthin in Bewegung. Damit begann das, was man bei der Untersuchung von Flugunfällen den »Schafherdeneffekt« nennt. Alle Personen, die hinter Presley aus dem Flugzeug stiegen, folgten ihm auf die Tragfläche. Kein anderer sprang mehr in den Fluss.

Doch mittlerweile begann das Flugzeug mit dem Heck voran zu sinken.

8 Wasser überall!

Billy Campbell kam von der vorletzten Reihe in die Bordküche, wo Chaos herrschte, als die ersten Passagiere nach einem Ausweg durch die hinteren Türen suchten. Als Fernsehintendant hatte er die Produktion des Films *Die Helden von Flug UA 93* (*The Flight That Fought Back*) geleitet, ein Dokudrama über den Kampf der Passagiere gegen die Luftpiraten an Bord des vierten gekaperten Flugzeugs am 11. September 2001, der mit dem Absturz bei Shanksville endete. Er war ein Experte darin, Flugzeugkatastrophen dramatisch in Szene zu setzen, doch jetzt sah er ein solches Drama aus nächster Nähe, ja, er war persönlich darin verwickelt und fühlte sich genauso verloren wie die Passagiere in seinem Film. In der kurzen Zeit, die er für die wenigen Schritte von seinem Platz zum Eingang der Bordküche gebraucht hatte, war das Wasser von Knöchel- auf Brusthöhe gestiegen. Vor ihm stand die Flugbegleiterin Doreen Welsh bis zu den Achseln im Wasser und gestikulierte heftig, wobei sie die Hände deutlich in die entgegengesetzte Richtung schob.

»Kehren Sie um«, rief sie Campbell und den anderen zu, die sich von hinten gegen ihn drängten, »gehen Sie nach vorn! Hier geht es nicht heraus! Sie haben nur noch zwei Minuten!«

Campbell, ein athletisch gebauter 49-Jähriger, drehte sich um und sah sich einem Keil von anderen Menschen gegenüber, die sich immer noch in Richtung auf den Hinterausgang vorarbeiteten und schoben. So weit sein Auge reichte, verstopfte eine Menschenmasse den Gang. Verschreckte Menschen drängten sich in verschiedene Richtungen, während sich andere immer noch auf ihren Plätzen befanden, weil sie nicht in der Lage waren, sich mit ihren Ellenbogen in den Gang vorzukämpfen oder weil sie immer noch nicht wieder ganz bei sich waren. Für den Mann, der sein Leben damit zugebracht hatte, Dramatik, Gefahr und Tod für ein Publikum zu gestalten, wurden diese Dinge plötzlich sehr real. Das Wasser war zu Anfang nur ganz langsam hineingesickert, dann aber so schnell gestiegen, dass alle glaubten, das Flugzeug sinke schnell.

Dem National Transportation Safety Board gegenüber erklärte Campbell später, dass diese Szene der »zweite oder dritte Schrecken« innerhalb weniger Sekunden war: »Als ich mich umsah, konnte ich keinen Ausweg erkennen.«

In diese erschreckende Situation waren alle Flugzeuginsassen aus mindestens den letzten sechs Reihen verwickelt, was den Umständen, die sie von den anderen Überlebenden unterschieden, noch eine besonders grausame Dimension gab. Hatten sie den Absturz nur auf wundersame Weise überlebt, um jetzt einem grauenhaften Tod durch Ertrinken ausgesetzt zu sein? Draußen lauerten noch reichlich schreckliche Probleme, aber hier im Heck eines sinkenden Flugzeugs zu stehen, war eine entsetzliche Situation.

Die Konsequenzen schienen so unabänderlich zu sein, dass Brian Moss, der unbekümmerte 35-jährige Geschäftsanalytiker, der Vallie Collins während des ganzen Abstiegs beruhigt hatte, einfach erstarrte. Er blieb auf seinem schlechten Platz 26F und blickte auf den verstopften Gang, der nur zwei Sitze entfernt lag.

Es war hoffnungslos.

Moss griff nach unten in die Fluten, um seine Brieftasche aus der Laptoptasche zu holen und in seine Jackentasche zu stecken, damit sein Leichnam später identifiziert werden konnte. Das steigende Wasser zwang ihn schließlich dazu, auf die Rückenlehne des Vordersitzes zu klettern, wo er sich unter die Gepäckablage gekrümmt hinhockte. Unter sich sah er nichts als Wasser. Weit vorn schien Licht durch den Ausgang an den Tragflächen, aber er fand keine Möglichkeit, dorthin zu gelangen.

»Viele Menschen schrien«, erinnert sich Moss, »sehr viel Kraft wurde verschwendet, aber nichts bewegte sich. Ich weiß noch, wie ich darauf hoffte, dass sich die Masse vor mir in irgendeine Richtung in Bewegung setzen würde. Aber diese Masse, dieser Menschenknoten ging einfach nirgendwo hin.«

Dann hatte er einen, wie er es später nannte, »völlig abwegigen« Gedanken.

»Vornüber gebeugt, war ich dem Wasser nah genug, um mir sicher zu sein, dass ich auf diese Weise sterben würde«, sagt er mit einer gewissen Verlegenheit, »ich erinnere mich, wie ich dachte, ich sollte es ausprobieren und meinen Kopf unter Wasser halten, um zu sehen, wie es sich anfühlt, bevor es geschieht.«

Er tat es nicht.

»Das ist die Stelle, an der jemand die Pausentaste drückte und den Film anhielt, und alles war für eine lange, lange Zeit in der Schwebe.« Dann begann die Menschenschlange im Gang nach vorn zu kriechen, und er begann, sich ebenfalls in Bewegung zu setzen. Zu seiner Überraschung kam noch ein Mann aus der Bordküche.

Moss' Gedanken waren ganz darauf gerichtet, das Flugzeug zu verlassen. Er beobachtete den Mann und dachte: *Geh einfach. Geh mit der Menge.* »Der Mann ging endlich an mir vorbei, und ich trat auf den Gang hinaus.«

Absurderweise begann sein Handy zu klingeln. Es war an seinem Gürtel befestigt und lag unter Wasser. Er achtete nicht darauf.

Der Marsch war lang und langsam – und gelegentlich auch schmerzhaft. In Flugzeugen zieht Moss immer seine Schuhe aus. Trümmer und Koffer schwammen im Wasser, doch schlimmer für Moss waren die Splitter des Flugzeugs und andere Kleinteile, die zu Boden gesunken waren und auf die er unterwegs trat.

Auf der gegenüberliegenden Sitzreihe in dem zweiten undankbaren Platz, 26A, hatte Irina Levshina ihr russisches Gebet und mehr oder weniger auch das Denken eingestellt. »Ich weiß noch, wie bestürzt ich war, als ich erkannte, dass ich noch lebte«, berichtet sie, »und auch die anderen waren nicht tot. Aber dann wird alles sehr verschwommen. Nur noch vereinzelte Eindrücke. Ich habe keine durchgehende Erinnerung daran.«[6]

Levshina wusste immer noch nicht, wo sie sich befand. Die Fensterblende, die Tracey Wolsko beim Start geschlossen haben wollte, war immer noch nach unten gezogen. »Aber diese Flüssigkeit drang ein und stieg rasch bis zu meinen Hüften. Ich dachte, es wäre Flugbenzin. Ich kann im Wasser schwimmen, aber nicht in Treibstoff. Es war wirklich beängstigend.« Sie öffnete die Fensterblende und sah Wasser bis zur halben Höhe des Fensters. »Die Flugbegleiterin war im Gang und rief etwas wie: ›Wir haben zwei Minuten!‹«

---

6 *Levshinas Kommentar zeigt deutlich, dass sich die Belastung und die Angst in diesem Augenblick mit denen bei militärischen Kampfhandlungen und anderen Ausnahmesituationen messen lassen konnten. Die Menschen sahen dem Tod ins Auge, und viele glaubten, ihr Ende sei unausweichlich. Die Erinnerungen sind bruchstückhaft und lassen sich nur selten zu einem widerspruchsfreien Ganzen rekonstruieren. Der Leser sollte diese Erinnerungen als das nehmen, was sie sind, und gelegentliche Ungereimtheiten bei der zeitlichen Abfolge oder anderen Einzelheiten nachsehen. Diese Widersprüche lassen sich oft nicht mehr genau auflösen.*

Levshina kann sich an fast nichts mehr erinnern bis zu dem Zeitpunkt, an dem sie die Tragfläche erreichte.

Bill Zuhowski, der 23 Jahre alte Mann aus Long Island, der die lange Reise im Schnee hinter sich hatte, sah zu, wie alle anderen an seinem Platz 23E vorbei nach hinten drängten. »Also folgte ich der Herde«, gesteht er. Seine Brille hatte er bei der Landung verloren, sodass er, wie er selbst sagt, »keine dreißig Zentimeter weit« sehen konnte. »Man hört jetzt all diese Geschichten von Selbstlosigkeit und Sorge um die anderen«, kommentiert er, »aber in dieser halben Minuten war davon nicht viel zu sehen. Alle schrien und drängelten.«

Zuhowski spürte schließlich, wie er in die Küche geschoben wurde. Das Wasser reichte ihm jetzt bis zur Brust. »Das Wasser stieg immer noch«, berichtet er, »ich drehte mich um, und da ist kein Ausweg, und ich dachte noch: *Ich werde hier im Heck dieses Flugzeugs ersaufen.*«

Zuhowski schrie die Leute aus Leibeskräften an, sich zu beruhigen, und schlängelte sich wieder zurück zur Reihe 26. Hier befand er sich jetzt neben Brian Moss, der sich noch nicht gerührt hatte.

»Ich wollte auf die letzte Sitzreihe klettern. Als ich spürte, wie schwer mir dieser Schritt mit den vollgesogenen Jeans und Schuhen war, sagte ich mir, dass ich irgendwann schwimmen müsste und dass ich dabei nicht vom Gewicht der Klamotten nach unten gezogen werden will. Der Eindruck war so überwältigend, dass ich gar nicht daran dachte, wie kalt es war.

Ich zog meine Hose, mein Hemd und meine Schuhe aus, und das in einem Zeitraum, der mir wie zwei Sekunden erschien – wie Superman in der Telefonzelle. Dann schnappte ich mir ein Sitzkissen und kletterte über die Stühle, von der letzten bis zur ersten Reihe. Ich ging an den Notausgängen über den Tragflächen vorbei – ich weiß nicht, wieso, vielleicht konnte ich sie ohne meine Brille nicht erkennen – und gelangte über den Erste-Klasse-Ausgang auf der linken Seite nach draußen.«

Plötzlich befand er sich auf einem Floß und stellte fest: »Diese Leute sind alle trocken!« Die anderen Insassen des Floßes wiederum sahen ihn verwundert an – den jungen Mann in den roten Boxershorts. Er fror erbärmlich.

Sullenbergers Landung war beinahe lehrbuchreif – die Fluglage fast perfekt, die Tragflächen waagerecht, die Nase etwa 10° angestellt. Nachdem das Heck aufgesetzt hatte, stürzte der Rumpf so ins Wasser, dass alle potenziell zerstörerischen Kräfte gleichmäßig an den Schwachpunkten des Flugzeugs angriffen. Abweichungen um wenige Grad hätten entweder das Cockpit oder das Heck abgerissen. Aber jeder, der schon einmal einen Bauchklatscher von einem Sprungturm gemacht hat, weiß, dass Wasser nicht weich ist. Es kann ein Flugzeug beinahe ebenso nachhaltig zertrümmern wie fester Erdboden.

Trotz des großartigen Landeanflugs musste der A320 einen fürchterlichen Schlag hinnehmen. Bei der späteren Untersuchung zeigte sich, dass Teile des Flugzeugbauchs zerdrückt waren wie eine Bierdose. Von der Zelle waren Aluminiumblenden, die die Haut des Flugzeugs bildeten, weggerissen worden. Unter den Füßen der Passagiere am hinteren Ende der Kabine fehlten einige dieser Bleche. Das Heck war zertrümmert. Als die Aluminiumhaut weggerissen wurde, waren dabei auch einige Spanten und Streben aufgetrennt worden, weshalb im unteren Teil des hinteren Druckschotts ein Loch klaffte. Im Besitz des NTSB befindet sich ein Foto, das nach der Bergung des Flugzeugs aus dem Fluss aus dem Innern der Achterkabine aufgenommen wurde. Es zeigt auf eindrucksvolle Weise, wie der blaue Himmel durch den zertrümmerten Heckkegel und das Leck im Schott hindurchschimmert.

Das Druckschott ist eine konkave Konstruktionswand unmittelbar hinter der Küche, die dazu dient, die Kabine bei großer Höhe unter Druck zu halten. Wenn es ein Leck bekommt, strömt Sauerstoff nach draußen und der

Kabinendruck fällt ab. Bei einem schwimmenden Flugzeug wird ein solches Leck zu einem Kanal, durch den Wasser in die Kabine strömen kann.

Was in der Kabine so verwirrend und erschreckend wirkte, hatte einen einfachen, jedoch sehr ungünstigen Grund. Wasser ist schwer. Je mehr Wasser eindrang, umso schneller sank das Heck, sodass noch mehr Wasser durch den Riss im Schott einströmen konnte. Schließlich stieg es dramatisch schnell, und das Heck sank tiefer.

Der Grund für das Eindringen des Wassers konnte nie endgültig gefunden werden. Einige wenige Passagiere sagten aus, dass sie Risse in der hinteren Ausgangstür gesehen hatten.

Die Flugbegleiterin im Heck, die 58 Jahre alte Doreen Welsh, hat 39 Jahre Berufserfahrung. Bei der Landung jedoch war sie mit den Umständen weniger vertraut als viele der Passagiere. Sie saß auf einem Notsitz in der Nähe der Toiletten, in Flugrichtung, aber ohne Blick aus einem Fenster. Da die Lautsprecheranlage ausgefallen war, hatte sie keinen Kontakt mit den anderen Flugbegleiterinnen am anderen Ende des Flugzeugs. (Außerdem konnte keine der Flugbegleiterinnen mit dem Cockpit sprechen.) Welsh hatte keine Ahnung, dass sich das Flugzeug im Wasser befand. Für kurze Zeit hielt sie sich an dem Gedanken fest, dass sie eine Bruchlandung in LaGuardia gebaut haben könnten.

Neben dem normalen Stoß beim Aufsetzen auf dem Wasser spürte Welsh einen scharfen Schmerz in ihrem Bein. Eine Stahlstrebe hatte den Boden durchbohrt, ihr linkes Bein aufgeschlitzt und dabei nur knapp eine Arterie verfehlt. In dem Notfall ignorierte sie den Schmerz. Erst als sie es endlich in ein Floß geschafft hatte, fragte jemand: »Wer blutet denn hier?«

Die Debatte wurde losgetreten, als man entdeckte, dass die Dichtung an der linken hinteren Ausgangstür gebrochen war, obwohl die Tür nicht geöffnet worden war. Welsh sagte aus, eine Passagierin hätte versucht, die Tür aufzuschieben, sodass sie die Frau daran hindern musste, da die Öffnung teilweise unter Wasser lag.

Nur eine Hand voll Passagiere befanden sich an einer Stelle, von der aus sie die linke Tür in der Küche sehen konnten, und die Erinnerungen widersprechen sich.

In ihrer Aussage vor dem NTSB sagte Welsh Folgendes aus: »Ich ging zur Tür 2L, um mir ein Bild von der Situation zu machen, und sah zu meiner Überraschung Wasser. Es war klar, dass das Wasser zu hoch stand, um das Floß auszubringen, weshalb ich mich umdrehte und die Passagiere anwies, nach vorn zu gehen. In diesem Augenblick rannte eine Passagierin in Panik an mir vorbei und zur Tür 2L, machte sich wie wahnsinnig daran zu schaffen und schrie: ›Aufmachen, aufmachen!‹«

Welsh sagte aus, dass die Passagierin die Tür nicht komplett aufstoßen, aber einen Spalt breit öffnen konnte.

Vallie Collins, eine 37 Jahre alte Vielfliegerin und Geschäftsfrau aus Maryville in Tennessee, war vor den anderen Passagieren in der Küche. Sie widerspricht dieser Darstellung.

»Ich glaube, dass kein Augenzeugenbericht genau ist«, sagt sie, »und ich weiß, dass die Flugbegleiterin die Ereignisse anders in der Erinnerung hat. Aber als ich in die Küche kam, stand sie an der Ausgangstür, die bereits den Riss hatte. Wir drückten beide, um sie zu öffnen, aber sie ging nicht auf. In einer solchen Situation will man nur noch aussteigen und nach draußen gelangen. Die Tür aber bot keinen Ausweg.«

Zu diesem Zeitpunkt war Tracey Wolsko von Platz 26B an ihrer Nachbarin am Gang, Vicki Barnhardt, vorbeigeschlüpft und hatte die Küche betreten. Dort sah sie Welsh in der Nähe der Tür in kniehohem Wasser. Sie erinnert sich noch, dass sie sagte: »Scheiße, wir sind im Hudson!« Welsh antwortete sofort: »Gehen Sie nach vorn!« Für Wolsko sah es nicht so aus, als ob die Tür geöffnet worden war, aber das Wasser stieg rasch an. »Ich glaube nicht, dass irgendjemand die Tür geöffnet hat«, urteilt sie.

Barnhardt sagt aus, dass sie es gar nicht erst bis in die Küche geschafft hat und sie sich nicht daran erinnern kann, die Tür gesehen zu haben. Sie hörte aber die Aufforderung, in die Richtung zu gehen, aus der eine Menschenmenge auf sie zuströmte.

Der Vorfall geriet allmählich aus dem Blickfeld, als das NTSB den vorläufigen Untersuchungsbericht vorlegte, der zeigte, dass praktisch das ganze Wasser durch Lecks im Flugzeug eingedrungen war und nicht durch die Tür.

Nachdem sie die Küche verlassen hatte, begab sich Wolsko, ein zartes Persönchen von 1,50 m Größe und 53 kg Gewicht, auf Katzenart über die Sitzreihen auf der rechten Seite nach vorn. Alle zwei Reihen hielt sie kurz an und forderte die Fluggäste, die sich immer noch im Mittelgang einen Weg nach hinten bahnen wollten, dazu auf, in die andere Richtung zu gehen. Als sie den Ausgang über der rechten Tragfläche erreichte, sagte dort ein Mann mit einer auffordernden Geste zu ihr: »Nach Ihnen!«

Barnhardt und Collins, die früher glaubten, das Flugzeug als Letzte verlassen zu müssen, schafften es schließlich durch den Mittelgang zu den Ausgängen über den Tragflächen.

Für Collins war das Wasser weit schrecklicher als die Landung. Sie nahm ihre »Reiß-dich-zusammen-Vallie«-Haltung an, wie sie es selbst nennt. Wie früher als Cheerleader an der High School schwenkte sie ihre Arme, als hielte sie immer noch die Pompons in der Hand, und versuchte, die Menge mit lauter, anfeuernder Stimme zum Umkehren zu bewegen: »Zu den Tragflächen! Zu den Tragflächen!«

Laurel Hubbards flüchtige Anwandlung, einfach aufzugeben und sich dem Wasser auszuliefern, wurde von ihrem Überlebensinstinkt hinweggefegt. Sie drängte sich am Ende der Schlange in die Menge. Trümmer, darunter auch etwas, das sie für ihren Koffer hielt, schwammen um sie herum, aber auch viele Schwimmkissen, von denen sie eines ergriff. »Ich dachte, wir sind im Meer«, sagt sie. Viele der Überlebenden aus dem

Heckbereich machten die Erfahrung, dass die Ausgänge über den Tragflächen verstopft waren, als sie endlich dort ankamen, weshalb sie sich durch den jetzt fast leeren Mittelgang weiter nach vorn zur Erste-Klasse-Kabine drängten, wo sie in ein Floß gelangen konnten. Das ist genau das, was Hubbard tat.

Barnhardt, die sicher war, dass sie sterben musste, rief ihren Mann an, während das Wasser um sie stieg, und schrie über das Lärmen der anderen Passagiere hinweg: »Ich glaube, ich sterbe. Wir sind abgestürzt. Ich liebe dich. Ich liebe die Kinder. Ich liebe dich. Ich liebe dich. Ich liebe dich.« Ihr Mann befand sich gerade in einer Besprechung und erhielt die Nachricht erst eine Viertelstunde später, und zu diesem Zeitpunkt hatte er keine Möglichkeit, sie zurückzurufen. Seine Beschreibung davon, wie er die Nachricht hörte, treibt ihr immer noch Tränen in die Augen.

Eileen Shleffar, die Vieltelefoniererin von Flug 1549, gehörte zu den Glücklichen, da sie nur zwei Reihen hinter dem Tragflächenausgang auf dem Gangplatz 13D saß. Sie hatte die Tür noch nicht erreicht, als ihr Telefon klingelte. Ihr Mann war von der Autowaschanlage nach Hause zurückgekehrt. »Hallo?«, sagte sie. »Seid Ihr noch in der Luft?«, fragte er. »Nein, wir sind unten, aber hier sind eine alte Dame und ein Kleinkind. O mein Gott!« Die Stimme aus Charlotte wurde nüchtern und bestimmend: »Irgendjemand wird ihnen schon helfen. Liebling, geh zur Tür. Sieh zu, dass du aus dem Flugzeug herauskommst.«

Shleffar blickte über die ganze Länge der Kabine nach vorn und hinten. Vor ihr war die Situation beinahe normal, als wären die Passagiere einfach wegspaziert. Hinten jedoch, so dachte sie, sieht es nach einem Irrenhaus aus, nach einem Mob. In ihrer Nähe suchte eine Frau verzweifelt in der Gepäckablage nach einer Handtasche, bis ein Dutzend zorniger Stimmen sie stoppten. Sie ließ von der Suche ab und ging ohne ihre Handtasche. Eileen Shleffar überwand die kurze Entfernung zum Ausgang über der linken Tragfläche.

Hinter ihr waren alle verzweifelt.

In Reihe 19 zeigte sich auf Tess Sosas Gesicht für einen Augenblick ein halbes Lächeln. »Ich stand unter Schock und es war völlig sinnlos. Ein Teil von mir hatte völlig vergessen, wer ich war, und sogar, dass ich Kinder hatte. Der andere Teil von mir sagte: *Lauf, sie haben dein Baby!*

Wie soll ich das erklären? Das ist einfach das, was in diesem Augenblick in meinem Kopf vor sich ging. Wir hatten es geschafft. Durch diesen Schlamassel. Neben mir sitzt dieser Mann, der mich so wunderbar beruhigt und mein Baby schützt. Das ist kein Flugzeugabsturz. Niemand ist gestorben. Es ist nicht alles in Trümmer gefallen. Dies ist eine Prüfung. Damian weinte, und ich war froh, ihn weinen zu hören. Ich sah diese beiden Hände und sagte: ›Oh, ja, da ist ja mein Baby‹, und ich schnappte ihn mir.«

In ihrem entrückten Zustand verlor sie den Kontakt mit Jim Whitaker, dem Mann, der ihren Sohn festgehalten hatte, und dem Mann zu ihrer Linken, Hiroki Takigawa, dem japanischen Händler. Beide sollte sie an diesem Tag nicht mehr sehen. Später verspürte Takigawa schwere Schuldgefühle, weil er die Frau mit dem Kind zurückgelassen hatte. »Wie konnte ich die Mutter und ihr Baby ignorieren?«, klagt er sich selbst an, »sie saßen rechts neben mir. Ich weiß nicht mehr, was meine rechte und meine linke Hand taten, denn ich hatte selbst so viel Angst. Das liegt in der menschlichen Natur, aber es ist so selbstsüchtig. Was, wenn es meine Frau und mein Kind gewesen wären?«

Sosa kämpfte sich mit den Ellbogen schließlich durch die Menge auf die andere Seite des Ganges vor, wo sie sich umdrehen und nach ihrem Mann und ihrer Tochter Ausschau halten konnte, die sich vier Reihen genau hinter ihr befanden. Das Wasser drang um sie herum ein. Beim Erzählen der Geschehnisse durchlebt Sosa den Moment erneut: »Martin sieht mich genau an, erkennt aber nicht, dass ich da bin. Er steht völlig unter Schock. Sofia blickt zu Boden, weint und zittert. Ich rufe: ›Martin! Martin!‹, aber er hört mich nicht.«

Tess begann sich Sorgen um Damian und wegen des Wassers zu machen, das den Gang emporschoss. *Martin wird eine Lösung finden*, dachte sie. Sie versuchte, mit den vorbeistürzenden Männern Augenkontakt aufzunehmen, aber niemand sah sie an und niemand ließ sie in den Gang. Sie klemmte Damian »wie einen Football« unter den Arm und begann über die Sitze zu klettern. »Ich suchte nach einer Flugbegleiterin. Ich sah lauter Männer, die an mir vorbeidrängten.« Sie kroch über zwei weitere Sitze und hielt wieder nach Hilfe Ausschau.

Endlich sah ein Mann sie an. »Warum gehen Sie nicht zum Ausgang?«, fragte er.

»Ich kann nicht. Können Sie nicht sehen, dass mir der Weg versperrt ist?«

Brad Wentzell, der 31 Jahre alte Vertreter, dessen letzter Eindruck vor dem Absturz das köstliche Aroma seiner drei Jahre alten Tochter war, griff die beiden auf, einen unter jedem Arm, und trug sie zum Ausgang über der rechten Tragfläche, wo er sie bei Josh Peltz absetzte. Tess Sosa war ohnmächtig geworden und kann sich an nichts mehr erinnern. Als sie wieder zu sich kam, befand sie sich zusammen mit Damian am Ausgang. Einen Augenblick später stießen ihr Mann und ihre Tochter zu ihr.

Diane Higgins und ihre 85 Jahre alte Mutter Lucille Palmer brauchten ebenfalls Hilfe, die jedoch weit und breit nicht in Sicht war. Higgins sah keine Möglichkeit, mit ihrer Mutter in das Gedränge vorzustoßen.

In Reihe 17 war das Wasser zunächst kein ernsthaftes Problem, doch dann stieg es auf Kniehöhe an. Jetzt begann Diane in Panik zu geraten. *O mein Gott*, dachte sie, *wir werden alle ertrinken. Es gibt keine Möglichkeit, meine Mutter aus dem Flugzeug zu bringen. Es geht unter. Es sinkt schnell. Gibt es irgendwo eine Luftblase? Werde ich meine Mutter festhalten können?*

Dick Richardson, ein 57 Jahre alter leitender Angestellter aus Charlotte, sah, wie sich Diane abmühte, mit Lucille den Gang zu erreichen. Er hielt die Menschen hinter sich auf und packte Lucille an der Bluse, um sie in den Gang zu ziehen. »Die Menge schiebt sie schon nach vorn«, sagte er in einer klassischen Untertreibung. Jemand sagte, die Menge glich zu diesem Zeitpunkt dem Publikum eines Rockkonzerts, das den Veranstaltungsort verließ: dicht gepackt, aber mit einer eigenen, langsamen Bewegung. Der Impuls riss alles und jeden mit sich – solange man nicht hinfiel. Palmer folgte dem Korridor. Vor sich hatte sie Higgins, die das Gesicht ihr zugewandt hatte, sie festhielt und rückwärts schritt. Am Ausgang bei den Tragflächen trafen sie auf Donna Dent, eine der Flugbegleiterinnen im vorderen Abschnitt. »Ich habe mir schon Sorgen um Sie gemacht«, sagte Dent zu Palmer und führte die beiden Frauen zum Rettungsfloß der ersten Klasse.

Später ist sehr viel über das »Wunder« geschrieben worden, und damit war nicht nur die Landung, sondern auch das Verhalten der Passagiere gemeint. Alles, was dieses Bild auch nur im Geringsten beflecken konnte, wurde als unpassende Bemerkung abgelehnt. Aber es ist unrealistisch, zu erwarten, dass doppelt und dreifach traumatisierte Menschen durch die Bank selbstlos und moralisch integer handeln. Während der ersten Minuten auf dem Fluss waren die Menschen voller Angst, was zu einigen unschönen Situationen führte.

Mit dem Zusatz »Ich möchte eine gute Story nicht ruinieren« erzählt Alex Magness, wie er sich seinen Weg durch den verstopften Mittelgang kämpfte, als sich der Mann vor ihm plötzlich umdrehte und ihm das Schwimmkissen aus den Händen riss. »Das ist meins!«, stieß er hervor, drehte sich wieder um und presste die Beute gegen seine Brust. Magness, ein baumlanger Kerl, zuckte mit den Achseln und nahm sich ein anderes.

Als sich March Dolphin, 57, in den Gang zwängte, riss auch ihr jemand das Kissen aus der Hand. »Sie wird damit leben müssen«, schrieb Dolphin in ihr Tagebuch. Auch sie fand ein anderes Kissen und setzte ihren Weg fort.

Vic Warnement, der zu der Gruppe der Bank of America gehörte, betrat nur zwei Reihen vom Ausgang über den Tragflächen entfernt den Gang und wurde dabei von jemandem umgestoßen, der zur Tür drängte. »Das hilft Ihnen auch nicht weiter!«, schnauzte Warnement den Mann an, als er sich wieder aufrappelte. Ein anderer Passagier mischte sich ein. »Ich habe ihn«, teilte er Warnement mit und brachte den Mann zur Ruhe.

»Sobald jemand in Panik geriet, fanden sich immer zwei oder drei Personen in seiner Nähe, die ihn wieder beruhigen konnten«, berichtet Warnement. Sullenberger hatte seine Aufgabe erledigt. »Teil II lag jetzt an uns«, ergänzt Jeff Kolodjay.

Aus Gründen, die er sich selbst nicht mehr erklären kann, war Jim Hanks, der Jurist aus Baltimore, der letzte Mann in der hinteren Küche des Flugzeugs. Der 65 Jahre alte Anwalt hatte Ralph Nader in dessen frühen Jahren als Kritiker der Verkehrssicherheit von Autos vertreten. Jetzt allerdings tat Hanks etwas, das erheblich weniger sicher war als die Autos aus Detroit in den 60er Jahren.

Hanks war auf seinem Platz am Gang in der dritten Reihe von hinten kurzzeitig durch Trümmerstücke eingekeilt gewesen. Er sagt, das Wasser sei hüfthoch gewesen, als er in den Gang hinaustreten konnte. Brian Moss saß immer noch in seine dunkle Ecke gepfercht und grübelte über sein Schicksal. Die einzige Person, an die sich Hanks jedoch erinnert, ist Doreen Welsh, die nach vorn stürzte. »Es ist hoffnungslos«, meint er sie gehört zu haben, was er als eine Bemerkung über die Ausgangstür auffasste, nicht über die Gefahr. In die entgegengesetzte Richtung zu gehen als die Flugbegleiterin war ungefähr so, wie eine rote Ampel zu überfahren, aber Hanks tat es trotzdem. Er wollte sich selbst vergewissern.

Als Hanks die Küche erreichte, stand das Wasser deutlich über der Schwelle der Ausgangstür, die er als im Rahmen verdreht beschreibt. Nach seiner eigenen Aussage erkannte Hanks sehr wohl, dass sich die Tür wahrscheinlich nicht öffnen ließ, aber: »Ich versuchte es trotzdem.« Sie gab nicht nach, was zu diesem Zeitpunkt ein Segen war. Das Wasser stieg ihm dann schnell bis zum Hals, als wäre ein Damm gebrochen. Fast mit Sicherheit war die Quelle dieses Zustroms das unerkannte Leck im Schott, durch das Wasser eindrang, als das Heck sank.

Als er die wenigen Schritte bis zur Wand der hinteren Toilette zurückgelegt hatte, war das Wasser schon über seinen Krawattenknoten und fast bis an seinen Mund gestiegen.

Hanks, etwa 1,80 m groß, blickte nach oben und stellte fest, dass ihm keine 30 cm bis zur Decke blieben. Da der Gang immer noch verstopft war, sah er keinen Fluchtweg.

Das war's, schoss es ihm durch den Kopf, *ich ertrinke. Meine Frau Sabine wird eine junge Witwe. Meine Tochter Maria Dorothy wird ohne ihren Vater aufwachsen. Dabei ist sie erst vier Jahre alt. Sie wird sich nicht einmal an mich erinnern.*

Hanks Stimme bricht, wenn er die Geschichte erzählt.

»Das waren sehr traurige Gedanken, die traurigsten Gedanken, die ich je in meinem Leben hatte. Der Tod war mir sicher, und es würde nicht mehr lange dauern.«

Es schien so unumstößlich festzustehen, wie dies alles ausgehen sollte, dass er sich kurz fragte: *Warum sich noch abmühen?* Aber dazu gibt es immer einen Grund. Er trat wieder in den Gang, in dem immer noch Dutzende von Menschen vor ihm standen. Hinter ihm schlüpfte Brian Moss in den Gang.

Als sich Hanks langsam vorwärts schleppte, sank für ihn der Wasserspiegel – auf seine Schultern, auf Brusthöhe, auf Hüfthöhe. Wie die meisten Passagiere im Heck des Flugzeugs hatte auch Hanks angenommen, dass es waagerecht sank und nicht mit dem Heck zuerst. Die Wahrheit erwies sich als eine große Überraschung und Erleichterung. »Es war, als ob man am Strand aus dem tiefen Wasser kommt«, vergleicht er den Vorgang, »Schritt für Schritt.« Schließlich schritt er an den Ausgängen über den Tragflächen vorbei, auf trockenen Teppichboden und in die erste Klasse. Dort glitt er über die Notrutsche in das Floß.

Moss verließ das Flugzeug noch nicht, als er die Mittelausgänge erreichte. Er hatte eine Reihe von Schwimmwesten und -kissen mitgebracht und händigte sie an die Leute aus, die sie brauchten, und das schienen jetzt fast alle zu sein. Die Menschen auf den Tragflächen fragten danach.

Wie Hanks kam es auch ihm so vor, als ob das Flugzeug zu sinken aufgehört hätte, weshalb er zurück ins Wasser ging, um weitere Schwimmwesten zu holen. Ein anderer Passagier, sein Kollege Jerry Shanko von der Bank, suchte auf der anderen Seite des Mittelgangs auch nach Schwimmhilfen.

»Immer wenn ich zu den Türen über den Tragflächen zurückkam, griffen Hände nach den Schwimmwesten«, berichtet Moss.

Also ging er erneut los. Er war bereits so nass, dass er glaubte, darauf käme es auch nicht mehr an. Allerdings tat es das. Nach mehreren Ausflügen, bei denen er tief im Wasser herumgesucht hatte, fühlten sich seine Hände so taub an, dass er sie nicht mehr spüren und keine Schwimmwesten mehr ertasten konnte.[7]

»In diesem Augenblick sah ich den Kapitän. Ich nahm ihn in den Arm und sagte irgendetwas wie ›Tolle Arbeit‹ oder ›Gute Landung‹. Ich würde mir gern einbilden, dass ich wortgewandter gewesen war, ich glaube, das war ich nicht. Er sah mich an, aus steinernem Gesicht, und sagte: ›Es ist Zeit, dass Sie jetzt gehen.‹«

---

7 *Die Passagiere beschwerten sich später, dass die Schwimmwesten selbst mit warmen und geschmeidigen Händen nur schwer unter den Sitzen hervorzuholen waren. Nach der späteren NTSB-Untersuchung des Flugzeugs wurden trotz der angestrengten Bemühungen von Moss und Shanko nur neun Schwimmwesten von den Sitzen hinter den Mittelausgängen geborgen. Insgesamt gelangten 49 von 150 Schwimmwesten nach draußen, wobei die meisten aus den trockeneren vorderen Bereichen des Flugzeugs stammten.*

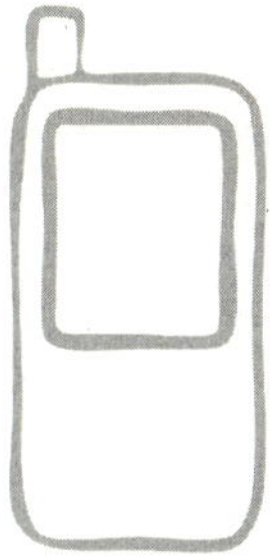

9 »Liebling, ich treibe im Hudson!«

Das Chaos im Heck hatte die relative Ruhe im Vorderteil nicht gestört. Als der Airbus A320 zum Stillstand kam, hob Tripp Harris, der sich unmittelbar hinter der ersten Klasse auf einem Gangplatz vor dem Trennschott befand, sein Handy vom Boden auf, schritt nach vorn zur rechten Tür und zog seine Anzugjacke an. »Es ging ganz geregelt zu«, beschreibt er. Fast so, als wären sie an einem Flughafen-Terminal angekommen.

Dann rief Harris seine Frau an.

»Hallo, Schatz. Wir sind gerade abgestürzt. Alles ist in Ordnung. Ich liebe dich. Ich muss jetzt sehen, dass ich aus dem Flugzeug herauskomme.«

Dann legte er auf.

Als er sie wenige Augenblicke später vom Rettungsfloß aus erneut anrief, weinte sie unkontrolliert. Keine seiner Worte hatten sie beruhigen können. Nachdem er zum zweiten Mal aufgelegt hatte, beschloss er, einige Fotos der Szenerie zu schießen und ihr zu senden, damit sie selbst erkennen konnte, dass alles in Ordnung war. Aber die Aufnahmen der Menschen, die auf der Tragfläche im Hudson standen und in dem Rettungsfloß saßen, während der beschädigte Rumpf im Hintergrund lauerte, machten daheim in Charlotte alles nur noch schlimmer.

Später konnte Harris nur noch darüber lachen, wie lächerlich er sich verhalten hatte. »Es ist wirklich komisch, wie das Gehirn in einer Situation wie dieser funktioniert. Zu denken, dass ich sie mit einem Bild beruhigen könnte, das zeigt, wie ich das Flugzeug verlasse, während ich ihr in Wirklichkeit Fotos eines totalen Chaos schickte!«

Was Harris mit Worten und Bildern nicht vermitteln konnte, war seine alles übersteigende Freude, am Leben, außerhalb des Flugzeugs und sicher an Bord eines Floßes zu sein. Er hatte keinen Kratzer abbekommen, sein Haar war nicht in Unordnung geraten, sein Anzug wirkte wie frisch gebügelt und seine Füße waren trocken. Als er und die anderen Insassen des Floßes fünfzehn Minuten später den Fähranleger von Manhattan betraten, erstaunte ihr Aussehen die ersten Rettungskräfte und wurde zur Ursache einer Reihe von Witzen, die rasch im Internet zirkulierten. Einer der besten zeigte ein Foto der Floßinsassen, die bequem an der dicht gedrängten Menschenmenge auf der rechte Tragfläche vorbeitrieben. Auf dem Floß steht »Erste Klasse«, auf der Tragfläche »Economy«.

Auch andere, die an Bord des Floßes gingen, verspürten die gleiche Überdrehtheit. Einige wenige machten Witze darüber, wie viele Bonusmeilen sie gesammelt hatten. Ben Bostic, ein ehemaliger Mediziner, der jetzt als Softwareentwickler bei LendingTree arbeitete, gelangte zusammen mit seinem Chef Darren Beck auf das Floß und schloss sich der Witzelei an.

»Ich weiß noch, dass ich dachte: *Wie wunderbar*«, erklärt Bostic, »dieser Humor ließ mich wissen, dass sich die anderen ebenso fühlten wie ich, und das gab mir Auftrieb. Ich erinnere mich, dass ich dachte: *Wir haben tatsächlich einen Flugzeugabsturz überlebt!* Es war ein Grund zum Feiern.«

Als er sich umsah, erkannte Bostic, dass sich andere nicht so zuversichtlich fühlten. Amber Wells brach zwischen Glenn Carlson und Charles Spiggle zusammen und verkündete nervös: »Ich brauche jetzt jemanden, der mich in den Arm nimmt.« Alecia Shuford vom Team der Bank of America schaute Ricardo Valeriano an, als ob sie »den Kontakt zur Wirklichkeit verloren hatte«.

»Ich schrie hysterisch. Es war furchtbar. Mein Gott, war es schrecklich«, sagt Shuford, »wir waren die ersten Menschen, die aus dem Flugzeug gelangten. Ich sah, dass die Tragfläche sank, und ich dachte, dass all die Menschen, mit denen ich zusammengearbeitet hatte, untergehen und vor meinen Augen sterben würden.«

Die Neuankömmlinge ernüchterten die Menge und erinnerten sie daran, dass das Überleben aller 155 Passagiere längst nicht sicher war. Wie um diesen Aspekt noch zu unterstreichen, gelangten die drei am stärksten gefährdeten Personen als nächste in das Floß: Lucille Palmer, die 85 Jahre alte Dame, ein sechsjähriges lateinamerikanisches Mädchen, dessen 44-jährige Mutter wenn überhaupt, dann nur wenig Englisch verstand, und, nach Abschluss der Evakuierung, Flugbegleiterin Doreen Welsh, die bei ihrer Ankunft aus einer 13 cm langen, v-förmigen Wunde in ihrem Unterschenkel blutete und noch am selben Abend in der Unfallchirurgie behandelt werden musste. Allen Insassen des Floßes war klar, dass keine dieser Personen es riskieren konnte, ins Wasser zu fallen.

Die Temperaturen auf der Oberfläche des Flusses lagen bei 2 °C[8], die Lufttemperatur bei -6 °C und die gefühlte Temperatur sogar bei -8 °C. Den Fluggästen fiel es später schwer, genau zu schildern, wie kalt es war. Jennifer Doyle hatte das Gefühl, dass ihre Hände »in Flammen standen, sie brannten so entsetzlich«. Barry Leonard, der aus der ersten Klasse in den Hudson gesprungen war, hatte nachträglich Albträume über die Kälte, in denen er fünfzig Meter vom Ufer entfernt über einen zugefrorenen Fluss marschierte und im Eis einbrach. Larry Snodgrass sagte, wenn er die Wahl zwischen einer Million Dollar und einem trockenen Paar Socken gehabt hätte, dann hätte er sich für die Socken entschieden. Unter den vielen Beschreibungen der Umstände außerhalb des Flugzeugs war die von Tripp Harris die vielleicht treffsicherste: »Es war *Titanic*-kalt«, beschrieb er es, und jeder verstand, was er damit sagen wollte.

Die unmittelbare Gefahr bestand darin, dass das Flugzeug sank und nur über zwei verwendbare Rettungsflöße verfügte. Keines davon war jedoch voll besetzt. Ungefähr sechzig Passagiere standen auf den Tragflächen, und weitere dreißig saßen auf den aufblasbaren Notrutschen an der Hinterkante der Tragflächen. Die Rutschen konnten allerdings nicht von dem Flugzeug gelöst werden und würden mit ihm untergehen. Weitere neun Fluggäste befanden sich schon im Wasser und schwammen auf der linken Seite vom Rumpf weg. Sie mussten zum Umkehren veranlasst werden.

»Ich möchte festhalten, dass wir mehr als einmal Glück gehabt hatten«, sagt Jim Hanks, der bei seiner Flucht aus dem Flugzeug nass bis zur Halskrause war, »wir mussten den Absturz überleben und die Nachwir-

---

8 *Mehrere Kilometer flussaufwärts hielten große Eisschollen den Schutenverkehr auf. Am folgenden Tag trieb das Eis bis zur Absturzstelle flussabwärts. Drei Tage später, am 18. Januar, waren die Eisschollen so zahlreich, dass der Versuch eines Bergungsbootes, das linke Triebwerk auf dem Flussgrund zu finden, abgebrochen werden musste. Michael Buckheit, Leiter der Seefeuerwehr, spekulierte später in der Fachzeitschrift* Fire Engineering, *dass »der Ausgang katastrophal gewesen« wäre, wenn es bei Sullenbergers Landung Eisschollen in der Gegend von Manhattan gegeben hätte.*

kungen. Erst das Wasser, dann die eisigen Temperaturen. Wenn wir den ersten Schritt nicht überlebt hätten, bräuchten wir uns keine Gedanken darüber zu machen, wie wir den zweiten überleben könnten.«

Eine der vielen Launen des Schicksals – neben dem guten Wetter, dem ruhigen Fluss und vielen anderen ans Wunderbare grenzenden Faktoren – war die Tatsache, dass der Airbus A320 überhaupt Rettungsflöße an Bord hatte, die auf Flügen zwischen New York und Charlotte nicht zur erforderlichen Ausrüstung gehören. Die Bundesluftfahrtbehörde der USA (Federal Aviation Administration, FAA) schreibt Rettungsflöße, Schwimmwesten und ähnliche Notausrüstung nur für Flüge vor, die auf ausgedehnten Strecken über Wasser führen, mindestens 50 Seemeilen von der Küste entfernt. Von den 75 A320-Maschinen der US-Airways-Flotte sind nur zwanzig für Notfälle über offenem Wasser ausgerüstet – wie es in der mit Abkürzungen überladenen Sprache der Luftfahrt heißt, sind dies EOW-Flugzeuge (Extended Over-Water). Zur Notfallausstattung gehören Schwimmwesten für jeden Passagier, vier Überlebensausrüstungen und vier große Flöße für jeweils 40 Personen, die jedoch bis zu 55 Fluggäste aufnehmen können, wenn eines von ihnen ausfallen sollte.

Die restlichen 55 A320-Flugzeuge der Gesellschaft haben vier aufblasbare Notrutschen an den vorderen und hinteren Türen, aber keine Schwimmwesten oder Überlebensausrüstung.

Unfälle über dem Wasser sind selten, doch trotzdem hat das nationale Komitee für Transportsicherheit (National Transport Security Board, NTSB) die Luftfahrtbehörde seit Mitte der 1980er Jahre dazu aufgefordert, die Schwimmausrüstung, die Notrutschen und die Rettungspläne zu verbessern. 1995 untersuchte das Sicherheitskomitee überlebbare Flugunfälle über dem Wasser aus den letzten 25 Jahren – 18 Bruchlandungen zwischen 1959 und 1984 – und kam zu dem Schluss, dass die Vorschriften völlig veraltet waren und auf »unrealistischen« Annahmen beruhten.

Das Modell für die Sicherheitsregeln der Regierung ist eine »Bilderbuch-Notwassurung« im Sitka-Sund von Alaska aus dem Jahr 1962. Eine DC-7 der Northwest Airlines mit 95 Passagieren und sieben Besatzungsmitgliedern an Bord flog von Tacoma im Staat Washington nach Anchorage in Alaska, als auf 6000 m Höhe ein Triebwerk ausfiel. Der Pilot entschloss sich zur Notwasserung. Während der nächsten 45 Minuten hatte die Besatzung ausreichend Zeit, um 28 Passagiere von den vorderen Sitzen zu verlegen und die Kinder auf die Kabine zu verteilen, sodass sie jeweils neben den stärksten Erwachsenen saßen. Die Rettungsflöße wurden zu den Ausgängen gebracht und die Leute, die dort saßen, unterwiesen, wie sie die Türen öffnen und die Flöße zu Wasser bringen sollten. Alle legten ihre Schwimmwesten an, und danach war noch genügend Zeit, um die Sicherheitsposition in mehreren Varianten zu proben.

Das Flugzeug ging in einer angenehmen Oktobernacht um 21 Uhr glatt auf dem Sund nieder. Die Wassertemperatur lag bei 13° C, die Lufttemperatur bei 12° C. Fünf Minuten nach dem Aufsetzen befanden sich alle Insassen auf den Flößen und 20 Minuten später an Bord eines Kutters der Küstenwache. Die vielleicht einzige Ähnlichkeit mit Flug 1549 bestand darin, dass das Flugzeug nach 24 Minuten sank. (Auch Flug 1549 wäre so schnell untergegangen, hätte die Feuerwehr keine Halteseile am Heck angebracht.)

Unfälle über dem Wasser erfolgen meistens plötzlich und lassen, wenn überhaupt, dann nur wenig Vorbereitungszeit. Sie ereignen sich meistens auch gar nicht bei ausgedehnten Flügen über offenes Wasser, sondern wie bei Flug 1549 beim Start oder bei der Landung in der Nähe eines Flughafens. Das Sicherheitskomitee nannte 179 Flughäfen in den Vereinigten Staaten, bei denen sich in einem Umkreis von acht Kilometern eine bedeutende Wasserfläche befindet, und forderten die FAA dringend dazu auf, ihre Vorschriften zu ändern.

»Bei praktisch keinem dieser Unfälle handelte es sich um ›geplante‹ Notwasserungen«, hielt das Sicherheitskomitee in dem Bericht von 1985 fest. Anders als bei den »außerordentlich günstigen Umständen« der Sitka-

Notlandung sehen sich die Fluggäste »Verletzungen, Panik, steigendem Wasser, nicht vertrauter und häufig schlecht erreichbarer Notfallausrüstung und möglicherweise verklemmten Ausgängen ausgesetzt. ... Diejenigen, die es schaffen, das Flugzeug zu verlassen, müssen mit den Gefahren des Ertrinkens und häufig der Unterkühlung fertig werden.«

Das Komitee empfahl eine Reihe von Verbesserungen und forderte die FAA dringend dazu auf, Schwimmwesten auf sämtlichen Verkehrsflugzeugen zwingend vorzuschreiben. In den vergangenen 22 Jahren hat sich jedoch nicht viel geändert. Die Problematik führte in beiden Behörden ein Schattendasein, bis Sullenberger auf dem Hudson notlandete und damit für das NTSB eine Gelegenheit schuf, die alten Argumente erneut vorzubringen.

Das Sicherheitskomitee war von den Berichten der Überlebenden fasziniert, denn zusammengenommen boten sie die seltene Gelegenheit, »viele der Probleme, über die wir uns schon lange Sorgen machen, erneut zu untersuchen«, wie die NTSB-Sprecherin Deborah A. P. Hersman es formulierte.

»Wären die Fähren nicht so schnell gekommen, hätte es eine Katastrophe gegeben«, sagt etwa Beverly Mills aus.

»Zehn, fünfzehn Minuten später hätten wir noch sehr viel mehr ernsthafte Probleme gehabt«, berichtet Brian Moss, der Analytiker der Bank of America, der zusammen mit Scott Sharkey Schwimmwesten und Sitzkissen an die Passagiere auf der linken Tragfläche verteilte, »als ich auf der Tragfläche wartete, gefror das Wasser an meinen Händen. Scott hatte Eis im Haar.«

Die Wartezeit auf die Retter erwies sich im Nachhinein als eine der kürzesten in der Luftfahrtgeschichte. Die ersten Rettungskräfte der Stadt machten sich schon einsatzbereit, als Sullenberger über Funk den Vogelschlag meldete. Die Alarmmeldung des Piloten ging von der Radar-Anflugkontrolle des New Yorker Terminals auf Long Island an die Luftraumüberwachung im Tower von LaGuardia, die sie an die Hafenbehörde von New York und New Jersey weiterleitete. Die Meldung an die Hafenbehörde erfolgte in einem Funkspruch, der gleichzeitig auch an die Operationszentralen der New Yorker Polizei im unteren Manhattan, eine Rettungsleitstelle der Feuerwehr in Queens, das Büro für Notfallmanagement des Bürgermeisters in Brooklyn und an die Küstenwachstation von Staten Island ging.

Als der Airbus über die George-Washington-Brücke hinwegglitt, strömten schon Heerscharen von Polizisten, Feuerwehrleuten und Ärzten zum Fluss. Innerhalb von 30 Minuten kümmerten sich über 1200 Personen um den Unfall. So schnell und umfassend können nur wenige Städte in der Welt reagieren.

Scott Sharkey war immer noch dabei, Schwimmwesten durch den Ausgang zu werfen, als sich an der Küste schon die Polizeiautos aufreihten. Als Sharkey nach draußen trat, war er überrascht und erleichtert, das Ufer in Blaulicht flackern zu sehen. »Ich sah nach Jersey hinüber und dort war es das gleiche Bild«, berichtet er.

Der bloße Anblick der Skyline versicherte Andrew Gray und seiner Verlobten, dass sie überleben würden. »Als wir auf der Tragfläche standen, konnte ich Manhattan vor uns aufragen sehen«, erzählt er, »ich sagte: ›Keine Sorge, es kommen Boote.‹ Zwar konnte ich noch keine sehen, aber schließlich waren wir in New York, und zwar im New York nach dem 11. September 2001. Die Reaktion auf einen Notfall erfolgt hier unmittelbar.«

Al Baker, Korrespondent der *New York Times*, hat den Einsatz zwei Wochen später minutiös rekonstruiert und die Reaktionen von der Anflugkontrolle auf Long Island zu den FAA-Beamten in Washington, dem Militär und einem Teil der New Yorker Rettungskräfte verfolgt. Ein Sicherheitsbeamter der Feuerwehr, der sich zufällig in LaGuardia befand, um seine Urlaubsreise anzutreten, faxte die Passagierliste zu den Feuerwehrhauptquartieren, sodass sie an die Krankenhäuser und Notärzte vor Ort weitergeleitet werden konnte. John Peruggia, Leiter der notfallmedizinischen Abteilung der

Feuerwehr, erhielt den Anruf, als er gerade mit dem Auto in Queens unterwegs war, und beorderte umgehend 35 Rettungswagen zu einer Sammelstelle – 25 mit einer Basisausstattung zur Lebenserhaltung und zehn mit erweiterter medizinischer Ausrüstung.

»Ein Vorfall wie dieser ist eine Gelegenheit, um die Mechanismen zu prüfen und zu sehen, wie alles funktioniert«, sagte Philip D. Zelikow, geschäftsführender Direktor der Bundeskommission zur Untersuchung der Anschläge vom September 2001, der *Times*, »einige Minuten lang gab es da eine Serie von Notrufen und ein lautes Alarmläuten.«

Die Sondereinsatzabteilung der New Yorker Polizei, die die Operation leitete, begann mit der Entsendung mehrerer Spezialeinheiten, darunter des Antiterrorteams Hercules, während ein Polizeihubschrauber Videobilder des auf dem Hudson treibenden Flugzeugs an die Notfallleitstellen in der Stadt übermittelte.

Auf der Seite von Jersey kümmerte sich Feuerwehrleiter Michael Cranwell, der im westlichen New York stationiert ist, gerade um eine Fehlfunktion bei den Alarmeinrichtungen einer örtlichen Schule, als sich sein Funkgerät quäkend meldete: Ein Flugzeug war auf dem Hudson notgelandet. »Innerhalb von 60 Sekunden war ich auf dem Weg zu einem der außerordentlichsten Einsätze in meinen 35 Berufsjahren«, schrieb er in *Fire Engineering*. Wie viele andere dachte Cranwell an ein kleines Flugzeug. »Die Funkmeldung des ersten Löschzugs, nach der es um ein großes Passagierflugzeug ging, war außerordentlich entmutigend. Ich rechnete mit einer Katastrophe.«

Zum Wohle der Nachwelt erwies sich der Con-Ed-Angestellte Chris Simeone als geistesgegenwärtig. Er nahm gerade eine Routineüberprüfung des Maschinenparks auf dem Firmengelände an der 59. Straße West vor, als er von Sullenbergers Anflug auf den Fluss hörte. Sofort sprintete er zur Sicherheitskamera auf dem Dach des Firmengebäudes, drückte auf die Aufnahmetaste und zeichnete die nächsten 47 Minuten auf Video auf.

Inzwischen sammelte sich unten im Fluss eine kleine Armada. Rettungsfahrzeuge aller Art und Größe – ein Schlepper, eine Privatyacht, ein Ausflugsschiff – näherten sich dem treibenden Flugzeug. Zu der Flotte gehörten auch vierzehn Schiffe der New Yorker Fährbetriebe.

Diese Firma – *New York Waterways* – gehört dem 84 Jahre alten Arthur E. Imperatore, dem Sohn eingewanderter italienischer Gemüsehändler. Mit einer Spedition und mit Immobilien baute er ein Vermögen auf, bevor er 1986 ins Fährgeschäft einstieg – mit einem einzigen Schiff. Inzwischen ist das Unternehmen auf eine Flotte von 35 Fähren angewachsen und bedient 20 Strecken im Großraum New York. Die Besatzungen der Fähren müssen häufig erschöpfte Schwimmer und die Insassen gekenterter Boote retten, weshalb sie regelmäßig Fortbildungskurse über die Behandlung von Unterkühlung und Herz-Lungen-Wiederbelegung besuchen müssen. Schon bei früheren Unglücksfällen in New York hat das Fährunternehmen entscheidend bei den Rettungsmaßnahmen geholfen. Nach den Angriffen vom September 2001 waren die Fähren von New York Waterways stundenlang im Einsatz, um 150.000 Überlebende aus Lower Manhattan zu evakuieren. Beim Stromausfall im August 2003, als der Holland- und der Lincoln-Tunnel geschlossen waren, brachten Imperatores Boote 160.000 Menschen über den Fluss nach New Jersey.

Sullenberger landete den Airbus an einem geradezu hollywoodgerechten Ort – fast genau vor den Fähranlegern, wo ein Aufgebot an entgeisterten Fährkapitänen, Matrosen und leitenden Angestellten an den Fenstern das Aufsetzen auf dem Wasser beobachtete. Eine bessere Ankunftszeit hätte Sullenberger gar nicht planen können. Die Boote und die Mannschaften sammelten sich gerade wieder für die nachmittägliche Hauptverkehrszeit um 16.00 Uhr. Robert Matticola, der Sicherheitsdirektor der Firma, sah von seinem Bürofenster aus zu, wie das Flugzeug aufschlug.

Natale Binetti, Matrose auf der Fähre *Moira Smith*, sagte der New Yorker *Daily News*: »Ich war völlig schockiert, als ich das Flugzeug herunterkommen sah – tiefer, tiefer und immer tiefer – und dann schlug es auf dem Wasser auf, und zwar hart. Es, also, es sank ein und dann tauchte es wieder auf.«

Vince Lombardi war mit der Fähre *Thomas Jefferson* gerade von dem Anleger an der 39. Straße West in Manhattan aufgebrochen, als er sah, wie das Flugzeug zum Stillstand kam. »Wir legten den Gashebel auf den Tisch«, sagte er der Zeitung *Seafarers International Union.*

Zu diesem Zeitpunkt befand sich Brittany Catanzaro, die Kapitänin der *Gov. Thomas Kean*, mitten im Fluss auf dem Weg nach Manhattan und drehte sofort. Sie ist die einzige Frau, die für das Unternehmen als Kapitän fährt, und mit ihren 22 Jahren auch die Jüngste in dieser Rolle. Später sagte sie, der auf dem Fluss dümpelnde Airbus sah aus wie ein Kinderspielzeug in der Badewanne, »so als ob ein Kind das Flugzeug einfach ins Wasser gelegt hätte.«

Nur wenige Menschen hätten gedacht, ein Verkehrsflugzeug auf dem Hudson landen zu sehen.

Der Fährenkapitän Michael Starr stand zusammen mit seinem Kollegen Vincent Lucante von der *Yogi Berra* auf einem Arbeitsprahm in Weehawken, als ihre Handys klingelten. »Wir konnten es vom Ufer aus sehen«, berichtet Starr, »das Flugzeug schwamm deutlich auf dem Wasser und war in einem Stück. Es sah zuerst gar nicht nach einem Unglücksfall aus, nicht wie ein Flugzeugabsturz. Das Flugzeug war einfach auf dem Fluss gelandet, einfach dahingeglitten.«

Die *Yogi Berra* traf als vierte Fähre am Unglücksort ein.

Im Gewerbegebiet Brooklyn Navy Yard, wo die New Yorker Feuerwehr ihre Feuerlöschboote vertäut, war die Besatzung der acht Meter langen *Marine 1A* früh zur Arbeit gekommen, da sie mit Schnee in den Abendstunden rechnete. Schon wenige Minuten nach dem Notruf legten Kapitän Richard Johnson und seine Crew ab. Nach den ersten zwei oder drei Fähren kam Johnson als Nächster zur Unglücksstelle und rettete zwanzig Menschen von der linken Tragfläche.

Am Pier 83 requirierte eine Gruppe von Feuerwehrleuten ein Ausflugsboot der Circle Line, um sich von ihm zu dem Flugzeug bringen zu lassen. Das Boot hatte gerade eine Tour mit dem *Times*-Reporter Corey Kilgannon an Bord beendet, der einen Bericht über den 75 Jahre alten Fremdenführer John Mason, bekannt als »König der Reiseleiter«, machen wollte. Kilgannon war schon von Bord gegangen, um seine Story zu schreiben, als wenige Minuten später vier Feuerwehrwagen auf den Firmenkai dröhnten. »Wir brauchen das Boot«, riefen die Feuerwehrleute. Sie scheuchten die Touristen an Land und fuhren los, mit John Mason noch an Bord.

Weiter flussabwärts befanden sich Kapitän Conrad H. Roy jr. und die dreiköpfige Crew des Schleppers *CO* in der Nähe von Governor's Island im Hafen von New York, als per Funk die Nachricht von dem Flugzeug kam, das auf dem Hudson heruntergegangen war. Roy war auf dem Rückweg zu seinem Heimathafen in New Haven, Connecticut, nachdem er eine Schute mit Baumaterial in Peekskill, New York, abgeliefert hatte. Sofort kehrte er wieder um. Sein Schlepper half dabei, das Flugzeug am Sinken zu hindern, und transportierte es anschließend zum Battery Park, wo es während der Nacht verblieb.

Im Yachtclub von Lincoln Harbor in New Jersey befand sich Scott Koen, ehemaliger Betriebsleiter des Intrepid-Museums, auf seinem Boot, einem umgebauten Bojenleger der Küstenwache, den er bei eBay gekauft und nach einem in Afghanistan bei einem Feuergefecht ums Leben gekommenen Marineinfanteristen auf den Namen *M/V Lt. Michael P. Murphy* getauft hatte. Koen hatte gerade den Motor seines Bootes überprüft, um gegen das für den Rest der Woche angekündigte kalte Wetter gewappnet zu sein. Im Hintergrund summte das Stimmengewirr aus dem Funkkanal 13 für die Schiff-zu-Schiff-Kommunikation. Plötzlich drang eine scharfe Stimme aus dem Äther: »Flugzeug auf dem nördlichen Fluss gewassert!« Koen fuhr auf den Fluss heraus, um sich ein Bild von dem Vorfall zu machen. »Ich sah etwas, das wie eine Schwanzflosse aussah«, berichtet er, »zuerst dachte ich, es ist ein Segel oder der Heckschornstein eines Schiffes. Ich fuhr nach draußen und sah, dass es ein Flugzeug war, und zwar ein großes Flugzeug. Da gab ich Vollgas.«

In der Küstenwachstation auf Staten Island nahm die 23jährige Diensthabende Jessica Wolchak den Anruf entgegen. Zunächst hielt sie den Vorfall für eine Routineangelegenheit mit einem abgestürzten Kleinflugzeug und sechs Personen auf den Tragflächen, weshalb sie zwei Rettungsboote, die gerade von einer Antiterrorübung zurückkehrten, zu der Unglücksstelle umleitete. Eine zweite Alarmmeldung – mit dem Hinweis auf ein »Verkehrsflugzeug« – konkretisierte die erste und versetzte die Station in Aufruhr. Die Mannschaften eilten zur Anlegestelle, und die Skipper riefen: »Gehören Sie zu meiner Crew? Nein? Jetzt schon!«

Auf dem Floyd-Bennett-Flugplatz an der Südspitze von Brooklyn, wo die Fliegerstaffel der New Yorker Polizei ihre Hubschrauberflotte und die Luft- und Seerettungseinheiten stationiert, gingen die Alarmsirenen los und riefen das Taucherteam bestehend aus Michael Delaney und Robert Rodriguez in den Einsatz. Der morgendliche Schneesturm hatte die Hubschrauber der Rettungseinheit am Boden festgehalten, sodass die beiden einen langweiligen Tag im Hangar zugebracht hatten. »Das war einer dieser richtig kalten Tage, an denen man sagt ›Jetzt reicht es mir aber mit diesem Winter‹«, sagt Delaney.

Die Taucher müssen sich um eine Vielzahl verschiedener Notfälle kümmern. In den warmen Monaten sind sehr viele Vergnügungsschiffe unterwegs, und die Kette von Beinahe-Untergängen, Kenterungen und Kindern, die mit selbst gezimmerten Flößen in See stoßen, reißt nicht ab. Seltener sind Abstürze von Privatflugzeugen und Hubschraubern, aber sie kommen trotzdem häufig genug vor, sodass die Meldung »Flugzeugabsturz« nichts Einmaliges hat. Außerdem springen ganzjährig immer wieder Leute von den vielen Brücken in New York. Wenn Delaney und Rodriguez keine Leben retten, durchsuchen sie Boote nach Bomben oder suchen den Flussboden ab. Während der alljährlich im Mai stattfindenden Flottenwoche in New York untersucht das Taucherteam alle Schlepper, Schuten und sonstigen nichtmilitärischen Wasserfahrzeuge, die in den New Yorker Hafen einfahren. Außerdem suchen sie im Auftrag der Staatsanwaltschaft unter Wasser nach Mordwaffen und anderen Beweisstücken.

»Wenn die Staatsanwaltschaft sicher ist, dass die Sachen dort sind, dann versuchen wir, so lange unter Wasser zu bleiben, bis wir sie gefunden haben«, erklärt Delaney, »und meistens finden wir sie dann auch.«

Als der Alarm über das Floyd-Bennett-Flugfeld gellte, rief jemand aus: »Das ist ernst!« – also nicht wieder ein Phantomspringer, den jemand auf der Brooklyn Bridge gesehen haben wollte. »Man fragt sich immer, ob der Alarm echt ist«, sagt Delaney, »aber wenn auf einen Schlag zwanzig Anrufe eingehen, die alle von einem Flugzeug im Hudson berichten, dann ist es echt.«

Zu diesem Zeitpunkt jedoch stellte sich Delaney noch eine Cessna mit einer Hand voll Insassen vor – Routine halt. Zwei Jahre zuvor hatte er dabei geholfen, einen Flugschüler und seinen Ausbilder zu retten, die weiter nördlich, bei Yonkers, mitten in den Fluss gestürzt waren. Als er damals das Flugzeug erreichte, war es schon unter die Wasseroberfläche gesunken. Während er jetzt mit Rodriguez zum Hubschrauber eilte, musste er an diesen Tag zurückdenken. An einem kalten Januarnachmittag war schnelles Handeln von entscheidender Bedeutung, wenn sie noch jemanden lebend bergen wollten. Als sie aufstiegen, sah Delaney weitere Polizeihubschrauber, die aus dem Hangar rollten, aber er dachte sich nichts dabei. Immer noch ging er von einem Privatflugzeug aus.

Da der erste Notruf aus der Bronx gekommen war, flog der Hubschrauber mit Delaney und Rodriguez an Bord in diese Richtung. Als sie jedoch das Empire State Building erreichten, wurden sie umgeleitet – das abgestürzte Flugzeug befand sich in der Nähe der *Intrepid.* Die beiden Taucher schlüpften im Helikopter in ihre Ausrüstung. »Ich beugte mich nach vorn und tippte dem Hubschrauberkommandanten auf die Schulter, um mehr Informationen zu erfragen und unser Vorgehen planen zu können«, berichtet Delaney. Der Chef der Hubschrauberbesatzung sprach in sein Funkgerät: »Auftrag bestätigen, Flugzeug im Fluss.« Delaney fragte, wie viele Personen betroffen wären. »Der Kommandant antwortete: ›Ich habe keine Ahnung!‹« Delaney zog gerade den Reißverschluss an seinem Taucheranzug zu, als die Unglücksstelle auf dem Fluss in Sicht kam. Er starrte aus dem vorderen Fenster auf ein Gewimmel von Fähren, Feuerlöschbooten, Polizeibooten und anderen Wasserfahrzeugen.

»Ich schaute nach draußen und sah all diese Boote in diesem Gebiet, und da dachte ich mir: ›Was ist denn hier los? Da brauchen wir ja gar nicht ersts ins Wasser zu springen!‹«, berichtet er, »und dann sah ich die Heckflosse. Tausend Dinge gingen mir durch den Kopf. Ich musste sofort an erhebliche Verluste denken. Da drin waren bestimmt viele Menschen ums Leben gekommen.«

10 Raus aus dem Eiswasser

Als Barry Leonard aus dem Ausgang der ersten Klasse sprang und in den Hudson fiel, traf ihn das kalte Wasser wie ein elektrischer Schlag. Er schnappte unwillkürlich nach Luft und begann zu hyperventilieren, saugte die Luft in kurzen, schnellen, unkontrollierten Atemzügen ein. Diese schnelle Atmung machte es noch schwieriger, zu schwimmen, da er die Luft immer nur für wenige Sekunden anhalten konnte.

Die Reaktion seines Körpers, die Leonard im Hudson erlebte, war ein Kälteschock, eine der häufigsten Todesursachen beim plötzlichen Eintauchen in sehr kaltes Wasser. Die größte Gefahr dabei besteht natürlich darin, zu ertrinken, denn ein oder zwei unfreiwillige Atemzüge mit dem Gesicht nach unten reichen schon aus, um die Lungen mit Wasser zu füllen.

Die größere Bedrohung für den 55 Jahre alten Geschäftsmann war in diesem Augenblick jedoch ein Herzstillstand. Extreme Temperaturunterschiede können zu einem rapiden Ansteigen des Pulsschlags und des Blutdrucks führen, wenn abgekühltes Blut von der Haut zum Herzen zurückfließt. Dieser Anstieg wiederum kann Unregelmäßigkeiten im Herzschlag verursachen und schließlich sogar zum Herzstillstand führen. Als Leonards Blutdruck am Fähranleger von Weehawken in New Jersey gemessen wurde, betrug er 190 zu 110, was schon im gefährlichen Bereich liegt. Die Ärzte brachten ihn eilends zu einem nahe gelegenen Krankenhaus.

»So kaltes Wasser habe ich noch nie in meinem Leben erlebt«, sagt Leonard, »es hätte mich umbringen können, dass ich einfach nur in diesem Wasser war. Mir war klar, dass ich in dieser Kälte nur fünf Minuten hatte.«

Der Kälteschockreflex wird oft als erste Phase der Unterkühlung missdeutet, doch es handelt sich dabei um verschiedene Phänomene. Der Kälteschock wird durch den plötzlichen Abfall der Hauttemperatur ausgelöst und klingt nach einigen Minuten ab, wenn sich der Körper angepasst hat. Dann kehrt die normale Atmung zurück.

In den ersten Berichten hieß es, Leonard wäre gesprungen, um zum Ufer zu schwimmen, doch in Wirklichkeit sprang er, weil er gehört hatte, wie ihn eine Flugbegleiterin dazu aufforderte. Das Problem war nur, dass sich das Rettungsfloß auf dieser Seite des Flugzeugs nicht automatisch aufgeblasen hatte. »Ich wusste nur, dass wir das Flugzeug verlassen mussten«, erklärt Leonard, »es waren 155 Menschen an Bord, und wenn mich dann jemand anweist, etwas zu tun, dann tue ich es.«

Leonard schwamm am Bug vorbei. Hätte er von hier vorn nach oben gesehen, so hätte er sehen können, dass die einst eierschalenweiße Nase des Airbus von der Begegnung mit den Gänsen schwarz verschmiert und mit Rissen und Beulen verunstaltet war. Leonard blickte jedoch nicht nach oben, sondern zum Ufer. Jersey wirkte näher als Manhattan, und das war auch in der Tat der Fall, denn dass Flugzeug war im jerseyseitigen Bereich des Flusses heruntergegangen. Weehawken lag mindestens 300 m, vielleicht sogar 500 m entfernt. Wenn es nur 30 m oder 50 m gewesen wären, hätte Leonard versuchen können, dorthin zu schwimmen, denn für einen Mann in seinem Alter, meint er, habe er eine ziemlich gute Kondition. So allerdings war jeder Versuch von vornherein sinnlos, weshalb er sich unverzüglich wieder auf den Weg zum Flugzeug machte.

(Es wäre in jedem Fall unmöglich gewesen, zum Ufer zu schwimmen. Selbst Michael Phelps, der schnellste Schwimmer der Welt, hätte es bei dieser Kälte und diesen Strömungsverhältnissen nicht geschafft.)

Während Leonard seine Sichtkontrolle durchführte, beugte sich die Flugbegleiterin Donna Dent tief nach unten und fand den Hebel, mit dem sich das Rettungsfloß an der Tür der ersten Klasse manuell aufblasen ließ. Leonards Sitznachbar Paul Jorgensen sprang auf die Rutsche, die sich vor ihm aufblies, und glitt auf ihr nach unten. Er erwartete, im Wasser zu landen, und war überrascht und erleichtert, als sich das untere Ende zu einem Gummiboot entfaltete, das groß genug war, um 44 Personen zu tragen und im äußersten Fall sogar bis zu 55 Personen aufzunehmen.

Zwei weitere Erste-Klasse-Passagiere, Mark Hood und Denise Lockie, sprangen hinter ihm in das Floß. All die anderen Insassen der Erste-Klasse-Kabine und viele Fluggäste aus dem vorderen Teil der Economyklasse waren zu dem Floß auf der rechten Seite gestürmt, das sich ordnungsgemäß aufgeblasen hatte. Das Trio, das zunächst allein auf der linken Seite war, nahm das Panorama in sich auf – die ersten Eindrücke außerhalb des Flugzeugs. »Der Geruch und Geschmack der Luft – wie großartig das war!«, schwärmt Hood. Aber das Freudenfest verwandelte sich schnell in lähmenden Unglauben, als sie die lange Schlange der Leute sahen, die sich auf der Tragfläche aufreihten, die Gruppe der Schwimmenden davor. Mehrere der Personen im Fluss schwammen nicht etwa auf das Floß zu, sondern von ihm weg, und eine der Frauen ruderte auf eine Art und Weise mit den Armen, die Lockie alarmierte. Die Frau schien nicht in irgendeine bestimmte Richtung zu schwimmen. Sie konnte nicht länger als zwei Minuten im Wasser sein. War sie schon in Schwierigkeiten?

Sofort regten sich Lockies Instinkte als ehemalige High-School-Rettungsschwimmerin. Sie und Hood begann zu rufen: »Hierher! Hierher!«

Zwei Männer aus dem vorderen Teil der Economyklasse purzelten in das Boot und polterten quer über den aufgeblasenen Gummiboden. Derek Alter, der Colgan-Pilot, und Michael Nunn, ein Anwalt aus Florence in South Carolina, hielten sich am Rand des Floßes bereit, um den Schwimmern an Bord zu helfen – wenn diese denn zu ihnen schwimmen würden. Nunn erkannte den Ring der Militärakademie Citadel an Hoods Finger und fühlte sich ermutigt. Zumindest hatte ihre kleine Gruppe eine Führungspersönlichkeit, die die Verantwortung übernahm. Selbst wenn sie es schafften, alle aus dem Wasser zu ziehen, blieben die Schwimmer in nasser Kleidung bei Temperaturen um die Null der Gefahr der Unterkühlung ausgesetzt. Es war so kalt, dass Hood seine Finger kaum noch spürte.

Hoods unmittelbare Sorge jedoch betraf die Tatsache, dass keiner der Schwimmer – und auch niemand an Bord des Floßes – eine Schwimmweste trug. Jeder erfahrene Seeoffizier weiß, wie er aus seinen Hosen eine Schwimmweste improvisieren kann: die Beine zusammenknoten, mit Luft füllen und dann um den Hals hängen. Hood hatte diese Technik angewendet, um eine Übung in »Ertrinksicherheit« zu bestehen, bei der er eine Stunde lang wassertreten musste, nachdem er mit vollem Marschgepäck, Helm, Splitterschutzweste und Gewehr von einem hohen Turm gesprungen war. Ein Blick auf seine Mitpassagiere ließ ihn jedoch daran zweifeln, dass irgendjemand von ihnen an eine solche Maßnahme dachte. »Wie konnte ich Pam oder Denise bitten, ihre Hosen auszuziehen und sich um den Hals zu schlingen«, fragte er sich.

Hoods Gedanken wanderten zu dem Absturz eines Jets der Air Florida zurück, der sich an einem verschneiten Januartag im Jahr 1982 in Washington, D.C., ereignet hatte. An diesem Tag hatte ein Citadel-Absolvent Heldentaten geleistet, um andere zu retten, nachdem das Flugzeug gegen eine Brücke gestoßen und in den vereisten Potomac River gestürzt war. Nur sechs Personen hatten den Absturz überlebt. Einer von ihnen, Arland Williams aus dem Citadel-Jahrgang von 1957, reichte den Rettungsring wiederholt an andere weiter, sodass sie zuerst gerettet werden konnten. Bevor der Ring beim letzten Durchgang an ihn zurückgegeben werden konnte, erlag er der Kälte und ertrank.

»Er gab sein Leben für die anderen«, sagt Hood, »ich bete zu Gott, dass er mich nichts Unehrenhaftes tun lässt. Hilf mir, mich selbst an zweite Stelle zu rücken. Ich bat um Mut, Urteilsvermögen und Hilfe.«

Unterkühlung tritt ein, wenn die Körperinnentemperatur unter 35 °C fällt. Ab 34 °C treten Gedächtnisstörungen auf, ab 30 °C Bewusstlosigkeit. Bei 26 °C tritt der Tod ein. Zum Glück ist der menschliche Körper ein bewundernswerter Mechanismus: Ein Körper mit einer normalen Temperatur von 37 °C kühlt langsamer ab, als die meisten glauben. Die Passagiere im Hudson hätten 30 bis 60 Minuten im Fluss bleiben können, bevor eine Unterkühlung eingesetzt hätte. »Der Körper erkennt, dass er sich in einer Extremsituation befindet und Wärme an die Umgebung verliert«, erklärt Dr. Alan Steinman, ein pensionierter Arzt der amerikanischen Küstenwache und landesweit führender Experte für Unterkühlung, Schwimmen in kaltem Wasser und Überleben auf See, »er schließt Blutgefäße an der Oberfläche des Rumpfes, der Hände, der Füße, Arme und Beine, um die Wärme für die lebenswichtigen Organe im Inneren aufrechtzuerhalten – Herz, Lunge, Nieren, Gehirn. Dadurch haben Sie eine kalte äußere Schale, die für das Überleben nicht wichtig ist, und einen warmen inneren Kern [der wichtig *ist*].«

Das physiologische Wunder der Selbstschutzmechanismen des menschlichen Körpers waren auf dem Hudson im Januar mit einer Oberflächentemperatur von 2 °C jedoch fast völlig unerheblich, denn die kalte äußere Schicht – die Arme und Beine – begannen schon sehr schnell nicht mehr zu funktionieren. Die Hände verwandelten sich in nutzlose Anhängsel. Die Überlebenden hätten alle ertrinken können, auch wenn die Körperinnentemperatur noch nicht um ein einziges Grad gefallen war.

Dr. Steinman erklärt das Fortschreiten der Symptome beim Einsetzen der Unterkühlung: »In den ersten fünf bis zehn Minuten werden die Hände, Finger und Füße taub, was ein echtes Problem darstellt. Dabei verlieren Sie die Stärke des Griffs, den Gefühlssinn und die taktile Geschicklichkeit. All diese Aspekte verringern die Aussichten auf Überleben.

Nach zehn Minuten werden Ihre Muskeln schwach, was ihre Fähigkeit zu Klettern beeinträchtigt. Um wirkungsvoll arbeiten zu können, brauchen Muskeln eine Temperatur von 37 °C, ansonsten verkrampfen sie sich. Dann fangen Sie an zu zittern, weil der Körper versucht, Wärme zu erzeugen. Das ist nicht nur sehr unbehaglich, sondern auch völlig nutzlos, wenn Sie sich noch im Wasser befinden. Es kann vielleicht die Abkühlung verlangsamen, aber Sie kühlen trotzdem aus. Schließlich sind die Muskeln zu kalt, um zu zittern. Danach kühlen Sie richtig schnell aus.

Außerdem braucht auch Ihr Gehirn 37 °C, um richtig zu funktionieren. Ein kaltes Gehirn verliert die klare Denkfähigkeit, was selbst in einer Situation, die Sie eigentlich überleben könnten, tödlich sein kann, denn dadurch treffen Sie womöglich falsche Entscheidungen. Überlebende, die auf dem Kiel eines gekenterten Bootes sitzen, springen dann etwa ins Wasser, um zum Ufer zu schwimmen, oder sie halluzinieren.«

Leonard war noch nicht so lange im Wasser, dass sein Gehirn auskühlte, aber sein Denkvermögen trübte sich nichtsdestoweniger ein. Ob dies auf die Unterkühlung oder auf die Hyperventilation durch den Kälteschock zurückzuführen ist, bei der die Blut- und Sauerstoffzufuhr zum Gehirn zeitweilig absinkt, auf die Panik oder den Adrenalinstoß, wird sich nie klären lassen. Er selbst vermutet, dass er »nur noch ein oder zwei Minuten« im Fluss hätte überleben können. Schließlich schaffte er es, zum Floß zurückzuschwimmen. Daran, dass Jorgensen ihn an Bord zog, hat er jedoch keine Erinnerungen mehr.

Inzwischen erschöpften die Auswirkungen der Kälte auch die anderen, die sich im Wasser befanden. Leider versuchten mehrere von ihnen immer noch, ohne Hilfe das Ufer zu erreichen.

Remington Chin sah aus den Augenwinkeln, wie sich das Floß der ersten Klasse aufblies, während er schräg von dem Flugzeug wegschwamm. Für ihn sah es aus wie eine Rutsche, die ins Wasser führte, was ihm nicht sehr hilfreich vorkam, da er sich ja bereits im Wasser befand. Außerdem erwartete er, dass das Flugzeug explodieren würde. Er hielt den Kopf unten und schwamm weiter.

Mit seinen 25 Jahren ist Chin ein schlanker, athletischer Mann und sowohl im Sport als auch im Geschäftsleben erfolgreich. Auf der High School und am College spielte er Baseball und hoffte sogar, in die höheren Ligen aufzusteigen. Am Ende seiner Hochschullaufbahn – er studierte Finanzwissenschaft als Hauptfach an der Wharton Business School der University of Pennsylvania – erkannte er, dass seine schnellen Bälle für eine Profikarriere nicht genug Schwung hatten, weshalb er jetzt als Finanzanalytiker in New York arbeitete. Trotz seiner Sportlichkeit macht er im Wasser aber keine gute Figur. »Ich bin ein schlechter Schwimmer«, gibt er zu, »einmal wäre ich fast ertrunken.«

Doch manchmal hat man keine andere Wahl, sei es beim Baseball oder im Geschäftsleben. Um es mit Chins Worten zu sagen: »Dies war der Augenblick der Wahrheit in x-ter Potenz.« Also ignorierte Chin seine mangelnden Schwimmfähigkeiten und die Kälte und entschied sich dazu, um sein Leben zu schwimmen. Er glaubte, Manhattan erreichen zu können, denn immerhin hatte er ja ein Sitzkissen bei sich. »Ich schwamm nicht sehr kräftig«, sagt er, »aber ich hatte die Entscheidung getroffen. Ich war drauf und dran, mich noch mehr anzustrengen, als ich mich noch einmal umsah.«

Jetzt sah Chin, wie ihn Paul Jorgenson vom Floß aus heftig zu sich winkte. Bis heute weiß Chin nicht, ob er zu dem Floß geschwommen wäre, wenn Jorgensen etwas anderes als ein weißes Hemd und eine grüne Krawatte getragen hätte. Irgendetwas an Jorgensens Kleidung strahlte für ihn Autorität und Erfahrung aus.

»Es war das weiße Hemd«, behauptet Chin, »ich sah das weiße Hemd und sagte mir: *Der Typ arbeitet für die Airline.* Also folgte ich seinen Anweisungen. Ich dachte, dass er mehr weiß als ich. Ich weiß nicht, ob ich zu ihm geschwommen wäre, wenn er Freizeitkleidung getragen hätte.«

Pam Seagle und Steve O'Brien, die zunächst getrennt voneinander schwammen, gelangten sogar noch weiter vom Rumpf weg als Chin. Als sie zum Flugzeug zurückblickte, fiel Seagle auf, wie ironisch es war, dass sie sich in diesem Fluss befand. Sie war im Hudson Valley aufgewachsen, einem Ort von idyllischer Ruhe, der sie so verzauberte, dass sie ihre Familie angewiesen hatte, im Falle ihres Todes ihre Asche am Aussichtspunkt Trophy Point in den Fluss zu streuen, wo er bei der West Point eine Biegung macht. »Ich wusste, dass ich meine letzte Ruhe im Fluss finden würde«, meint sie, »aber nicht so.«

Mittlerweile hatte Steve O'Brien eine weitere außerkörperliche Erfahrung. »Ich hatte das Gefühl, als könnte ich mich von oben betrachten«, beschreibt er es, »da war ich in dem riesigen Fluss neben einem Flugzeug vor der riesigen Stadt. Ich glaube, in diesem Augenblick wurde ich mir wieder meiner menschlichen Natur bewusst, und ich erkannte, wie unbedeutend ich in dieser Situation war.«

O'Brien wurde jetzt der Stimmen gewahr, die über das Wasser riefen: »Verteilt euch auf den Tragflächen!« Außerdem bemerkte er einen unangenehmen Geruch im Wasser. Das war jedoch keine Überraschung, denn schließlich ist der Hudson nicht gerade ein sauberer Wasserlauf. O'Brien nahm die Gebete wieder auf, die er beim Abstieg gesprochen hatte. »Ich versuchte, meine Gedanken abzulenken, indem ich wieder ein Ave Maria zitierte.«

Plötzlich erschien Pam Seagle neben ihm und zog an seinem Ärmel. »Das brachte mich in die Wirklichkeit zurück. Vielleicht berührte sie mich, weil ich nicht richtig da zu sein schien«, vermutet er.

Seagle fragte: »Was machen wir jetzt?«

»Mein Kopf sagte mir, dass wir von dem Flugzeug wegkommen sollten. Ich erwartete, dass es Feuer fangen oder sinken würde, und wenn es sank, würde der Sog uns mit in die Tiefe ziehen. Pam fragte erneut, was wir tun sollten, und ich blickte nach Manhattan herüber und erkannte einen Anleger. Also sagte ich ihr, dass wir schwimmen müssten, um von dem Flugzeug wegzukommen, und wir machten uns auf dem Weg zum Bug des Flugzeugs und in Richtung Manhattan. Ich war mir nicht sicher, ob wir die Entfernung zurücklegen konnten. Ich dachte nicht, sondern handelte.«

In dem 47 Minuten langen Con-Edison-Video des Unfalls und der Rettung sind die Köpfe von Seagle und O'Brien zu sehen, wie sie auf dem Wasser dümpeln, während die beiden sich vom Flugzeug entfernen.

»Beängstigend war zuerst, dass niemand außer uns da draußen war«, berichtet O'Brien, »wir mussten uns selbst retten. Ich weiß jetzt, dass ich *versuchen* wollte, am Leben zu bleiben, und obwohl jeder sagt, dass wir Manhattan niemals erreicht hätten, möchte ich gern glauben, dass wir es hätten schaffen können.«

Während er sich vom Flugzeug entfernte, hörte O'Brien, wie jemand rief. »Hier herüber! Hier herüber!« Jetzt erkannte er, dass auch andere rund um ihn im Wasser waren. Ein asiatischer Mann schien über die Oberfläche zum Floß zu gleiten. O'Brien wandte sich an Seagle. Es war klar, dass sie zu dem Floß gelangen mussten.

Als sie sich Seite an Seite auf das Floß zubewegten, trafen sie auf Wendell Fox, den pensionierten Polizisten aus Charlotte, der jetzt als Ermittler bei der Bank of America arbeitete.

Fox ist wortkarg, konzentriert und durch nichts zu erschüttern – der Inbegriff eines Polizeibeamten. Wahrscheinlich war er von allen Personen im Wasser am ruhigsten. In seinen 24 Berufsjahren in Charlotte hatte er viel verstörendere Szenen gesehen als diese. Damals wie jetzt wusste er, was er zu tun hatte: »Die Aufgabe erledigen. Klar denken. Handeln.«

»Es kam mir nie in den Sinn, ans Ufer zu schwimmen«, sagt Fox, »ich wusste, dass man uns abholen würde.«

Er versuchte, Seagle und O'Brien zu beruhigen – in Bewegung bleiben, in Bewegung bleiben, alles wird gut.

Seagle kann sich noch an »Bruchstücke« ihres Schwimmausflugs erinnern, aber nicht an die Begegnung mit O'Brien oder Fox. »Der Sprung ins Wasser raubte mir den Atem. Es war entsetzlich kalt. Ich überlegte, ob ich die Hose ausziehen sollte, da sie mich nach unten zog. An etwas anderes kann ich mich nicht erinnern, bis ich zur Seite des Floßes kam und Mark Hood fragte, ob sie Platz für mich hätten.«

Nach Hoods Erinnerung sagte Seagle jedoch kein Wort, als sie zum Floß schwamm, weil sie schon stark abwesend war. »Ich sah Pam, und ich kann Ihnen eins versichern, ich habe in meinem Leben eine Menge toter Menschen gesehen – Leute, die zehn Sekunden tot waren, und Leute, die sehr viel länger tot waren«, erklärt er, »und Pam sah so aus, als wäre sie fast tot, denn ihre Lippen waren so blau und ihre Haut so bleich. Sie machte den Eindruck, als hätte sie keine Kraft mehr. Ich beugte mich nach vorn, packte sie in einer hakenförmigen Umklammerung am linken Bein und zog sie an Bord und in die Mitte zwischen allen anderen, um zu verhindern, dass sie erfror.«

Während Nunn und Jorgensen die anderen Schwimmer auf das Floß zogen, beugte sich Hood vor, um Michelle DePonte in Sicherheit zu bringen. Eine Minute zuvor hatte ein Adrenalinstoß sie veranlasst, zum Ufer schwimmen zu wollen. Jetzt klammerte sie sich an die Seite des Floßes, aschfahl im Gesicht und in Tränen aufgelöst. In der Mitte des Floßes brach sie zu einem Häuflein Elend zusammen. »Sobald ich auf dem Floß war, kollabierte mein Körper«, berichtet DePonte, »ich konnte nicht mehr atmen, ich konnte nicht mehr reden. Meine Beine waren blau. Ich war am Ende.«

Während die Schwimmer an Bord gezogen wurden, füllte sich das Floß mit Passagieren aus dem Heck des Flugzeugs, von denen viele genauso nass waren. Auf dem Boden des Floßes stand das Wasser einige Zentimeter hoch, was das Elend noch verstärkte. Die Luft war so kalt, dass die nasse Kleidung gefror. Billy Campbell, der auf Platz 25A gesessen hatte, rutschte nass bis zur Halskrause auf das Floß. Bill Zuhowski, der nur seine roten Boxershorts und ein T-Shirt trug, scharte sich zitternd hinzu. Beth McHugh hatte ihre Schuhe verloren, als sie sich in ihrem am Boden liegenden Schal verheddert hatte. Jetzt kam sie durchnässt und außer sich auf das Floß. »Ich rutschte barfuß in das Kalte Wasser«, klagt sie, »ich lag auf dem Rücken im Eiswasser und konnte nicht aufstehen. Es war zum Wahnsinnigwerden.«

Barry Leonard zitterte so heftig, dass er auf seinem Handy keine Nummer wählen konnte. Derek Alter, der Colgan-Pilot, forderte Leonard auf, seine nasse Oberkleidung auszuziehen, bevor sie ihm die ganze Wärme aus dem Körper zog, und reichte ihm sein eigenes trockenes Uniformhemd. Dann kuschelte er Leonard an sich und gab die Nummer von Leonards Frau ein. Leonard gab folgende Mitteilung durch: »Ich bin mit dem Flugzeug abgestürzt und befinde mich jetzt mitten auf dem Hudson in einem Floß. Ich *glaube*, das mit mir alles in Ordnung ist.« Später sagte er: »*Glaube* war ein sehr wichtiges Wort. Ich war mir nicht sicher, ob wirklich alles mit mir in Ordnung war. Es war so kalt.« (Beim Aufschlag hatte sich Leonard das Brustbein gebrochen, als seine Knie in seine Brust gedrückt worden waren. Er spürte Schmerzen in der Brust. Es waren nicht die typischen Schmerzen eines Herzanfalls, aber sie reichten aus, um im Krankenhaus eine ganze Serie von Tests und Untersuchungen zu veranlassen.)

In dem Con-Edison-Video ist zu sehen, dass Seagle und O'Brien etwa drei Minuten im Wasser verbrachten. O'Brien, 1,90 m groß und 100 kg schwer, hatte es geschafft, einen Arm und ein Bein über die Bordwand des Floßes zu schwingen, aber es bedurfte der vereinten Kräfte von Hood und Lockie, um ihn nach innen zu ziehen. Er blickte flussaufwärts und in den Himmel. »Ich erwartete Boote und Helikopter und sah keine«, berichtet er, »wo waren sie?« Seine Desorientierung und seine außerkörperlichen Eindrücke kehrten zurück.

»Ich konnte den Ausdruck von Panik und Furcht auf seinem Gesicht sehen. Er wollte seine Frau anrufen«, erzählt Lockie. Sie nahm ihn in ihre Arme, und er fragte sie: »Ist das ein Traum? Geschieht dies wirklich?«

»Nein, es ist kein Traum«, antwortete Lockie, »es passiert wirklich.«

Dann streckte Wendell Fox, ruhig und unerschütterlich, seine Hand aus und stellte sich vor: »Hallo, ich bin Wendell. Wir sollten mal zusammen essen gehen.«

11 Warten auf den Tragflächen

Was würden Sie zu dem Mann sagen, der neben Ihnen auf der Tragfläche eines im Hudson River treibenden Verkehrsflugzeugs steht? Schließlich sind Sie sich nie zuvor begegnet. Und trotzdem wird er sofort zum engen Freund, da er Sie festhält, sodass Sie nicht ins Wasser fallen. Außerdem bietet er ihnen einen Teil seines Sitzkissens an, was ungefähr so ist, als würde Ihnen ein wildfremder Mensch sein Auto leihen. Das Wasser kriecht an Ihren Beinen empor, da das Flugzeug auf dem Weg flussabwärts weiter sinkt, und es besteht immer noch die Gefahr, dass alle ertrinken oder erfrieren, bevor Hilfe eintrifft.

Das »O Mann, träume ich das alles nur? Ich kann es nicht fassen!« und das »Gottogott, wir werden ganz nass!« haben Sie hinter sich. Ist in einer solchen Situation Humor angebracht?

Jennifer Doyle wusste es nicht, aber sie zögerte nicht lange, als sie nach unten auf ihre nassen Beine und dann zu ihrem Wohltäter Craig Black blickte, der sie immer noch an der Schulter festhielt.

»Können Sie sich eigentlich vorstellen, wie schwer es ist, Hosen zu finden, die so gut passen?«, fragte sie.

Drei Minuten voller Furcht und Schrecken im Innern des Flugzeugs durchzustehen, wirkte schon unwirklich genug, doch jetzt hier draußen auf der Tragfläche zu stehen, gab der ganzen Situation einen Stich ins Surreale. »Es war, als würde man in eine andere Welt hinaustreten«, sagt Doyle, eine 33 Jahre alte Aktienhändlerin der Bank Wachovia, »man klettert durch diese kleine Tür, und dann geht man mitten im Fluss sozusagen über die Planke.«

Die Ersten, die nach draußen kamen, empfanden die Stille so stark, dass die Möwen über dem Fluss für sie aus voller Kehle zu schreien schienen. Wasser schwappte über die Tragfläche und fror an dem Metall fest. Die Zeit lief wieder rascher ab. »Als wir auf den Aufprall warteten, geschah alles im Zeitlupentempo«, formuliert es Doyle, »dann setzte wieder die normale Geschwindigkeit ein.« Optische Täuschungen irritierten die Augen erschrockener Fluggäste. Einige von denen, die nach draußen auf die knietief im Hudson stehenden Passagiere starrten, nahmen an, dass das Flugzeug in flachem Wasser gelandet sei, sodass sie an Ufer waten konnten. Denen, die knietief im Hudson standen, erschien die massive Tragfläche plötzlich sehr zerbrechlich. Einige fürchteten, dass sie das Gewicht mehrerer Dutzend leicht übergewichtiger Amerikaner nicht aushalten könnte.

»Ich wusste nicht, ob das Ding sinken oder abbrechen würde«, gesteht Clay Presley. Für ihn schien die Spitze der linken Tragfläche weit vom Rumpf entfernt zu sein. Mit dieser Einschätzung lag er gar nicht so falsch, denn der Abstand beträgt über 14 m, fast so viel wie die Tiefe des Strafraums auf einem Fußballplatz. Presley und viele bedachten nicht, dass das zusätzliche Gewicht für Tragflächen, die dazu bestimmten waren, das gesamte Flugzeug mit seinem Startgewicht von 75 Tonnen in der Luft zu halten, vernachlässigbar gering war.

»Es war ein merkwürdiges Gefühl«, beschreibt es Jerry Shanko, der Technologiemanager der Bank of America, »wir standen auf der Tragfläche, vermeintlich sicher, doch rund um uns lauerte das eisige Wasser, das mit nichts vergleichbar war, das ich je gespürt habe. Ich erinnere mich noch daran, dass auf den Gesichtern der anderen ein Ausdruck von Unglauben zu sehen war.«

»Die Leute schritten ganz vorsichtig und langsam nach draußen«, berichtet Jay McDonald, der Vertreter der Softwarefirma, »es waren Augenblicke großer Zuvorkommenheit: ›Nein, gehen Sie nur, nach Ihnen!‹«

Als sie aus dem Ausgang traten, verspürten viele eine ungeheure Erleichterung, einfach nur, weil sie sich außerhalb des Flugzeugs befanden. »Wunderbar, jetzt kann mir nichts mehr passieren, ich bin auf dem Rumpf«, beschreibt McDonald dieses Gefühl. Warren Holland, Aktienhändler der Bank of America, empfand »Hochstimmung« darüber, draußen zu sein. »Ich hatte das Gefühl, wieder etwas Kontrolle über mein Schicksal gewonnen zu haben. Ich konnte meinen Kopf gebrauchen, um mich selbst zu retten«, erklärt er, »wenn man dagegen auf dem Mittelsitz eines Flugzeugs festgeschnallt ist, kann man nichts tun, um den Ablauf zu beeinflussen.«

Hollands überschwängliche Einschätzung der Kontrolle über sein Schicksal wirft jedoch die Frage auf: Was genau *kann* man tun, wenn man mitten in einem Fluss auf der Tragfläche eines Flugzeugs steht? Zumindest Joe Peltz hatte keine Idee.

»Innerhalb des Flugzeugs konzentrierte ich mich immer auf die nächste Aufgabe«, erzählt er, »jetzt ist es der nächste Schritt, nach draußen auf die Tragfläche zu gehen und Platz für alle anderen zu machen. Wir brauchen irgendetwas, das schwimmt. Was ist jetzt der nächste Schritt? Es gab keinen nächsten Schritt.«

Peltz hatte die Luke neben seinem Platz 10F erfolgreich geöffnet, aber als er sich auf den Weg zur rechten Tragfläche machte, konnte er sein Sitzkissen nicht lösen. Jenny Moulton, die zwei Plätze weiter saß, schnappte es sich für ihn, als sie ihm folgte. »Sie riss es in einer einzigen schnellen Bewegung ab«, staunt Peltz, »es war wie in einer von diesen Geschichten, wo die Mutter ein Auto hochhebt, das über ihrem Kleinkind steht. Ich dachte, sie ist eine Superheldin. Dabei ist sie ein dünnes Mädchen, sehr schlank, und ich bin ein großer Kerl von gut 1,90 m und über 100 kg.«

Die beiden marschierten nach draußen und hielten sich gegenseitig fest, um das Gleichgewicht zu halten, da der Fluß über ihre Füße schwappte. »Wir gingen so weit nach draußen, wie wir konnten«, berichtet er, »es war so kalt, eisig kalt. Ich dachte wirklich, wir müssten nach New York schwimmen.«

Trotz des Umzugs in den Süden blieb Mary Berkwits ganz die New Yorkerin, die sie war, und ließ sich von dem ganzen Geschehen nicht aus der Ruhe bringen. Beim Absturz hatte sie nicht einmal aus dem Fenster gesehen, sondern sich ganz darauf konzentriert, Amy Jolly zu beruhigen, die neben ihr am Gang saß. Als sie jetzt mit ihrem Mann Michael auf die Tragfläche hinaustrat, erwartete sie ein Flughafenterminal zu sehen. »Ich dachte, wir wären in Newark gelandet«, berichtet sie, »ich sagte: ›Michael, sind wir im Wasser?‹ Und er antwortete: ›Ja, Mary, das ist der Hudson. Da drüben rechts liegt die *Intrepid*.‹ Ich darauf: ›Oh, dann wird ja alles gut.‹«

Entgegen Mary Berkwits' unerschütterlichem Vertrauen stellte das Warten auf der Tragfläche eine ernste neue Gefahr für das Überleben aller dar. Irina Levshina fühlte sich hier draußen kein bisschen sicher, und auch Stewart Wallace nicht, ein Investmentbanker von Wachovia. »Niemand von uns trug eine Schwimmweste«, berichtet er, »ich versuchte, mich auf der Tragfläche ein wenig zu beruhigen. Mir war klar, dass das Wasser gefährlich war. Ich glaubte schon, es länger als eine Minute in diesem Wasser aushalten zu können, aber mit Sicherheit keine zehn Minuten.«

Zu diesem Zeitpunkt versuchte Peltz eine Frau zu trösten, die unkontrolliert weinte. »Ich sagte allen, wir sind abgestürzt. Fertig. Es ist alles in Ordnung, wir leben. Obwohl ich insgeheim dachte: *Wir werden ertrinken oder erfrieren.*«

Das Bild der Fluggäste, die auf den Tragflächen Aufstellung nahmen, wurde zum Symbol für den Unfall. Aus der Ferne wirkten die Tragflächenakrobaten gefasst, geduldig und ruhig – also alles, was sie nicht waren. Fulmer Duckworth, 41 und Computergrafikdesigner der Bank of America, sah vom 28. Stockwerk des Bürogebäudes seiner Firma an der Kreuzung zwischen 42. Straße West und 6. Avenue zu, wie das Flugzeug auf dem Hudson aufschlug. Durch ein Fernglas konnte er 80 Personen auf den Tragflächen zählen. »Es sah aus, als ob sie alle ganz ruhig seien«, sagte er der *New York Times*, »wie auf einem sehr stark überfüllten U-Bahnsteig.«

An Ort und Stelle gab es tatsächlich eine gewisse U-Bahn-Nähe.

»Ich weiß noch, dass alle sehr eng und dicht beieinander standen«, erinnert sich Jorge Morgado, einer der Golfer, der sich zusammen mit vier seiner Freunde auf der linken Tragfläche wiederfand, »jemand stieß an meine rechte Schulter, ein anderer an meine linke, und einer stand unmittelbar hinter mir. Es war kein Platz, um irgendwohin zu gehen. Ich musste mich nach vorn und nach draußen schieben, sodass ich an die Vorderkante der Tragfläche kam. Wenn mich da jemand angestoßen hätte, wäre ich ins Wasser gefallen.«

Der Eindruck von Ruhe war eine andere Sache. In Fulmer Duckworths Fernglas mochten Susan Wittmann und Dick Richardson wie gewöhnliche U-Bahn-Pendler ausgesehen haben, aber ihrem Bericht der Situation wird diese Beschreibung alles andere als gerecht. Richardson blieb zwar wenigstens äußerlich ruhig, aber Wittmann war weniger optimistisch. Sie war von ihren Bankkollegen Scott Sharkey und Jerry Shanko getrennt worden, trat allein auf die rechte Tragfläche hinaus und hatte furchtbare Angst.

»Ich kam ungefähr als zehnter oder elfter nach draußen«, erzählt sie, »und gelangte nie in mehr als kniehohes Wasser. Meine Füße aber rutschten weg, und ich glitt weiter über de Flügel. Als ich erkannte, dass ich keinen Halt fand, sah ich den Mann neben mir an und rief: ›Ich rutsche ab!‹ Er packte meine Hand und zog mich zu sich heran. ›Hi, ich bin Dick!‹, stellte er sich vor, und ich antwortete: ›Hi, ich bin Susan.‹, und dann fügte ich noch irgendetwas Dummes hinzu wie: ›Schön, Sie kennenzulernen.‹ Daraufhin sagte ich: ›Warum halten Sie sich nicht einfach an mir fest?‹ Ich glaube, er stand unter Schock.«

Richardson hatte kaum auf Wittmann geachtet, bis sie nach seinem Ärmel gegriffen hatte. Er war mit seinen eigenen Gefühlen beschäftigt und versuchte die beiden Ängste zu bewältigen, die ihn sein Leben lang verfolgt hatten – die Angst vor einem Flugzeugabsturz und vor dem Ertrinken. Aber die Frau neben ihm wirkte völlig verängstigt. »Ihre Augen waren so groß wie Untertassen. Sie rief: ›Wir sinken!‹ Ich hatte den Wasserstand an den Fenstern beobachtet. Wir sanken tatsächlich, aber langsam. Also sagte ich: ›Halten Sie sich an mir fest, wir werden das schon schaffen.‹ Sie ließ jetzt mein Jackett los und umklammerte stattdessen meinen Arm. Ich bin Nichtschwimmer, und ich dachte: *Mist, da habe ich ja genau das Verkehrte gesagt. Jetzt habe ich auch noch ein 60-kg-Gewicht am Arm.*«

Die Tragflächen hatten eine Oberfläche von je 60 m², doch manchen kamen sie so schmal wie Schwebebalken vor, vor allem, als sie unter die Wasseroberfläche sanken und die Oberseite nicht mehr sichtbar war. Der temperamentvolle Mike Berkwits forderte seine Begleiter auf der linken Tragfläche zwar dazu auf, zu tanzen, um sich warm zu halten, aber für die meisten wirkte ihr Aufenthaltsort wie eine unsichere Hühnerleiter, und eine ganze Reihe von Ihnen verloren den Halt. Kristy Spears, Mitglied des Fusionierungsteams der Bank of America, stürzte, kaum dass sie aus der Tür getreten war, als wäre sie auf einer Bananenschale ausgerutscht. Den Rest des Weges bis zur Tragfläche schlitterte sie auf dem Hinterteil.

»Wir konnten nicht unter die Wasseroberfläche blicken und mussten uns mit den Füßen blind den Weg ertasten und dabei versuchen, oben zu bleiben«, beschreibt Chris Cobb die Situation, »wir wussten nicht, wo das Ende ist, und konnten nicht erkennen, wo die Tragflächen zu den Rändern abfielen. Ich fühlte mich alles andere als sicher.«

»Gott sei Dank hatte ich Schaffellstiefel an«, berichtet Amy Jolly, »es war für mich nicht allzu schwierig, aber doch sehr rutschig. Wenn Wasser über die Tragfläche schwappte, gefror es sofort.«

»Ich trug Schuhe mit Ledersohlen, wodurch die ganze Angelegenheit für mich noch rutschiger wurde«, klagt Stephen Lis, Vertragspartner von KPMG, »als das Wasser stieg, fand ich besseren Halt.«

Mindestens acht Personen stürzten von den Tragflächen in den Fluss. Heyam Kawas war ihrem Sitznachbarn Wendell Fox auf die linke Tragfläche gefolgt. »Das nächste, was ich weiß, ist, dass ich mich im Fluss befand«, berichtet sie, auch wenn sie keine Erinnerung mehr daran hat, wie sie dort hingekommen war, und fügt hinzu: »Ich kann nicht schwimmen.« Auch Debbie Ramsey stürzte von der linken Tragfläche. »Ich griff um mich, versuchte mich an irgendetwas festzuklammern. Dabei hatte ich mein Sitzkissen und hätte schwimmen können. Trotzdem war ich zu Tode erschrocken«, erzählt sie, »ein Mann fasste meine Hand und rief: ›Beruhigen Sie sich, ich helfe Ihnen hoch.‹ Er zog mich auf die Füße und sagte: ›Halten Sie sich an mir fest. Ich lasse Sie nicht los und Sie lassen mich nicht los.‹ So trippelten wir im Gänsemarsch auf der Tragfläche vom Rumpf weg.«

Zu ihrem ewigen Bedauern trug Molly Schugel, die so vernünftige Frau aus Iowa, neue rote Schuhe mit 8 cm hohen Absätzen. Am Terminal der Fluggesellschaft hatte sie damit noch für Ohs und Ahs gesorgt, doch jetzt wurde dieses Schuhwerk zu einem Fluch. Auf halbem Wege zur Spitze der rechten Tragfläche zog sie sie aus und warf sie in den Fluss. Sie fiel trotzdem ins Wasser.

Der Mann, der Schugel geborgen hatte, sah nicht besonders stark aus, aber er zog sie wie eine Feder aus dem Wasser, sodass sich Schugel über die Kräfte wunderte, die ein Adrenalinstoß verleihen kann.

Einige Augenblicke später, in einem weiteren surrealen Moment, trieb einer der roten Schuhe an Jenny Moulton vorbei, die sich auf dem Weg zur Spitze befand und an Josh Peltz festklammerte. Sie erkannte die Schuhe, die sie schon an der Sicherheitsschleuse bewundert hatte, und fragte sich, was aus ihrer Besitzerin geworden war. Dabei stand Schugel keine drei Meter von ihr entfernt.

Auf der anderen Seite des Flugzeugs sah Beverly Waters, die mit ihrem Arbeitskollegen Joe Clark reiste, ebenfalls einen Absatzschuh vorbeitreiben. »Der Anblick trieb mich fast zum Wahnsinn. Wir wussten nicht, ob irgendjemand umgekommen war. Ich zeigte auf den Schuh und sagte zu Jim: ›Irgendwer hat es nicht geschafft.‹«

Jim Clark beschreibt die Szene wie folgt: »Ich sagte einfach: ›Psst, kein Wort davon! Es gibt keinen Grund, die Aufmerksamkeit darauf zu lenken.‹ Ich dachte, dass irgendjemand seine Schuhe ausgezogen hatte. Es standen eine Menge Leute auf der Tragfläche, und ich wollte nicht, dass irgendjemand in Panik geriet. Wenn jemand durchdrehen sollte – ! Wir waren alle nass und daher sehr gefährdet.«

Auf der linken Tragfläche spielten sich auf Schritt und Tritt viele Miniaturdramen ab, als sich die Menschen zusammendrängten. Einige weinten, andere versuchten, die Weinenden zu trösten. Es war eine Szene wie aus einem überdrehten Sketch oder wie aus *Emergency Room* oder *M*A*S*H*. Diejenigen, die in den Fluss gesprungen waren, schwammen im Wasser vor der Tragfläche, was die Stimmung von Angst und Verzweiflung noch steigerte.

»Als ich nach draußen trat, war es so hell und sonnig, und ich weiß noch, dass ich dachte: *Ich stehe auf einem Flugzeug mitten im Wasser*. Es kam mir fast vor wie in einem Traum«, berichtet Amy Jolly, »dann sah ich, dass einer der anderen Fluggäste, Joe Hart, aus der Nase blutete, und das brachte mich schlagartig in die Wirklichkeit zurück. In diesem Augenblick begann ich, Shaes Namen zu rufen. Ich glaubte, sie antworten und mich rufen zu hören, und da erkannte ich sie ziemlich weit weg im Wasser.

Eine weitere Passagierin kam hinter mir ins Freie. Ich erinnere mich, dass sie sagte: ›Helfen Sie mir, ich sterbe.‹ Wir waren alle völlig verängstigt und hatten einen Punkt erreicht, an dem wir überhaupt nicht mehr wussten was vor sich ging. Ich weiß noch, dass ich einen Mann weinen sah. Es war sehr stressig. Mein Vater hat nie geweint.

Dieser weinende Mann schluchzte: ›Mein Sohn, mein Sohn!‹, und ich dachte: *Omeingott, es sind Leute umgekommen*. Da sah ich Shae und fragte mich: *Lebt sie noch?* Ich weiß noch, dass ich dachte: *Ist sie tot?*«

Der weinende Mann war Rob Kolodjay, die Vaterfigur der Golfausflügler. Er hatte dabei geholfen Debbie Ramsey zurück auf die Tragfläche zu ziehen und andere zu beruhigen, die in seiner Nähe standen. Aber der Gedanke an das Schicksal seines 31jährigen Sohnes Jeff überwältigte ihn, sodass er den Tränen schließlich freien Lauf ließ.

Joe Hart beobachtete inzwischen geradezu besessen die steigende Wasserlinie und versuchte abzuschätzen, wie lange er noch auf der Tragfläche bleiben konnte. Es schien ihm, als wäre noch genug Zeit, um die eintreffenden Rettungskräfte abzuwarten, bevor das Flugzeug sank.

»Die meisten panischen Reaktionen ereigneten sich erst, als wir das Flugzeug schon verlassen hatten«, schätzt Hart die Lage ein, »das kam mir merkwürdig vor, denn wenn man erst einmal draußen war, sollte es doch einfach logisch sein, das alles gut würde. Amy stand neben mir auf der Tragfläche und war völlig verängstigt. Sie sagte zu mir: ›Werden wir sterben?‹ Da war diese Panik in ihrer Stimme, weshalb ich sie ansah und antwortete: ›Wenn ich Sie wäre, würde ich bei meinem nächsten Flug einen Erster-Klasse-Bonus verlangen.‹ Sie schaute mich völlig ungläubig an, als dächte sie: *Was ist denn das für ein Arschloch?*«

Amy Jolly empfand Hart auf merkwürdige Weise tröstlich. »Joe Hart gab mir zu verstehen, dass uns Panik nicht weiterhilft. Ich fing gerade an zu schluchzen und war wirklich völlig verstört. Da sagte er zu mir: ›Wir wollen doch nicht weinen, oder?‹ Für mich klang das wie: ›Beruhige dich. Wenn wir in Panik geraten, macht das nichts besser. Das Schlimmste, was uns noch passieren kann, ist, dass wir nass werden.‹«

Jolly war kurzzeitig versucht, in den Fluss zu springen, um bei ihrer Freundin Shae Childers zu sein.

Sie rutschte in tieferes Wasser, bis sie eine andere beruhigende Stimme hörte. Ein unbekannter Mann warnte sie: »Bleiben Sie auf der Tragfläche, so lange Sie können! Dieses Flugzeug wird noch mindestens eine Stunde schwimmen.« Zwanzig bis dreißig Minuten wäre eine korrektere Schätzung gewesen.

»Das reichte, um mich daran zu hindern, ins Wasser zu gehen«, erzählt sie, »diese Stimmen, ich danke Gott dafür. Es ist großartig, dass einige Leute in einer Situation wie dieser so besonnen bleiben können. Wäre ich wirklich ins Wasser gesprungen, als ich glaubte, zu Shae schwimmen zu müssen, dann weiß ich nicht, wie lange ich es wirklich hätte durchhalten können. Ich hatte nichts bei mir, an dem ich mich festhalten konnte.«

Jolly sah, wie jemand telefonierte, und zog ihr eigenes Handy aus der Handtasche, die sie über die Schulter gehängt hatte. »Ich überlegte, ob ich meine Mutter anrufen sollte. Das war zu dem Zeitpunkt, als noch keine der Fähren angekommen waren, weshalb ich dachte, dass es vielleicht keine gute Idee sei. Also rief ich den Mann an, mit dem ich damals zusammen war. Ich hatte das Gefühl, dass ich mit irgendjemandem sprechen musste.«

Hart, der mit zwei Handys reist, zog beide aus seinen Jackentaschen. Er rief seinen Chef, seine Mutter, seine Ex-Frau, seinen Sohn, seine Zwillingstöchter (beide gleichzeitig von beiden Geräten aus) und seinen Bruder an. Seine Töchter und seine Mutter begannen hysterisch zu weinen, sein Chef und seine Ex-Frau glaubten, er würde sich einen Scherz erlauben. Sein Bruder sagte: »Bist du echt auf diesem Flug? Cool, Mann! Erzähl mal, wie ist es da?«

Auf einem anderen Abschnitt der Tragfläche, nur wenige Schritte entfernt, versuchte Michael Leonard Lori Lightner, seiner Vorgesetzten bei Belk, ein Sitzkissen zu reichen. Von ihrem Platz in der Reihe am Ausgang hatte sie die Tragfläche eher erreicht als er, dabei aber ihr Sitzkissen zurückgelassen. Die beiden waren seit der Studienzeit an der University of Califonia in Los Angeles befreundet. Beide hassen die Kälte, aber Lightner ist so empfindlich, dass sie ihren Mantel auf Reisen häufig auch innerhalb des Flugzeugs trägt. In ihrem langen Daunenmantel mit Pelzkappe, Lederstiefeln, Schal und Kaschmir-Handschuhen schien sie besser gegen die Kälte gewappnet zu sein als irgendein anderer Passagier auf diesem Flug. Ihr bloßer Anblick ließ Leonard, der in Hemdsärmeln war, noch mehr zittern. Lightner aber ist ein Tatmensch und nicht für das Warten geschaffen. Zu seiner Verwunderung musste Leonard zusehen, wie sie von der Rückseite der Tragfläche ins Wasser sprang.

Lightner sah die Situation so: Wenn sie auf der Tragfläche stehen blieb, würde sie mit dem Flugzeug untergehen. Aber am Heck schwamm eine aufgeblähte Notrutsche wie ein Floß.

»Ich liebe Boote, und ich bin eine ausdauernde Schwimmerin«, erklärt sie, »es kam mir gar nicht in den Sinn, dass das Wasser sehr kalt war, dass ich keine Schwimmweste trug und dass ich mit langem Mantel, Jeans und Stiefeln bekleidet war.«

Als sie zur Rutsche schwamm, die umgekippt und verdreht war, trieb eine der Ausstiegsluken vorbei. »Ich dachte, ich setze mich auf die Tür, was natürlich dumm war – sie sank sofort. Also schwamm ich zur Rückseite des Floßes. Zu dem Zeitpunkt war ich etwa drei oder vier Minuten im Wasser. Ich konnte richtig spüren, wie sich meine Körperfunktionen verlangsamten. Meine Hände konnten nicht mehr zupacken. Der Mantel, die Jeans, die Stiefel, der Sweater, der Schal zogen mich alle nach unten. Mein Mantel war geschlossen. Ich trieb mit der Strömung nach hinten, zum Heck des Flugzeugs, und dachte: *Ich muss aus dem Wasser raus, sonst ertrinke ich. Ich bin eine gute Schwimmerin, aber ich kann mich nicht mehr länger oben halten.*«

Lightner suchte auf der Tragfläche nach jemandem, der ihr heraushelfen konnte. »Da sah ich Michael Leonard und schwamm zu ihm. Es war keine Zeit für Höflichkeiten. Ich schrie ihn an: ›Zieh mich raus!‹«

Mittlerweile schlitterte Eileen Shleffar auf der Tragfläche entlang und telefonierte dabei immer noch mit ihrem Mann. Shleffar arbeitete seit zehn Jahren für Belk und hat sich dabei den Respekt ihrer Kollegen erworben. Ihre Arbeit macht sie so gut, dass der Geschäftsführer des Unternehmens sie die »Verkaufskönigin« nennt. Ihre Beschreibungen des Unfalls und ihrer Bemühungen, sich selbst zu beruhigen, gehören zu den fesselndsten Schilderungen der Fluggäste, auch wenn sie manchmal ins Komische abzugleiten scheinen. Als sie auf die Tragfläche hinaustrat, brachte die Situation sie aus der Fassung, selbst dann noch, als sie weiter mit dem Handy telefonierte.

»Die Leute trippelten vorsichtig die Tragfläche entlang, und ich sah einige im Wasser. Die Rutsche schien hinter der Tragfläche eingeklemmt zu sein. Ich dachte: *Mist. Wie komme ich schnell von diesem Flugzeug weg? Es wird explodieren!*

Für einen Spaziergang auf einer Tragfläche hatte ich das falsche Schuhwerk an. Acht-Zentimeter-Absätze. Pumps. Mein einziges bequemes Paar. Ich konnte spüren, wie ich ausrutschte, ich fühlte einen Druck auf meiner Hüfte, als ob jemand hinter mir wäre, und dann stürzte ich auf die Tragfläche und rutschte ins Wasser.«

So endete das wahrscheinlich bemerkenswerteste Telefonat in der Luftfahrtgeschichte. Als Shleffar ins Wasser fiel, gab ihr Handy, das sie immer noch in der Hand hielt, sofort den Geist auf. »Dass mit mir alles in Ordnung war, erfuhr mein Mann erst, als er mich auf dem Jet-Blue-Flug nach New York im Fernsehen sah. Ich war in eine Decke vom Roten Kreuz eingehüllt.«

Wie Lightner versuchte Shleffar auf eine der Luken zu klettern, die in der Nähe im Wasser dümpelten. »Ich warf mich auf die treibende Tür, doch die sank sofort unter mir weg, und ich dachte so etwas wie: *Mist, das taugt auch nichts*, ließ die Tür los und begann mich an der eingeklemmten Rutsche zu schaffen zu machen, um sie zu befreien. Der vordere Teil war weggerissen, und zwei Leute saßen darin, eine Dame vorn und die australische Sängerin. Ich versuchte verzweifelt, in die Rutsche zu gelangen. Die Dame vorn muss völlig unter Schock gestanden haben. Ihre Beine hingen über die Vorderkante der Rutsche, und sie starrte vor sich hin. Die Sängerin war nicht so apathisch.

Ich suchte nach jemandem, der mir half, zwischen die beiden auf die Rutsche zu kommen, und ich war wild entschlossen, dieses dreckige, stinkende Wasser zu verlassen. Also hievte ich mich selbst hoch und landete zwischen ihnen. Die Sängerin rief: ›Ich muss in das Flugzeug zurück, ich muss in das Flugzeug zurück!‹ Ich versuchte sie zu beruhigen.

Irgendjemand stand an der Flugzeugtür und warf kleine Plastikbeutel nach draußen, aber ich hatte keine Ahnung, worum es sich dabei handelte. Lisa [Lisa English, eine weitere Belk-Mitarbeiterin] warf mir eine zu und rief: ›Hier, das wirst du brauchen.‹ Als sie meine verwirrte Miene sah, erklärte sie: ›Das ist eine Schwimmweste.‹ Meine Finger waren so steifgefroren, dass ich den Behälter nicht öffnen konnte, weshalb sie sich vorbeugte und ihn aufriss. Dann legte ich die Schwimmweste an, und irgendjemand half mir, an den Leinen zu ziehen, da meine Hände so steif waren, dass ich sie nicht bewegen konnte.«

Sowohl Lisa English als auch Shleffar versuchten, die 26jährige Australierin Emma Cowan zu beruhigen: »›Sie können nicht zurück ins Flugzeug!‹ Sie sagte: ›Ich muss meinen Pass holen. Ich bin nicht von hier. Lassen Sie mich wieder an Bord. Ich komme nicht aus diesem Land.‹ Wir redeten weiter auf sie ein: ›Beruhigen Sie sich, man wird Ihnen schon helfen.‹ Sie war völlig aufgewühlt, und ich befand mich auch nicht gerade im seelischen Gleichgewicht, also glitt ich wieder ins Wasser. Diesmal hatte ich aber wenigstens die Schwimmweste an.

Ich dachte: *Na großartig, ich glaube, ich muss wohl zur Tragfläche schwimmen.* Sie war weiter vom Rumpf des Flugzeugs entfernt als das Floß. Ich schwamm also los und irgendjemand zog mich auf die Tragfläche, und da standen wir dann, warteten, und irgendjemand rief: ›Boote! Die Boote kommen!‹, und ich hörte einen Hubschrauber. Also gut, wir würden gerettet werden. Wenn es nicht noch zu einer Explosion kam, würden wir gerettet werden.«

Der Airbus A320 lag leicht zur Seite gekippt auf dem Wasser, denn die rechte Tragfläche wurde von dem 2500 kg schweren Triebwerk nach unten gezogen, während die linke, deren Triebwerk abgerissen war, auf der Oberfläche aufschwamm. Als Casey Jones, der 17 Minuten lang auf der Tragfläche stand, die Spitze erreichte, befanden sich seine Füße komplett außerhalb des Wasser. Auf der rechten Tragfläche dagegen stieg das Wasser innerhalb von Minuten von den Knöcheln über die Schenkel zur Hüfte. Larry Snodgrass hat das Fortschreiten protokolliert: »Als wir nach draußen kamen, lag die Tragfläche oberhalb des Wassers. Als wir damit begannen, an Bord der Fähren zu gehen, befand sie sich etwa 1,20 m unter Wasser. Als ich auf den Bug der Fähre kletterte, waren bis zur Oberkante der Tür, aus der wir gekommen waren, keine 10 cm Luft mehr. So schnell sank die Tragfläche ins Wasser. Die Feuerlöschboote hatten schon begonnen, das Flugzeug festzuhalten, ansonsten wäre es im Nu untergegangen.«

Don Norton, der den Ausgang neben Platz 11F geöffnet und als Erster nach draußen gegangen war, empfand es als erschreckend, dass die Tragfläche unter ihm wegsackte, während er sich auf den Weg zu ihrer Spitze machte. »Sie sank tiefer und tiefer nach unten«, schildert er, »ich bin überrascht, dass das Wasser mir nicht bis zum Hals stieg. Wo die Tragfläche endete, konnte ich nicht erkennen. Als ich nach draußen trat, stand das Wasser auf halber Höhe zwischen meinen Knöcheln und meinen Knien, aber es wurde sehr rasch tiefer.«

Wie viele andere fragte sich auch Freida Muscatell, die IBM-Softwarevertreterin, ob die Tragfläche abbrechen würde. »Ich konnte nicht glauben, wie viele Leute darauf standen«, berichtet sie, »es sah aus, als wären es Hunderte.«

Für mindestens zwei Frauen war es eine besondere Strapaze, die Tragfläche entlangzuwaten. Beverly Mills, die kurz vor ihrem 60. Geburtstag stand, und die 58jährige Laurie Crane sind reiseerfahrene Geschäftsfrauen, aber ihnen fehlte die Ausdauer ihrer jüngeren Kolleginnen.

Mills wollte nicht einmal die warme Kabine verlassen. Sie saß auf einem Platz in einer der Reihen an den Mittelausgängen. Sie und ihr Mann hatten 20 Jahre lang in Florida gelebt und bei den Florida Keys und in der Karibik getaucht. Mills hatte einen Schein als Rettungstaucherin und kannte die Gefahren, die draußen lauerten, nur zu gut. »Als ich zur Seite blickte und sah, wie der Mann die Tür öffnete, war ich entsetzt. Ich konnte mir nicht vorstellen, wie wir das überleben sollten«, erzählt Mills, »ich ging davon aus, dass wir ins Wasser hinaus mussten, und dort hatten wir noch eine Minute, vielleicht zwei. Ich weiß noch, dass ich dachte: *Ich bleibe einfach in diesem schönen, warmen Flugzeug und lasse alle anderen über mich hinwegsteigen.*« Aber sie musste ihren Platz verlassen.

So trat Mills als Dritte ins Freie. »Ich machte mir wirklich Sorgen, ob ich so lange aushalten konnte, wie ich musste. Ich musste mich ganz darauf konzentrieren, das Gleichgewicht zu halten. Irgendwann wurden meine

Gedanken sprunghaft. Die Kälte begann sich schon auf mich auszuwirken. Ich stand bis zu den Knien im Wasser und sagte: ›Ich friere, ich friere.‹ Der Mann neben mir schaute erschrocken. Ich dachte: *Ich kann das aushalten.* Aber dann, nur kurz darauf, etwa nach 30 Sekunden, sagte ich schon wieder: ›Ich friere.‹ Ich krümmte mich sogar ein bisschen. Es war so schmerzhaft.«

Der Mann machte die Gruppe auf Mills aufmerksam und bugsierte sie zurück zum Rumpf, wo mehrere andere Männer versuchten, die aufgeblasene Rutsche vom Rumpf wegzubekommen. Wie das Gegenstück auf der anderen Seite musste auch diese Rutsche erst gerichtet werden, bevor irgendjemand darauf klettern konnte. »Das Floß war umgekippt und außer Reichweite«, berichtet Jay McDonald, »man konnte weder heran- noch hineinkommen. Es hatte sich in und unter dem Flugzeug verkeilt. Da war ein Haltegurt, den wir nicht lösen konnten.«

Dan Vinton versuchte, danach zu greifen, und stürzte ins Wasser. Alex Magness, Brad Wentzell, Carl Bazarian und mehrere andere bildeten eine Kette, um die Rutsche flach auf das Wasser zu zwingen.

»Ich packte Carls Gürtel, und jemand hielt meinen«, erklärt Keith Anthony, »wir bildeten diese Menschenkette, um über die Kante der Tragfläche hinweg vorzustoßen, und das Wasser wurde tiefer und tiefer. Schließlich hielten wir Carl vornüber gebeugt über das Wasser, damit er die Lücke zwischen der Tragfläche und dem Floß überbrückte.«

Bazarians Arme aber waren zu kurz. Seine Kameraden zogen ihn wieder auf die Tragfläche, und Anthony, ein Zwei-Meter-Mann mit längeren Armen, bekam die Rutsche zu fassen.

Auch McDonald packte zu. »Ich bat einen, meinen linken Arm festzuhalten, griff nach dem Floß und zog daran. Dadurch konnte ich es befreien und umdrehen. Es gab einen Ansturm, und die Leute schwärmten hinein.« Das Floß begann sich schnell zu füllen, und McDonald rief: »›Die

Frauen zuerst!‹ Kaum hatte ich das gesagt, tippte mir eine Frau auf die Schulter, und ich rutschte aus dem Weg und ließ sie durch.«

Tracey Wolsko hörte, wie jemand sagte: »He, Sie sind aber winzig.« Das Nächste, an das sie sich erinnern kann, ist, das jemand sie »in das Floss warf. Ich war dankbar, nicht auf der Tragfläche stehen zu müssen, aber in diesem Floß in 40 cm tiefem Wasser zu sitzen, war auch nicht besser.«

Einer der Männer rief Beverly Mills zu, an Bord zu springen. Sie war sich nicht sicher, ob sie den Abstand zwischen der Tragfläche und der Rutsche überwinden konnte. »Ich überlegte. *Wie soll ich dieses unmögliche Kunststück vollbringen?* Als ich zögerte, warfen sie mich auf die Rutsche«, berichtet sie. Sie bleibt immer dem Mann dankbar, der ihr über die Tragfläche zu der Rutsche geholfen hat. »Wenn er mir nicht geholfen hätte, hätte ich ins Wasser gemusst. Ich hatte aber nichts mehr, was mich noch aufrecht hielt. Mir war der letzte Tropfen Sprit ausgegangen.«

Mills saß Carl Bazarian von Angesicht zu Angesicht gegenüber. Er beschreibt sich selbst als hyperaktiv und schafft es, selbst während der einschläferndsten geschäftlichen Besprechung tatkräftig zu erscheinen. Auf der Rutsche war er im Adrenalinrausch und half den anderen.

»Carl saß da in einem tadellos gebügelten Anzug«, erinnert sich Mills, »er sah so aus, als würde er gerade aus einer Sitzung kommen. Selbst seine Frisur war perfekt. Er lächelte und nickte, als würden wir einander vorgestellt. Ich klagte: ›Mir ist so kalt.‹ Da nahm er meine Hände und sagte: ›Sie werden Ihre Hände noch brauchen.‹ Seine waren genauso kalt wie meine, sodass es nicht viel half, aber es war eine nette Geste.«

So ging es weiter, in Ruhe und Panik. Als Robin Schoepf auf die Rutsche gelangte, war ihr nach Kichern zumute. »Wir waren in totaler Hochstimmung«, erklärt sie, »ein Mann neben mir zog sein Handy heraus und begann Fotos zu schießen, dann rief er jemanden an. Es war ein völlig irrer Anruf, so nach dem Prinzip: ›Heiliger Strohsack, du wirst nie glauben, was mir passiert ist.‹ Ich suchte den Augenkontakt zu ihm. Er war in der gleichen Stimmung wie ich. Äußerst glücklich, am Leben zu sein.«

Doch der Treibstoff machte ihnen Sorgen. Alex Magness versuchte die Nerven zu beruhigen. »Unser Floß befand sich in der Nähe des rechten Triebwerks. Ich weiß noch, dass ich ohne jede Spur von Glaubwürdigkeit, Autorität oder was auch immer behauptete: ›Wir sind in Sicherheit, das Feuer ist noch in der Luft ausgegangen, wir sind jetzt im Wasser, es ist komplett gelöscht.‹ Ich weiß inzwischen, dass Benzin auch auf dem Wasser brennen kann, aber zu dem Zeitpunkt klang es einfach beruhigend, und niemand wollte widersprechen. Es scheint so, als ob alle nur zu gern dazu bereit waren, mich als den Experten für dieses Thema anzusehen.«

Inzwischen gelangte Laurie Crane, eine der Belk-Mitarbeiterinnen und die einzige der sechs, die noch nicht auf die linke Tragfläche geflüchtet war, mit vollen Händen ins Freie. Sie trug ihren Nerzmantel, eine Aktentasche und ihre Handtasche.[9]

»Ich hielt den ganzen Kram mit dem linken Arm«, erzählt sie, »aber ich brachte es nicht einmal fertig, den Mantel überzuziehen, da ich so heftig zitterte. Eine Frau, die hinter mir an der Tür stand, bemerkte es und rief: ›Sie ist bis zur Hüfte nass! Sie friert!‹ Zu mir sagte sie: ›Keine Angst, alles wird gut.‹ Ich sah mich um und erblickte die erste Fähre von New York Waterways, die auf uns zuhielt.«

In diesem Augenblick versuchte Josh Peltz seine Frau über ein geliehenes Handy anzurufen. Zu Hause sah sie sich zusammen mit ihrem Kleinkind und ihrem Neugeborenen den Film *Horton hört ein Hu* auf Video an. Die

---

9 *Laut Prof. Ed Galea bergen Fluggäste, die aus Flugzeugen evakuiert werden, häufig persönliche Gegenstände, was ihnen hilft, ruhiger zu bleiben. Die Hand voll Passagiere, die versucht hatte, ihre Sachen aus der Gepäckablage zu holen, war von anderen lautstark dazu aufgefordert worden, das zu unterlassen. Cranes Mantel lag jedoch auf ihrem Schoß, und ihre Taschen standen bei ihren Füßen.*

Vorwahl 917 des Anrufers erkannte sie nicht, weshalb sie das Gespräch nicht entgegennahm. Peltz hinterließ eine Nachricht. Als er auflegte, tuckerte die Fähre an das Flugzeug heran. Sie sah nicht wie ein schlankes Wasserfahrzeug aus, sondern wie eine riesige blau-weiße Kiste. »Ohne die Bedeutung meiner Hochzeit und der Geburt meiner Kinder abwerten zu wollen«, kommentiert Peltz, »aber ich dachte, das ist der schönste Anblick in meinem ganzen Leben.«

12 Alle an Bord

Innerhalb der Kabine hatten viele Fluggäste wahrscheinlich das sich überschlagende äthiopische Flugzeug vor Augen gehabt, doch nachdem sie nach draußen gelangt waren, drängte sich ihnen ein anderes drohendes Bild auf und schürte neue Ängste – nämlich das der sinkenden *Titanic.*

Craig Black, der zusehen musste, wie sich mehrere Männer abmühten, die verdrehte Rutsche von der rechten Tragfläche zu befreien, musste unwillkürlich an den Mangel an Rettungsbooten an Bord der *Titanic* denken. »All diese Leute an der Tür, die versuchten, das Ding klarzubekommen«, sagt er im Rückblick, »da warteten für jeden freien Platz drei Personen.«

Mike Kollmansberger, der Verkaufsmanager, erinnerte sich an die Verfilmung der legendären Schiffskatastrophe, die James Cameron 1997 inszeniert hatte, vor allem erinnerte er sich an Leonardo DiCaprio, der unterkühlt im Wasser schwimmt und dann unter der Oberfläche verschwindet. »Ich dachte, ich muss mich bewegen«, berichtet Kollmansberger, »meine Beine reagierten nicht mehr richtig. Es war, als ob ich durch Pudding watete. Ich dachte, das ist die Unterkühlung.«

Als das Heck immer mehr absank, dachten andere an offensichtlichere Parallelen und deren Auswirkungen auf die Gruppe.

Dave Sanderson hatte sich im Rahmen der Tür über der rechten Tragfläche aufgestellt, um zu helfen. »Was mir durch den Kopf schoss, war die Szene in dem Film, in der das Schiff geradewegs in die Tiefe sinkt und alle mit sich reißt«, beschreibt er seine Befürchtungen, »das war der Zeitpunkt, an dem ich mir sagte, ich muss von diesem Flugzeug wegkommen.«

»Wenn Sie den Film gesehen haben, wissen Sie ja noch, dass das Gewicht des Schiffes alle mit in die Tiefe gesogen hat. Ich dachte, wenn dieses Ding hier zu sinken anfängt, müssen wir wegschwimmen«, erzählt Stephanie King, »ich hoffte, dass alle schwimmen konnten.«

Die Angst, von einem untergehenden 75-t-Flugzeug in die Tiefe gesogen zu werden, war nur zu natürlich, doch die Vorstellung eines alles verschlingenden Strudels ist größtenteils eine Legende – ein Phantasiegebilde von Hollywood-Produzenten, Autoren von Groschenromanen und Seemannsgarn, das sich bis zu den Tagen Homers zurückverfolgen lässt. Der letzte Mann, der die *Titanic* verließ, ein Funker, ging nicht mit dem Schiff unter, sondern überlebte und konnte vor dem Kongress aussagen.

Viel wahrscheinlicher war, dass mit dem Airbus im Hudson das Gleiche geschah, was dem Stratocruiser der Northwest Airlines bei der Wasserung im Puget-Sund Anno 1956 widerfahren war. Nachdem der Pilot eine laut Augenzeugen »wunderschöne« Wasserung geschafft hatte, sank das Flugzeug einfach. Helen Wilkins, von der Luftwaffenbasis Ladd in Fairbanks, 33 Jahre alt, konnte sich mit ihrem vierjährigen Sohn Lester aus dem Flugzeug auf eine Tragfläche retten. »Die Tragfläche begann wegzusinken, weshalb wir auf die Kabine kletterten«, schilderte sie der United

Press den Unfall, »nachdem wir gerade einmal zwei Minuten dort ausgehalten hatten, ging das Flugzeug unter. Das war der Augenblick, an dem ich dachte, alles sei zu Ende. Die Heckflosse kam hoch, das Flugzeug beugte sich vornüber und sank. Ich hatte Angst davor, mit in die Tiefe gezogen zu werden, aber es gab keinen Sog. Lester und ich hielten uns an Schwimmkissen fest. Kaum, dass er im Wasser war, sagte Lester: ›Mama, ich muss mal.‹ Ich erklärte ihm, dass er überall hinmachen durfte, wo er wollte.«

Wenige Minuten später wurden Mutter und Sohn gerettet. Doch fünf der 38 Personen an Bord ertranken. Nur die rasche Ankunft der Rettungsboote – zu diesem Zeitpunkt die schnellste bis dahin jemals dokumentierte Rettung – verhinderte, dass die Zahl der Todesopfer noch höher stieg.

Um das Wunder ihres Überlebens noch im Nachhinein in eine ausgewachsene Katastrophe zu verwandeln, war für die Passagiere von Flug 1549 kein so melodramatisches Ereignis wie ein Strudel erforderlich, sondern nur ein wenig mehr Wartezeit im Wasser.

Zum ihrem Glück sollte jedoch ein neuer Geschwindigkeitsrekord für die Rettung aufgestellt werden.

Auf dem Con-Edison-Video ist zu sehen, dass die Fähre *Thomas Jefferson* von New York Waterways 3 Minuten und 57 Sekunden, nachdem Sullenberger das Flugzeug auf dem Fluss aufgesetzt hatte, an dessen rechter Seite ankam. Sie nahm 56 Personen von der Tragfläche und dem Rettungsfloß an Bord. Die Aktion lief so rasch ab, dass sogar die Fluggesellschaft, die bereits wusste, dass beide Triebwerke von Sullenbergers Flugzeug ausgefallen waren, völlig von den Ereignissen überrumpelt wurde.

Als sich die Fähre dem Rettungsfloß auf der rechten Seite des Flugzeugs näherte, winkten dessen Insassen sie zu der sinkenden Tragfläche hinüber. »Wir sagten, dass bei uns alles in Ordnung sei«, berichtet Amber Wells. Die Fähre hielt 2,5 bis 3 m vom Flügel entfernt an, weshalb die vom Deck ausgebrachte Metallleiter außer Reichweite war. »Die Leute auf der Fähre riefen: ›Vorwärts!‹, aber niemand rührte sich«, erzählt Molly Schugel, »ich war bereits nass, und ich dachte mir, irgendwer muss den Anfang machen. Also sprang ich ins Wasser und schwamm zu dem Boot. Meine Hände froren an der Leiter fest, und der Matrose sagte: ›Lassen Sie los!‹ Ich antwortete: ›Ich hänge fest!‹«

Dann war sie an Deck, die erste Passagierin von Flug 1549, die gerettet wurde, die erste, die von einer Passagierin zur Überlebenden wurde.

An Bord drängten sich die Fährenpassagiere um sie. Jemand zog ihr eine Mütze über den Kopf, ein anderer gab ihr ein Paar Handschuhe. Zwei Passagiere reichten ihre Mäntel. Eine Frau bot ihr ein winziges Handy an, das kleinste, das Schugel je gesehen hatte.

»Ich weiß noch, dass ich versuchte, eine Nummer zu wählen, es aber kaum hinbekam, weil meine Hände so zitterten. Ich rief meinen Mann an und hinterließ ihm eine Nachricht. Das war um 15.37, elf Minuten nach dem Start. Ich war in Sicherheit und konnte jemanden anrufen. Es war ein Wunder.«

Schugels Ehemann erhielt die Nachricht und rief sofort die Kundenbetreuung von US Airways an, um zu fragen, was los sei.

»Sie erzählten ihm, mit dem Flugzeug sei alles in Ordnung, es sei gestartet und nichts sei passiert«, berichtet Schugel, »daraufhin antwortete er: ›Gute Frau, schon möglich, dass Sie noch nichts davon wissen, aber meine Frau hat mich gerade angerufen. Sie befindet sich auf einer Fähre mitten im Hudson und hat gesagt, dass ihr Flugzeug abgestürzt ist.‹ Und während er noch mit der Kundendienstmitarbeiterin redete, begannen im Hintergrund plötzlich die Telefone wie verrückt zu klingeln.«

Einer der Fährenpassagiere, Janis Krums aus Sarasota, schoss die ersten Nahaufnahmen der Szene und veröffentlichte sie auf Twitter, womit er zu der fast sofortigen weltweiten Verbreitung der Nachricht über den Unfall beitrug.

Die kastenförmigen Fähren waren nicht für die Art Rettungsmission gebaut, die sie jetzt durchführen mussten. Sie hatten Schwierigkeiten, zwischen den Rundungen und Winkeln des Jets zu manövrieren, vor allem unter den damaligen Strömungsverhältnissen. Craig Black sah voller Schrecken zu, wie die *Thomas Jefferson* auf die Tragfläche zuraste. »Ich hoffte, er würde langsamer werden. Er kam in einem ziemlich hohen Tempo an, und ich dachte, er würde hart auf die Tragfläche aufprallen«, berichtet Black, »er hat das Ding dann tatsächlich noch in letzter Sekunde zum Stillstand bringen können.«

Jennifer Doyle, die nächste in der Schlange auf der Tragfläche, stand so tief im Wasser, dass sie sich nur vorbeugen musste, um zu schwimmen. Als sie gerade die Leiter hochklettern wollte, setzte das Boot ein wenig zurück, um seine Position zu verändern. »Wo fuhr das Boot hin? Ich kann mich nicht erinnern, irgendetwas gesagt zu haben. Ich weiß nicht einmal, ob ich irgendetwas hätte sagen *können*. Dieses Wasser raubte einem den Atem. Ich konnte spüren, wie die Luft aus mir herausgesogen wurde.«

Nach einem Augenblick hielt die Fähre wieder an. Doyle fährt fort: »Ich zog mich auf die unteren Sprossen der Leiter. Sobald ich aus dem Wasser kam, gaben meine Kleider ein knirschendes Geräusch von sich, das ich nie vergessen werde. Die Matrosen sagten: ›Versuchen Sie nicht zu klettern. Heben Sie einfach ihre Arme.‹ Ich langte nach oben, und das nächste, an das ich mich erinnern kann, ist, dass ich in dem Boot bin.«

Warren Holland konnte kaum an sich halten, als er hochkletterte und auf das Deck der Fähre trat. »Mir war schwindlig vor Erleichterung. Ich konnte nicht glauben, dass ich noch in einem Stück war. Ich hatte in der Lotterie gewonnen, bei einer Chance von eins zu einer Million.«

Die Fähre setzte erneut zurück, als Stephanie King die Leiter hochkletterte. Sie schrie, und ihr Verlobter Andrew Gray rief: »Los! Los! Kletter weiter!«

»Nachdem Stefanie an Bord war, folgte ich als Vierter oder Fünfter nach ihr«, berichtet Gray, »ich kletterte hoch, hielt nach ihr Ausschau. Wo war Stephanie? Ich rannte zu ihr, hielt sie in den Armen, versuchte, ihr etwas von meiner Körperwärme zu geben. Ich griff zu meinem Telefon und rief meine Eltern an, aber ich machte es sehr kurz. Ich sagte nur: ›Hallo, eins vorweg: Es geht uns beiden gut. Wir haben einen Flugzeugabsturz überlebt. Schaltet die Nachrichten ein. Ich muss jetzt Schluss machen.«

Auf den Rettungsflößen, die vor den Türen der ersten Klasse schwammen, sahen die Passagiere ängstlich zu, wie der Pegelstand an der Seite des Rumpfes stieg. Die Fenster der letzten Sitzreihen waren schon nicht mehr sichtbar. Wasser ist schwer, ein Kubikmeter wiegt eine Tonne. Je mehr sich das Flugzeug füllte, umso schneller sank es. (Als von den Booten der Feuerwehr während der Rettungsaktion Leinen am Heck befestigt wurden, vertäute man auch ein Feuerlöschboot an der Steuerbord-Rumpfseite, postierte aber einen Feuerwehrmann mit einer Axt in der Nähe, um die Leinen zu kappen, falls die Lage des Flugzeugs instabil werden sollte.)

»Ich hörte das Flugzeug stöhnende Geräusche machen und dann ein Gurgeln, als es sich im Wasser einpendelte«, beschreibt Beth McHugh, die im Rettungsfloß auf der linken Seite kauerte, ihre Eindrücke, »Sobald ich auf das Floß kam, dachte ich: *Das Flugzeug sinkt, und wir sind immer noch daran festgemacht.*«

Niemand an Bord der beiden Flöße, auch nicht die Mitglieder der Flugzeugbesatzung, konnte auch nur eines der beiden Rettungsmittel vom Rumpf trennen. Aufgrund der Sicherheitskontrollen in der Verkehrsluftfahrt nach dem 11. September 2001 hatte natürlich keiner der Passagiere auch nur das kleinste Taschenmesser dabei, mit dem dies sehr leicht möglich gewesen wäre.

»Das war die letzte große Angst, die ich an diesem Tag durchstand«, berichtet Bill Nix, der im Floß auf der linken Seite saß, »ich beobachtete, wie das Flugzeug sank, und sah vor meinem geistigen Auge schon, wie es uns mit sich nahm.«

In der rechten Tür erschien jetzt Sullenberger und löste eine Klettverbindung, aber das Floß blieb immer noch fest an dem Flugzeug. Jeff Kolodjay war schließlich so verzweifelt, dass er versuchte, die Nylonleine, die das Floß mit dem Türrahmen verband, durchzubeißen. »Ich rieb mit der Leine über die Türkante, um sie aufzuscheuern. Dann versuchte ich, hineinzubeißen, um sie auf diese Weise abzutrennen. Aber ich schmeckte das Benzin auf dem Seil, weshalb ich wieder davon abließ.«

Die Matrosen der *Thomas Jefferson* hatten Messer. »Da war ein älterer Herr mit schwarzem Schnurrbart, der aussah wie jemand, den man aus Europa kennt«, erzählt Douglas Schrift, »wir riefen nach einem Messer, und er holt sein Messer heraus – 15, 20 cm lang. Ich dachte noch: *Ich darf das Ding auf keinen Fall in den Hudson fallen lassen*. Er wirft das Messer, und ich weiß, dass hinter mir noch jemand steht. Ich lasse das Messer über meinen Kopf hinwegsegeln, und mein Hintermann fängt es, klappt es auf und kappt die Leine.«

Auf der linken Seite fing Alyson Bell ein anderes Messer mit einer Hand auf, was die gestandenen harten Männer in dem Floß zu Jubelrufen hinriss. Sie reichte das Messer an Sullenberger weiter, der damit das Floß vom Flugzeug losschnitt.

Sullenberger war der Letzte, der das Flugzeug verließ, und der Letzte, der das linke Floß bestieg. Vor dem Aussteigen hatte er die Kabine abgesucht, und er hatte mehrmals vergeblich versucht, die Fluggäste zu zählen. Die erste Zählung auf der linken Seite lief nicht gut ab, wie sich Steve O'Brien erinnert: »Eins, zwei, elf. Ich wurde übergangen. Irgendjemand rief 24, und einer wiederholte die zwei.«

Bis zu diesem Zeitpunkt hatten die Passagiere ihren Flugkapitän nur als die verzerrte Stimme gekannt, die beim Abstieg die erschreckenden Worte »Sicherheitsposition einnehmen« hervorgestoßen hatte. Wenige erkannten ihn. Erst jetzt, als er neben Copilot Jeffrey Skiles und Flugbegleiterin Donna Dent in dem Floß saß, hatten die Passagiere die erste Gelegenheit, den Mann anzusehen, der ein solches Husarenstück vollbracht hatte.

»Es wirkte fast so, als ob das alles gar keine große Sache für ihn gewesen war, als hätte er einfach nur sein Auto auf einem Parkplatz abgestellt«, beschreibt ihn Ian Wells, Student an der University of Miami, »er war ruhig, äußerst gesammelt. Ich hatte das Gefühl, dieser Kerl ist einfach unglaublich.«

Wells dankte ihm. »Ich sagte: ›Ich verdanke Ihnen mein Leben‹, und er antwortete: ›Ich habe nur meine Arbeit gemacht. Wir hatten sehr viel Glück.‹ Aber ich beharrte: ›Nein, ich verdanke Ihnen mein Leben‹, woraufhin er zurückgab: ›Vielen Dank. Das bedeutet sehr viel.‹«

Einen ähnlichen Eindruck von Sullenberger gewann Bill Elkin, ein leitender Angestellter aus Charlotte, der von einer Auslandsreise zurückkehrte: »Er war seelenruhig. Sogar seine Mütze hatte er noch auf und ein Klemmbrett unter dem Arm, und sein Jackett war zugeknöpft. Er rutschte auf das Floß und setzte sich neben mich. Dann saß er einfach da. Er sagte nichts, aber er war sehr ruhig.

Ich drückte ihn mit einem Arm und sagte: ›Danke, Sie haben mein Leben gerettet. Sie sind mein Held.‹ Er antwortete: ›Gern geschehen.‹ Ich saß zwanzig Minuten lang neben ihm, aber das ist alles, was er gesagt hat.«

»Ich war ungeheuer beeindruckt«, gibt Jim Whitaker zu, »er war völlig unerschütterlich.«

Auf Steve O'Brien wirkte der Mann mit dem Klemmbrett unter dem Arm so gelassen, dass er ihn zuerst für einen der Retter hielt. »Ich dachte, der Mann wäre von einer der Fähren gekommen, oder er sei ein Feuerwehrmann oder Polizist, der hier war, um uns zu retten. Nichts an ihm wies darauf hin, dass er an Bord des Flugzeugs gewesen war. Um sich so unter Kontrolle zu haben, musste er von außerhalb gekommen sein. Ich habe nicht erkannt, dass es Sullenberger war. Ein bemerkenswerter Mann.«

Auf der rechten Seite manövrierte sich die *Thomas Jefferson* neben das Rettungsfloß, um die 85jährige Lucille Palmer sowie Doreen Welsh an Bord zu nehmen, die das ganze Floß vollblutete.

Die Tür des Flugzeugs ließ sich nicht in der offenen Position fixieren, weshalb Douglas Schrift einen Großteil der Evakuierung als Türsteher erlebt hat, der die Tür offen hielt und den Menschen in das Rettungsfloß auf der rechten Seite half. Er hatte sowohl Palmer als auch Welsh beruhigt.

»Lucilles Lippen zitterten, und sie hatte Tränen in den Augen«, berichtet er, »und Doreens Blut klebte überall an mir. Ich fragte sie, wo sie sich verletzt hatte, doch sie konnte es nicht sagen. Dann zog sie ihr Hosenbein hoch. Es sah aus, als hätte jemand mit zwei stumpfen Tomahawks hineingeschlagen. Es war eine schlimme Wunde, richtig schlimm, und sie klaffte tief in ihrem Fleisch.«

Palmer, die zerbrechliche 85jährige, erinnerte Jeff Kolodjay an seine Großmutter. Sie zitterte so heftig, dass er sein Sweatshirt um sie schlang und sie fest in den Arm nahm.

»Mein ganzer Kopf war leer, leer, leer«, gesteht Palmer, »ich kann mich nur noch daran erinnern, dass ich mich auf dem Floß hinlegte und dass dieser Mann seine Arme um mich schlang, um mich zu wärmen.«

Jemand stellte die geradezu sprichwörtliche Frage: »Ist ein Arzt an Bord?« Alberto Panero, der im Mai seinen Abschluss an der medizinischen Fakultät machen sollte, rückte herüber und lagerte Welshs blutendes Bein auf einem Stapelsitzkissen hoch. Welsh kam als Erste über die Leiter auf die Fähre, von unten geschoben und von oben gezogen.

»Ihre Wimperntusche zerlief auf ihrem Gesicht. Sie war völlig durchnässt und weinte«, schildert Nick Gamache, »wir riefen unentwegt: ›Zieht sie hoch! Zieht sie hoch!‹«

Die Seeleute warfen eine Reihe Leinen nach unten, und mehrere Männer auf dem Floß improvisierten daraus einen Bootsmannsstuhl, mit dem Lucille Palmer als Nächste nach oben gehievt wurde. Nach Palmer kletterte die Sechsjährige nach oben, dann ihre Mutter und schließlich die anderen Frauen.

Jim Hanks, 65 Jahre alt, blieb bis zum Schluss. »Wir hatten alle Frauen in Sicherheit gebracht, und ich hielt noch die Leiter fest und sah mich um, ob vielleicht noch eine Frau da wäre, als ich hörte, wie jemand rief: ›Holt den alten Knaben hoch, holt den alten Knaben hoch!‹ Ich blickte mich um, weil ich dachte, wir hätten einen älteren Herrn vergessen, und dann sehe ich, dass der Rufer auf mich zeigt.«

Niemand kann sagen, wie die Fluggäste übereinkamen, zuerst die Frauen in Sicherheit zu bringen. Vielleicht lag es daran, dass das Flugzeug voller Südstaatler[10] war, vielleicht aber auch daran, dass alle so gut erzogen waren. Und Frauen als erste an Bord der Fähren zu bringen, obwohl sie dazu über die Männer in den Flößen hinwegklettern oder sich vorsichtig um die Männer auf den Tragflächen herumschlängeln mussten, irritierte jedoch einige, denen diese Rücksichtnahme entgegengebracht wurde.

---

10 Die Südstaatler sind bekannt für ihre ausgesuchte – altmodische – Höflichkeit.

»Es war unpraktisch«, urteilt Pam Seagle, »Steve stand viel näher an dem Rettungsnetz.«

Theresa Leahy aus dem Fusionierungsteam der Bank of America war völlig überrascht, als sie die Losung »Frauen und Kinder zuerst« hörte, die sie als ziemlich altmodisch empfand.

»Natürlich die Kinder zuerst und diejenigen, die Hilfe nötig haben, also die Älteren und Verletzten«, meint sie, »ich weiß diese Menschlichkeit zu schätzen, dass jemand freiwillig hinter anderen zurücksteht. Aber in einer solchen Situation, in der alles Mögliche passieren konnte, Zeit verschwenden? Was wäre gewesen, wenn das Flugzeug genau in diesem Moment gesunken wäre, wenn es auf jede Sekunde ankommt? Wir hätten tun müssen, was am effizientesten war. Ich möchte niemanden kritisieren. Ich weiß, dass dies alles echter Nächstenliebe entsprang.«

Die japanischen Kaufleute, Hiroki Takigawa im linken Floß und Kanau Deguchi auf der linken Tragfläche, empfanden sich während der Rettungsaktion als Außenseiter aus einer anderen Kultur. Nach Takigawas Worten hätte es diese Gefälligkeit bei einem ähnlichen Flugzeugabsturz in Japan nicht gegeben.

»Kleine Kinder zuerst, ja. Aber niemand würde sagen: ›Meine Damen, bitte nach Ihnen‹«, erklärt Takigawa, »mit großer Wahrscheinlichkeit würde irgendjemand Anweisungen geben.« In einer scherzhaften Anspielung auf die kulturellen Unterschiede fügt er hinzu: »Sie wissen schon: ›Platznummer 1 bis 10!‹«

Beide Männer glauben, dass die Evakuierung für amerikanische Verhältnisse glatt verlaufen war, aber nicht so zügig, wie sie in Japan abgelaufen wäre. »In Japan wäre es systematischer vonstatten gegangen. Japaner sind disziplinierter.«

Die beiden Männer müssen jedoch mit einem Augenzwinkern zugeben, dass sie sich nach fünf Jahren in New York gewisse amerikanische Verhaltensweisen angeeignet haben. »Wir übten uns in ›Ladies first‹«, sagt Takigawa mit einem Lächeln, und während der Evakuierung ertappte er sich bei der amerikanischen Gewohnheit, Fremde zu umarmen.

»Auf der Fähre war ich so aufgeregt, dass ich die anderen Fluggäste umarmte und ihnen die Hand schüttelte. Normalerweise tue ich so etwas nicht. Offensichtlich war ich in gewisser Weise high. An der Pier befanden sich Bürgermeister Bloomberg und Gouverneur Paterson, und ich hatte die Gelegenheit, mit ihnen zu reden, was meine Aufregung noch steigerte.«

Tatsächlich legte die *Thomas Jefferson* in einer Szenerie an, die zu einem unsterblichen Moment im Leben New Yorks werden sollte, wenn es je einen solchen Moment gab. Die Passagiere wurden am Anleger von einem Gewimmel wartender Polizisten, Feuerwehrleute, Ärzte, FBI-Agenten und anderer Rettungskräfte umzingelt. Aber die Gruppe, die am meisten von dem Anblick verblüfft war, der sich ihr bot, war die Menge am Ufer.

John Peruggia, der Leiter des notfallmedizinischen Dienstes, war so überrascht, dass die ersten Überlebenden in Geschäftsanzügen in der Empfangshalle am Anleger erschienen, dass er mehrere von ihnen fragte, ob sie wirklich an Bord des Flugzeugs gewesen wären.

»Man hätte nicht erkennen können, dass sie gerade von einem Flugzeugabsturz im Hudson kamen«, sagte er der *New York Times*, »sie antworteten: ›Ja, wir waren da drin.‹ Einer erzählte: ›Ich stieg aus dem Flugzeug, trat auf die Tragfläche und dann in ein Boot, das mich zu diesem Gebäude brachte, und anschließend haben sich zwei von Ihren Sanitätern um mich gekümmert.«

Die Szene wiederholte sich in der Notaufnahme des St. Luke's Roosevelt Hospital, wo Diane Higgins und Lucille Palmer zur Untersuchung eingeliefert wurden. »Die hatten sich so auf Massen von Verletzten eingestellt, dass sie völlig sprachlos waren, als wir eintraten«, erzählt Higgins. Palmer, die leicht blutet, da sie täglich ein gerinnungshemmendes Medikament einnimmt, hatte bis auf einige Abschürfungen von dem Seil keinerlei Verletzungen. Higgins' Lesebrille saß immer noch oben auf ihrem Kopf, wo sie sie vor dem Start festgesteckt hatte. »Eine der Schwestern kam herein und fragte: ›Sind Sie die Leute von dem Flugzeugabsturz? Ihre Frisur sitzt perfekt, und Ihre Nägel sind tadellos. Wer hätte das gedacht!«

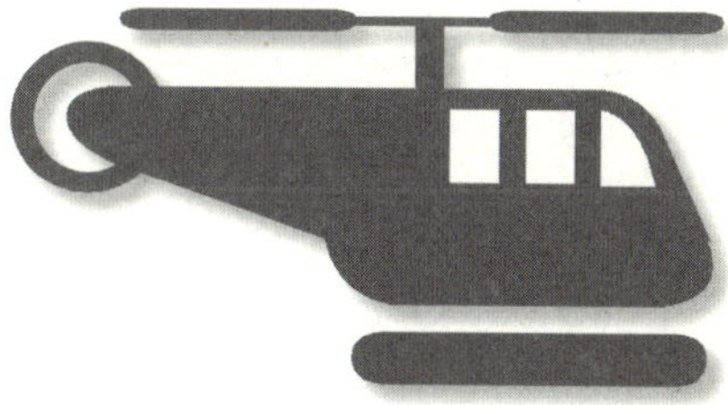

13 Die Rettung der Shae Childers

Schon vor Flug 1549 hatte Shae Childers eine Situation überlebt, in der sie dem Tod ins Angesicht geblickt hatte. Als sie vor 14 Jahren als Praktikantin in der Geschäftsführung für ein kleines Finanzunternehmen in Gaffney (South Carolina) arbeitete, stürmte ein Mann mit schwarzer Mütze und Sonnenbrille in ihr Büro. Er hielt eine Pistole in der Hand und warf ihr eine handgekritzelte Notiz zu. »Es ist eine Bombe in diesem Gebäude. Sie haben zehn Sekunden Zeit, mir all Ihr Geld zu geben.«

Der Räuber schob einen Koffer zu Childers hinüber, wedelte mit seiner Pistole und befahl ihr, die Registrierkasse zu leeren. Bis zum 15. Januar 2009 hielt sie diesen Vorfall für den schrecklichsten Augenblick ihres Lebens. Was könnte schlimmer sein, als in die Mündung der Pistole eines Verbrechers zu blicken? Sie wusste jetzt, was schlimmer war: in einem abstürzenden Flugzeug zu sitzen, den Aufschlag zu überleben und dann beinahe im Hudson zu ertrinken.

Als fröhliche Mutter von zwei Kindern hatte Shae Childers es geschafft, die Sicherheitsschleuse mit zwei Dutzend Minikuchen im Handgepäck (für die Söhne daheim) zu passieren, ohne dass Fragen gestellt wurden. Es handelte sich um hübsche, kleine, glasierte Küchlein von Crumbs Bake Shop, einer berühmten Bäckerei, die als der himmlischer Kuchenbäcker bekannt ist. Die Kuchen hatte sie vorsichtig unter ihren Sitz geschoben. Noch vor 15 Minuten war es ihre einzige Sorge gewesen, sie vor dem Zerdrücken in der überquellenden Gepäckablage zu bewahren. Jetzt schwamm sie im Hudson und klammerte sich an die Tragfläche des Flugzeugs fest, das sie und die Kuchen zum Abendessen nach Hause hätte bringen sollen. Sie wusste nicht, was sie als Nächstes tun sollte.

»Bleiben Sie in Bewegung, bleiben Sie in Bewegung«, wies sie die Stimme eines Mannes aus der Nähe an.

Childers blickte nach links und war erstaunt, neben sich einen Mann im Wasser zu sehen. Die Stimme gehörte dem rüstigen 67jährigen Geschäftsmann Donald Jones aus Jacksonville in Florida. Er trug Hemd und Krawatte und stieß unter der Wasseroberfläche systematisch die Beine nach oben und unten. »Bleiben Sie in Bewegung, bleiben Sie in Bewegung«, befahl er.

Shae Childers beschreibt sich selbst als eine Person, die »nicht in einen kalten Swimmingpool springen« würde. Dass sie dennoch von der Tragfläche sprang, ist daher eine völlig mechanische Reaktion aufgrund der Sicherheitseinweisungen vor dem Flug gewesen, die sie über viele Jahre hinweg gehört hatte: aussteigen, sich vom Flugzeug entfernen. Sie war ausgestiegen und hatte sich entfernt, weil sie erwartete, dass das Flugzeug in Kürze in Flammen aufgehen würde. »Ich habe überhaupt nicht an Unterkühlung gedacht«, gesteht sie, »ich hielt das nicht für so lebensbedrohlich.«

Childers hatte Jones nicht gesehen, bevor er wie aus dem Nichts neben ihr an der Tragfläche erschien. Allerdings hatte sie auch keinen der anderen gesehen, die mit ihr wie die Lemminge ins Wasser gesprungen waren, nicht die Rutsche an der rückwärtigen Kante der Tragfläche und auch nicht die Rettungsflöße, die aus der ersten Klasse kamen. Sie blickte nicht einmal zum Flugzeug zurück, bis ihre Arbeitskollegin Amy Jolly sie rief. »Ich konnte nicht glauben, dass die Leute auf den Tragflächen standen. Die waren doch voller Treibstoff«, erklärt Childers, »in diesem Moment kam ich zu dem Schluss, dass das Flugzeug nicht explodieren würde, wenn es das bis jetzt nicht getan hatte. Da kehrte ich um und schwamm zurück.« Mit klappernden Zähnen rief sie Jolly zu: »Mir ist so kalt, mir ist so kalt.«

Donald Jones war von der ersten Klasse herübergeschwommen. Der Geschäftsführer der endokrinologischen Gesellschaft Amerikas war auf einer Schilddrüsenkonferenz in New York und befand sich auf dem Heimflug, bequem auf einem Gangplatz in der dritten Reihe ausgestreckt, als die Vögel mit dem Flugzeug kollidierten. Er rutschte ein bisschen zu heftig in das Rettungsfloß auf der linken Seite, stürzte ins Wasser und schwamm zur Tragfläche, um auf Hilfe zu warten. Die Tragfläche war jedoch zu kalt und rutschig, um sich daran festzuhalten, weshalb er versuchte, zum Floß zurückzuschwimmen. »Ich kam in der Strömung keine drei Meter weit«, erzählt er, »ich war nur noch totes Gewicht.« Also schwamm er wieder zur Tragfläche und gelangte neben Childers, gerade als die Kälte ihr die letzte Kraft und die Sicherheit raubte, mit dem Sprung ins Wasser das Richtige getan zu haben.

Shae Childers stammt aus Blackburg, einer nach einem Soldaten der rebellischen Südstaaten benannten Ortschaft in South Carolina, in der sich Fuchs und Hase gute Nacht sagen und die gut 15 Kilometer von ihrem jetzigen Wohnort entfernt liegt. Sie heiratete ihre Jugendliebe und schloss ein Lehramtsstudium für die Grundschule ab. Allerdings unterrichtete sie nie, sondern begann im örtlichen Kaufhaus »Hamrick's« als Kassiererin für die Samstagsschicht und arbeitete sich hoch. Jetzt ist sie als Einkäuferin für Damenkleidung in Übergrößen unterwegs und reist in dieser Eigenschaft sechsmal im Jahr nach New York. Als Baptistin spielt der Glaube eine große Rolle in ihrem Leben. Das Gebet hatte ihr geholfen, sich während des Absturzes zusammenzunehmen, und als sie sich jetzt an die Tragfläche klammerte, betete sie erneut: *Herr, im Namen Jesu, rette mich.*

»Bleiben Sie in Bewegung, bleiben Sie in Bewegung«, rief Jones.

Jolly beugte sich vor, um Shae die Neuigkeit mitzuteilen: »Die Fähren kommen. Halte durch. Es dauert nicht mehr lange.« Allerdings hatte Jolly den Eindruck, dass Childers mit ihrer Kraft am Ende war.

Zu diesem Zeitpunkt erreichte Michael Leonard aus der Belk-Gruppe die Mitte der Tragfläche. Jolly hatte zu weinen begonnen, und Childers' Gebete verkamen zu einem Heulen. »Herr, im Namen Jesu, rette mich!« Als Leonard sie klagen hörte, dass sie sterben würde, schreckte ihn das auf, sodass er hinzueilte, um zu helfen. Mit einem kräftigen Ruck schaffte er es, sie auf die Tragfläche zu ziehen, aber er wusste nicht, wie er sie beruhigen sollte.

Leonard wohnt zwar in Charlotte, stammt aber aus Kalifornien und fühlt sich in New York mehr zu Hause als im religiösen Süden. »Ich wusste ehrlich nicht, was ich zu Shae sagen sollte. Mir war klar, dass ich sie beruhigen musste, da sie sonst sterben könnte. In einer solchen Situation darf man nicht in Panik geraten, sondern muss vernünftig denken.«

Leonard half Childers, auf ihre wackligen Füße zu kommen. Sie war bereits steif vor Kälte, und ihre Hände waren eine zitternde rote Masse, völlig taub. In einem erfolglosen Versuch, sie zu wärmen, blies er darauf. Viel mehr konnte er nicht tun, aber dies schien sie zumindest ein wenig zu beruhigen.

Inzwischen näherte sich ihnen die Fähre *Moira Smith*, die nach einer bei den Angriffen vom 11. September 2001 getöteten Polizistin benannt worden war. Es war das zweite Schiff der New Yorker Fährbetriebe, das an der Unglücksstelle eintraf, und das erste auf der linken Seite des Flugzeugs. Alle hatten schon sehnsüchtig über den Rumpf hinweggespäht, als die erste Fähre 56 Leute von der rechten Tragfläche und dem Floß der ersten Klasse aufgenommen hatte und in die Sicherheit des Manhattaner Ufers zurückgefahren war.

Auf der linken Seite lief die Rettungsaktion jedoch nicht so glatt ab. Während der nächsten elf Minuten musste die *Moira Smith* gegen die Strömung ankämpfen und schaffte es daher nur, vierzehn Personen von der Tragfläche in Sicherheit zu bringen. Der Ebbstrom drückte die Fähre dauernd gegen das Flugzeug, sodass es vor- und zurücktuckern musste, um seine Position lange genug zu halten, damit die Passagiere über das Bergungsnetz an Bord klettern konnten.

Einmal wurde die Fähre hinter die Tragfläche verholt, konnte dort aber nicht lange genug bleiben, um mehr als zwei Frierende an Bord zu nehmen. Anschließend fuhr sie wieder zur Vorderseite, wobei sie die Kurve so eng nahm, dass der Bug über die Spitze der Tragfläche hinwegfuhr. »Ich fürchtete schon, sie würde uns alle ins Wasser stoßen«, schildert Jorge Margado den Vorfall, einer der Golfer, der auf der Mitte der Tragfläche stand.

Die Gestrandeten waren so dankbar über die Ankunft der Fähren, dass sie noch Monate später in Tränen ausbrachen, als sie ihre Rettung beschrieben. An diesem Tag wurde eine bemerkenswerte Manövrierkunst zur Schau gestellt – und das mit Booten, die überhaupt nicht für solche Aufgaben gebaut sind. Als die Passagiere von der Wasseroberfläche zu dem Deck aufsahen, das hoch über ihnen aufragte, erschien ihnen der Abstand unüberwindlich. Jim Clark schätzte ihn auf zehn Meter. Der Maschinenlärm und die Nähe der Schiffsschrauben machten vielen Angst.

»Die Fähre kam auf uns zu, und sie konnte nicht richtig stoppen, und wir sahen, wie diese riesige blaue Masse näher und näher kam«, erzählt Eileen Shleffar, »wir schrien: ›Halt! Umdrehen, umdrehen!‹ Wir dachten, wir werden zerquetscht, als sich dieses Riesending näherte. Die Tragfläche wackelte noch mehr, und ich rutschte aus, stürzte mit dem Gesicht nach unten und glitt wieder ins Wasser. Mit den Füßen und den Knien war ich schon im Fluss, fast bis zur Hüfte sogar. Irgendjemand – ich weiß nicht, wer es war – zog mich wieder heraus.«

Draußen am Ende des Flügels spürte Clay Presley, wie die Fähre die Tragflächenspitze schnitt. »Es war schon erstaunlich, wie diese Leute mit den Booten manövrierten und versuchten, niemanden zu überfahren. Sie berührten die Tragfläche, sodass sie ein bisschen tiefer sank. Das war sehr beängstigend. Ich sagte: ›O Mann, die reißen dieses Ding noch ab. Irgendeiner wird noch von diesen Booten umgebracht.‹«

Die *Moira Smith* änderte ihre Position so oft, dass viele der Fluggäste glaubten, mehrere Fähren seien gekommen und wieder weggefahren. Einmal trieb das Heck seitwärts und kollidierte mit dem Floß der ersten Klasse, was Panik hervorrief. Michael Nunn war davon überzeugt, dass sie zwischen der Fähre und dem Flugzeugrumpf zerquetscht werden würden, eine Ansicht, die viele der hier zusammengekauerten Passagiere teilten.

Steve O'Brien stemmte sich gegen die Fähre, um sie zurückzuhalten.

»Über uns ragte eine riesige blaue Wand auf«, erzählt er, »die Kühlwasserrohre stießen gegen das graue Gummi des Floßes, und ich fürchtete schon, sie würden es durchlöchern. Die drehenden Schrauben lagen frei. Ich konnte es nicht glauben. Wir hatten den Absturz überlebt und sollten jetzt bei der Rettung sterben?«

Die Situation wurde noch chaotischer, als an beiden Seiten des Flugzeugs weitere Schiffe ankamen. »Es sah aus wie auf dem Parkplatz eines Einkaufszentrums vor einem Feiertagswochenende«, beschreibt Michael Starr die Szene, ein Fährkapitän, der an Bord der *Yogi Berra* zur Stelle eilte.

Auf der linken Seite stießen zwei weitere Fähren zur *Moira Smith*, dann folgte das acht Meter lange Feuerwehrboot *Marine One*. Es war manövrierfähiger als die Fähren und konnte schließlich vor der Tragfläche am

Rumpf anhalten und die Leute von dort, die nicht auf die Fähre gelangen konnten, retten.

Als Donald Jones und Childers versuchten, die Leiter zur Fähre hochzuklettern, drückte das Schiff Jones' Bein gegen die Tragfläche und klemmte es fest. »Wir begannen gleichzeitig, die Leiter hochzuklettern«, berichtet er, »es war ziemlich schwierig. Die Fähre stieß ständig gegen die Tragfläche. Mein Fuß verfing sich zwischen Leiter und Tragfläche, und sie setzten zurück, damit ich meinen Fuß befreien konnte. Ich hatte große Schwierigkeiten, denn ich hatte kein Gefühl mehr in den Händen. Es war wie in einem Albtraum, in dem man vor etwas davonlaufen will, aber sich nicht bewegen kann.«

Als die Fähre zurücksetzte, verlor Childers den Halt und stürzte in den Fluss zurück. Sie ist keine kleine, zierliche Frau. Angesichts ihrer 1,70 m und 88 kg war es nicht leicht, sie mit nasser Kleidung wieder aus dem Fluss zu fischen.

Joe Hart versuchte, sie daran zu hindern, erneut in den Fluss zu rutschen. »Nachdem wir sie zwei- oder dreimal aus dem Wasser gezogen hatten, saß sie auf der Tragfläche. Sie war völlig durchnässt, stark unterkühlt und sehr verängstigt. Ich sagte ihr, sie solle ihre verdammten Schuhe ausziehen«, berichtet er, »sie sah mich aus großen Hundeaugen an und klagte: ›Ich kann nicht, ich kann nicht. Ich hab keine Kraft mehr.‹ Sie trug Halbstiefel. Als ich die Reißverschlüsse der Stiefel öffnete, war ich richtig wütend, weil sie dauernd ins Wasser fiel, und um meine Wut abzureagieren, nahm ich die Stiefel und schmiss sie so heftig, wie ich konnte, in den Fluss, als ob sie Schuld an der Misere wären.«

Inzwischen war die Fähre an die hintere Kante der Tragfläche gekommen. Michael Leonard postierte sich, um Childers die Leiter hinaufzuhelfen.

»Aufgrund der Strömung machte die Fähre plötzlich einen Satz auf uns zu«, berichtet Leonard, »ich hatte nur zwei Möglichkeiten. Ich konnte mich entweder umwerfen lassen und ins Wasser stürzen, oder ich konnte mich mit aller Kraft festhalten. Ich wollte die Tragfläche nicht verlassen, bevor Shae gerettet war, aber ich wollte auch nicht ins Wasser. Also sprang ich und packte die Leiter.«

Nachdem er sein Gleichgewicht wiedergefunden hatte, wollte Leonard auf die Tragfläche zurückspringen, doch die Seeleute packten ihn und zogen ihn an Deck. Childers blieb auf der Tragfläche zurück.

Inzwischen erschien der Polizeihubschrauber mit den Tauchern über der Szene. Michael Delaney, der Cheftaucher, blickte verwirrt auf die Boote herab, die sich in alle möglichen Richtungen bewegten. »Das Gebiet war groß, und alles war in Bewegung, mit bis zu vier Knoten, was ziemlich schnell ist. Ist dachte: *Wo sollen wir bloß anfangen?*«

Das Dröhnen der Helikopterturbine machte jede Unterhaltung unmöglich. Delaney und sein Partner Rob Rodriguez griffen auf Handzeichen zurück, um einen Plan abzusprechen. Der Hubschrauber flog erneut eine Schleife, und Delaney öffnete die Seitentür.

»Ich dachte, da ist so viel Bootsverkehr, das wir uns unmöglich im Wasser bewegen können, ohne überfahren zu werden. Angesichts der Größe dieser Boote würde man uns überhaupt nicht sehen. Wir wären nur zwei kleine Punkte im Wasser.«

Inzwischen versuchte die *Moira Smith* einen erneuten Anlauf auf die Vorderkante der Tragfläche. Childers packte die Leiter, aber im kalten Wasser hatte sie alle Kraft verlassen, sodass sie nicht mehr in der Lage war, hochzuklettern. Es konnte sie auch niemand von unten hochschieben. Joe Hart stürmte die Leiter empor an Deck, fest entschlossen, sie von oben hochzuziehen. »Ich langte nach unten und versuchte zu ziehen, während die anderen versuchten, von unten zu schieben. In dem Augenblick trieb das Boot wieder von der Tragfläche weg. Jetzt waren Shae und ich auf uns allein gestellt. Ich verlor sie, und sie hatte keine Kraft mehr. Wir sahen uns in die Augen wie in diesen Filmen, wie in diesen Halt-durch-Situationen. Und dann rutschte sie mir aus den Händen.«

In Childers Erinnerung war dies der schrecklichste Augenblick von allen. »Als ich meine Arme und meine Beine nicht mehr bewegen konnte, als ich nicht mehr in der Lage war, mich selbst an Bord der Fähre zu ziehen, da bekam ich Angst um mein Leben.«

Die anderen mussten hilflos mit ansehen, wie die Fähre zurücksetzte, während Childers an der Leiter baumelte. Dann schob sich eine andere Fähre zwischen die *Moira Smith* und die Tragfläche, sodass sie aus dem Blickfeld verschwand. Überraschenderweise sahen sich viele ihrer Leidensgenossen auf der Tragfläche erst bei dem erneuten Zusammentreffen für die Aufzeichnung der Fernsehsendung *Sixty Minutes* im Februar wieder.

»Als das letzte Bild von ihr verfolgte mich der Anblick, wie sie an der Leiter hing und sich das Boot aus meinem Blickfeld drehte«, beschreibt Casey Jones die Szene, »es erinnerte mich auf gespenstische Weise an die letzte Szene in *Moby Dick*, als sich Kapitän Ahab in seinem eigenen Netz verfing und das Boot abdrehte.«

Der Hubschrauber schwebte jetzt fast genau über ihnen, und seine Rotorblätter peitschten einen eisigen Wirbelwind auf die Passagiere hernieder. Die Überlebenden winkten den Helikopter davon. »Der Abwind entzog uns die ganze Körperwärme«, sagt Gerry McNamara.

»Wenn man sowieso schon bis auf die Knochen durchnässt ist, friert man sich bei diesem zusätzlichen 80-km/h-Wind zu Tode«, erläutert Bill Nix, der tatsächlich bis auf die Knochen durchnässt war, nachdem er aus dem tiefen Wasser im Heck des Flugzeugs entkommen war.

Von der offenen Tür des Hubschraubers aus erspahte Delaney den winzigen bunten Fleck eines roten Sweaters im Gewimmel der Boote. »Es war reiner Zufall«, erklärt er, »aus den Augenwinkeln sah ich plötzlich, dass sich eine Passagierin an der Fähre festklammerte.«

Er gab dem Piloten ein Signal und zeigte auf die Stelle: »›Da müssen wir hin. Bringen Sie mich dorthin. Wir müssen zu dieser Person!‹ Ich weiß noch, dass ich so laut wie möglich schrie.« Dann nahm er den Bleigurt und die Luftflaschen ab, um sich unter Wasser schneller und gewandter bewegen zu können.

Der Hubschrauber konnte nicht sehr viel tiefer gehen. »Wir hätten die Leute von den Booten und den Tragflächen gepustet«, erklärt Delaney. Er stand auf den Kufen und sprang aus sechs Meter Höhe, was für einen Rettungssprung sehr hoch ist.

Childers klammerte sich mit letzter Kraft an die Leiter, als die Fähre zurücksetzte. Sie konnte ihre Arme und Beine nicht mehr kontrollieren und war hysterisch. »Ich versuchte, hochzuklettern, aber ich schaffte es nicht«, berichtet sie, »als die Fähre zurücksetzte, zog sie mich wieder ins Wasser, und ich hing vorn an der Leiter. Mir ging der Gedanke durch den Kopf: *Mein Gott, ich habe diesen Absturz überlebt, und jetzt rutsche ich unter das Boot und werde überfahren.*

Mein rechter Arm rutschte ab, und ich hing nur noch an dem linken. Rechts von mir war ein Hubschrauber, und jedes Mal, wenn ich dorthin sah, bekam ich eine volle Ladung Abwind und Wasser ins Gesicht. Ich stand kurz davor, aufzugeben. Ich dachte, ich schaffe es einfach nicht. Ich konnte mich nicht mehr länger halten.«

In diesem Augenblick tippte ihr Delaney, der jetzt selbst in dem trüben Wasser schwamm, auf die Schulter. *Herr, im Namen Jesu, danke.*

Die Boote wühlten das Wasser stark auf, und ihre Motoren und der Hubschrauber dröhnten, wie jemand es später formulierte, wie eine »Mauer aus Lärm«. In Delaney kam der Polizist zum Vorschein, als er bedachtsam und beruhigend auf Childers einsprach, als würde er sie einfach irgendwo auf der Straße treffen: »Wie geht es Ihnen? ... Wie heißen Sie? Ich bin Michael. ... Wir helfen Ihnen aus dem Wasser.« Shae Childers war zumindest in der Lage, Delaney ihren Namen zu nennen.

Ein Matrose reichte eine Schwimmweste herunter. Delaney zeigte Childers, wie sie ihre Arme halten musste, sodass die Crew sie an Bord hieven konnte. Aber vor Childers Augen veränderte sich die Schwimmweste in die komplizierteste Vorrichtung, die sie je gesehen hatte. Die Armöffnungen erschienen ihr zu winzig für die Arme eines Menschen. Sie klammerte sich nur noch enger an die Leiter.

Delaney gab den Versuch mit der Schwimmweste und die Idee auf, Childers an Bord der *Moira Smith* zu bekommen. »Damit ich Ihnen helfen kann, müssen Sie loslassen. Sie müssen mir vertrauen«, wies er Shae an, »das Boot wird uns nicht überfahren. Sie müssen loslassen.«

Schließlich entspannte Childers ihren Griff. Sie machte einen Satz auf Delaney zu und umklammerte seinen Körper. Querab, außerhalb des Pulks der Boote, dümpelte eine weitere Fähre, die *George Washington.* Delaney gab dem Kapitän Zeichen und schwamm zu dem Schiff hinüber, während sich Childers an ihn klammerte. Sein Tauchpartner traf ihn am Bug der *George Washington.* Ein Seemann kletterte nach unten auf die kleine, 60 cm breite Plattform am Fuß der Leiter. Delaney gab Childers neue Anweisungen, diesmal mit fester Stimme. »Ich sagte: ›Hören Sie, ich brauche Ihre Unterstützung. Sie müssen mir dabei helfen, Sie aus dem Wasser zu bekommen.‹«

Die beiden Taucher und der Matrose bugsierten Childers auf die Plattform, etwa 1,80 m unterhalb des Decks.

Delaney berichtet: »Sie hockte völlig reglos da, als ob sie sich nicht selbst helfen konnte. Ich sagte: ›Hören Sie, Sie müssen aufstehen.‹«

Childers schildert ihre Schwierigkeiten wie folgt: »Ich versuchte, meine Beine anzuheben. Ich konnte sie nicht mehr spüren.«

Delaney schlug mit der Hand auf die Plattform. »Ich schrie: ›Shae, Sie müssen selbst aufstehen. Setzen Sie Ihren Fuß hierhin. Sie müssen einen Schritt nach dem anderen machen.‹«

Doch Childers blieb unbeweglich. »Ich konnte meine Beine nicht bewegen.«

Delaney fährt fort: »Sie sah mich an, und ich sagte noch einmal: ›Shae, Sie müssen helfen. Ein Schritt nach dem anderen.‹«

Von unten geschoben, begann Childers Zentimeter für Zentimeter die Leiter hochzukriechen und schaffte es schließlich an Deck. Als die Fähre nach Manhattan eilte, setzte ein Matrose Childers seine schwarze Mütze auf, zog ihr den nassen Sweater aus, wickelte sie in seine Jacke und umarmte sie, um sie zu wärmen. Childers war die einzige Passagierin an Bord.

Am Ufer wurde sie in einen Krankenwagen geschoben und in New York Downtown Hospital gebracht, wo die Ärzte sie schnell von der Notaufnahme auf die Intensivstation verlegten. Ray McCann von der New Yorker Polizei saß in der Empfangshalle des Anlegers bei ihr und begleitete sie ins Krankenhaus als ihre eigene Sondereskorte. Er half ihr, ihren Mann und ihren Arbeitgeber anzurufen und ihre Kollegin Amy Jolly wiederzufinden, die ans andere Flussufer nach Weehawken gebracht worden war.

Childers hatte bei ihrem Aufenthalt in New York keine Gelegenheit, mit neuen Freunden auf das Überleben anzustoßen. Sie verbrachte die nächsten drei Tage an Maschinen angeschlossen. »Ich habe nicht viel erholsamen Schlaf bekommen«, sagt sie.

Ihre Körperinnentemperatur war auf 33 °C abgesunken, die tiefste Temperatur von allen 17 Geretteten, die wegen Unterkühlung behandelt wurden. Im Krankenhaus wurde sie in eine hypermoderne Wärmedecke eingeschlagen. Außerdem wurde sie künstlich beatmet, da ihr Asthma die Genesung beeinträchtigte. Sie hatte schwere Blutergüsse am rechten Bein und eine Taubheit in den Fingerspitzen und Daumen, die eine Berührung schmerzhaft machten. Von dem langen, heftigen Zittern hatte sie sich vorübergehende Muskelschädigungen zugezogen. Wenn Muskelgewebe so stark beschädigt wird, gelangen Muskelenzyme – Kreatinphosphokinase (CPK) – in den Blutkreislauf, was das Risiko von Nierenschäden erhöht.

Der CPK-Wert liegt normalerweise bei 150, doch bei Childers war er auf 2400 hochgeschossen. Tomografische Aufnahmen ihrer Lunge und ihrer Beine lösten Bedenken wegen möglicher Blutgerinnsel aus, weshalb sich ihre Entlassung bis zum folgenden Sonntag verzögerte.

Auf dem Hudson entfernten sich Delaney und Rodriguez schnell von der Fähre, sobald Childers auf der Leiter außerhalb ihrer Reichweite geklettert war. In der Nähe des Flugzeugs lag Heyam Kawas, die Arabischspezialistin der UN, die bereits früher in den Fluss gefallen war, erneut im Wasser und ruderte hilflos mit den Armen, da sie nicht schwimmen konnte. Delaney schwamm zu ihr und schob Kawas auf das Feuerlöschboot. Dann wandte er seine Aufmerksamkeit dem Flugzeug zu.

Bis jetzt war keiner der Retter an Bord gegangen, um nach eingeschlossenen Passagieren zu suchen. Delaney und Rodriguez, der eine vollständige Taucherausrüstung trug, eilten zu den Ausgängen über den Tragflächen. Delaney gab seinem Partner Zeichen: »Achtung, wir gehen nur kurz rein, zwei Minuten, nicht mehr.« Der Wasserpegel stieg rasch.

»Wir erreichten den Gang und wandten uns dem Heck zu. Und da schrie ich: ›Rob, wir müssen raus, das Flugzeug sinkt!‹«

14 »Wirf das Baby!«

Der jüngste Passagier von Flug 1549, der neun Monate alte Damian Sosa, hatte die bisherigen Ereignisse mit dem Gemüt eines reiseerfahrenen Vielfliegers überstanden. In der Abfluglounge hatte er vor sich hin gebrabbelt, während die Frauen seine Schaffell-Babystiefelchen bewunderten. Während des Absturzes war er »mucksmäuschenstill«, wie Jim Whitaker es formulierte, der den Kleinen beim Aufschlag schützte. Doch jetzt, als er am Ausgang über der rechten Tragfläche fest in den Armen seiner Mutter lag, hatte er den gefährlichsten Teil seiner Reise zurück auf trockenes Land vor sich.

»Wirf das Baby«, rief jemand.

Tess Sosa war wie vor den Kopf gestoßen. »Ich wollte ihn nicht nach unten werfen und dabei riskieren, dass er ins Eiswasser fiel. Die Rufe ignorierte ich einfach. Ich war nicht so weit durch diesen Schlamassel gekommen, um jetzt mein Baby von mir zu werfen. Nein. Es war für mich völlig ihn normal, ihn zu festzuhalten.«

Diejenigen, die zusahen, gewannen jedoch nicht den Eindruck, dass mit ihr alles in Ordnung sei. Verschmutzt, die Augen vor Angst geweitet, schien sie nicht dazu bereit zu sein, von der Tür auf die Tragfläche zu treten, geschweige denn, sich von Damian zu trennen. Ihre Bluse war zerrissen. Immer noch riefen Stimmen von der Notrutsche am Mittelausgang: »Wirf das Baby!« Die Rutsche quoll über. Es schien dort nicht einmal Platz für Damian zu geben, geschweige denn für seine Mutter, seinen Vater und seine Schwester.

Douglas Schrift, der die Tür über dem Rettungsfloß der ersten Klasse offen hielt, versuchte, Tess zuzuwinken. »Sie war noch nicht ganz auf der Tragfläche. Ich konnte das Baby erkennen und war völlig erschrocken. Wenn das Kind ins Wasser fiel, war es tot. Also schrie ich zu ihr hinüber, dass sie zurück in die Kabine und nach vorn kommen sollte, dass wir noch Platz auf dem Floß hatten. Ich brüllte aus Leibeskräften.«

Bis jetzt hatte sich Schrift bei der Evakuierung des Flugzeugs und dem Warten auf Rettung zur Ruhe gezwungen. Er beschreibt sein Verhalten als eine Abfolge sinnvoller Aufgaben: Sitzkissen festhalten. Nicht in Panik geraten. Festhalten. Erledigen, was zu erledigen ist. Aber beim Anblick der Sosas in der Flugzeugmitte brach er in Tränen aus.

»Tess blickte genau zu uns herüber. Ich dachte: *Kann sie mich nicht hören? Oder ist sie zu verängstigt, um zurück ins Flugzeug zu gehen?*« Er wandte sich an die Flugbegleiterin Sheila Dail und erklärte: »Da ist ein Baby weiter hinten, Sie müssen helfen!« Sheila eilte davon und kehrte mit einem halben Dutzend Männer zurück, aber ohne die Familie Sosa. »Ein Kerl stürzte so schnell durch die Tür, dass ich fürchtete, er würde einige Leute vom Floß in den Hudson werfen.«

Martin und Tess sagten später aus, dass sie zu diesem Zeitpunkt wie benebelt waren und nichts als die wiederholten Rufe hörten, das Baby zu werfen. »Das war absurd«, sagt Martin, »wir würden doch unser Baby nicht werfen.« Martin erinnert sich nicht mehr, wie seine Frau und seine Kinder auf die schlüpfrige Tragfläche und auf die ölsardinendichte Rutsche gelangten. Auch Tess ist sich nicht sicher. »Die Eindrücke sind ein bisschen verschwommen«, sagt sie.

Auch die Erinnerungen der anderen sind verwaschen, und viele erkannten nicht einmal, dass Tess Sosa in Begleitung ihres Ehemanns war. Karin Hill sah nur eine notgeplagte Mutter mit einem Säugling und ihrer Tochter im Ausgang stehen.

»Sie war wie gelähmt«, berichtet Hill, »ich sagte: ›Geben Sie mir ihr Baby. Lassen Sie mich es halten. Sie müssen aus dem Flugzeug heraus.‹«

Von außen kamen die Stimmen: »Wirf das Baby!«

Alex Magness sah nervös von der Rutsche aus zu. »Tess war offensichtlich völlig verstört und außer sich«, berichtet er, »wir wollten dafür sorgen, dass ihr Baby in Sicherkeit kam. Ich kann mich noch genau erinnern, dass wir darüber diskutierten, was wir wegen des Babys unternehmen sollten, und dass wir gemeinschaftlich vorgingen.«

Dave Sanderson, ein Oracle-Vertreter, kann sich weniger an ein geordnetes Vorgehen, sondern eher an ein Chaos erinnern: »Sie versuchte, auf die Rutsche zu kommen, die aber von dem ganzen Kerosin und Eiswasser ganz rutschig war. Ich dachte, dass sie stürzt und dass etwas Schlimmes passiert. Entweder würde sie das Baby verlieren, oder sie würde ins Wasser stürzen. Darum riefen wir: ›Wirf das Baby!‹«

Zu diesem Zeitpunkt trat Vallie Collins nach ihrem langen Marsch aus dem überfluteten Heck des Flugzeugs auf die Tragfläche. Die Aufforderung, das Baby zu werfen, schreckte sie auf. »Ich dachte so etwas wie: *Halt, halt, halt, das hört sich nach einer ziemlich schlechten Idee an.* Der

Ehemann war in einer Art Panik und stand völlig unter Schock. Die Mutter, Tess, war offensichtlich verstört, aber ihr Mann völlig erstarrt. Dann war da dieser Mann auf der Rutsche, genau in der Mitte, der mit mir Augenkontakt aufnahm und mir sagte: ›Holen Sie die Kinder!‹ Ich trat zurück auf die hintere Ecke der Rutsche, die vom Rumpf abgewandte Ecke. Auf der Rutsche war überhaupt kein Platz mehr. Ich stand halb drinnen, halb draußen, mit einem Fuß auf der Seitenwand der Rutsche und einem auf der Tragfläche. Dann sah ich Tess an und sagte: ›Geben Sie mir Ihr Baby!‹«

Irgendetwas in der Art und Weise, wie sie es sagte, veranlasste Tess schließlich, ihr Damian auszuhändigen, und Vallie reichte ihn sofort an einen Mann auf der Rutsche weiter. Als sie sich wieder zu Tess umwandte, fragte sie nach Sofia. »Ich nahm das kleine Mädchen und setzte mich einfach im Schneidersitz hin, mit ihr auf dem Schoß. Als ich aufsah, erkannte ich, dass sich eine der Fähren näherte. Die Mannschaft warf Schwimmwesten ins Wasser. Richtig harte, starre, zehn Zentimeter dick. Eine davon schnappte ich mir. Ich hatte mein Sitzkissen unter meinem rechten Arm und konnte schwimmen, aber Sofia nicht, und dabei hatte ich das Gefühl, als könnten wir jeden Augenblick ins Wasser fallen. Die Mutter kletterte weiter, während der Vater immer noch auf der Tragfläche stand, immer noch im Wasser. Tess war in Panik und schrie ihn an, und ich hatte Angst, dass sie uns alle ins Wasser reißen würde. Also sagte ich streng zu ihr: ›Gute Frau, Sie müssen sich hinsetzen.‹ Sie setzte sich hin. Jetzt fühlte ich mich wenigstens nicht mehr ganz so verletzlich. Ich dachte mir, dass das kleine Mädchen zu Tode verängstigt sein muss, und fragte die Mutter: ›Wie heißt sie?‹

Das Mädchen weinte nicht, sagte kein Wort. Dass sie überhaupt noch lebte, konnte ich nur daran erkennen, dass sie durch meinen Sweater in meinen Arm biss und darauf herumkaute. Nur in Nervosität, nur ein Knabbern, ohne fest zuzubeißen.«

Nach der Meinung von Dave Sanderson war es Vallie Collins, die die Situation rettete und damit auch dafür sorgte, dass sich der Stau auf der

Tragfläche auflöste. »Natürlich musste erst eine Frau kommen«, gibt er zu, »das ist der Unterschied zwischen Jungs und Mädchen. Die Jungs wollen immer nur die Sachen erledigt haben, die Mädchen kümmern sich mehr. Gott musste Tess Vertrauen geben, damit sie ihren Sohn aushändigte. Und rein technisch musste Tess weitergehen, denn sonst konnte niemand an ihr vorbei auf die Tragfläche gelangen.«

Keith Anthony beobachtete die Übergabe des Kindes von der Rutsche aus. »Ich weiß noch, wie sie mich anblickte, als ich zusah, wie sich dazu entschied, ihr Kind zu übergeben«, beginnt er seinen Bericht. Damian, in Windel und T-Shirt gehüllt, ging von Hand zu hand. »Und dann kam er zu mir«, fährt Anthony fort, »vorher hatte er diese Schaffellstiefel an, braune, fusselige Dinger. Als ich mich hinsetzte, trug er sie nicht mehr. Ich umschloss seine Füße mit den Händen, um sie warm zu halten. Carl Bazarian saß auf meinem Schoß, und ich saß auf dem Schoß irgendeines anderen Kerls. Nebenbei bemerkt, ich bin fast zwei Meter groß und wiege über hundert Kilo.«

Damian wurde auf dem Floß herumgereicht, bis sich seine Mutter zwischen die anderen gezwängt hatte, die Platz machten. »Jemand drückte mir buchstäblich das Baby in die Hände«, berichtet Beverly Mills, »Damian war einfach unbezahlbar. Erst verzerrte er sein Gesicht, als wollte er weinen, aber dann sah er mich an. Und ich plapperte los: ›Ist das nicht ein schöner Tag, und was für ein tolles Abenteuer haben wir hier.‹ Er schaute über das Wasser und sah wieder so aus, als wollte er zu weinen anfangen. Dann guckte er wieder mich an, und ich erzählte ihm, was für ein schöner Tag es ist und wie viel Spaß wir haben. Schließlich fing er an, mit meinem Ohrring zu spielen und ging völlig darin auf. Ist das nicht typisch? Die Lage ist stabil, wir sind sicher, die Rettung hat noch nicht begonnen, es gibt keine Gefahr und keinen Stress. Damian lebte ganz in diesem Augenblick.

Ich wandte mich meinen Mitreisenden auf dem Floß zu und sage: ›He, Leute, ich weiß nicht, wie es euch geht, aber das Baby spielt mit meinem Ohrring.‹ Nur wenige reagierten darauf, da es, ehrlich gesagt, ansonsten ziemlich still war und jeder sich auf das konzentrierte, was getan werden musste, weshalb kaum jemand mit einem anderen redete. Aber ich denke, ein, zwei Personen half es, die Spannung abzubauen. Wir bringen so viel Zeit damit zu, uns über die Zukunft Sorgen zu machen und die Vergangenheit zu bedauern, aber wir verbringen nicht viel Zeit im Augenblick. Er dagegen lebte im Augenblick. Er war ganz lässig.«

Mit Tess und den Kindern an Bord war das Floß völlig übervölkert, sodass Martin auf der Tragfläche zurück blieb. Er setzte sich weiter nach draußen in Bewegung und hielt erst an, als ihm das Wasser bis zur Hüfte stand. Dort blieb er stehen, während seine Hände vor Kälte schwarzblau anliefen, und die Retter mit der 26 m langen *Yogi Berra* anrückten.

Mehr und mehr Wasserfahrzeuge umringten das Flugzeug, und die Unfallstelle wurde immer chaotischer. Der umgebaute ehemalige Bojenleger der Küstenwache, der sich jetzt in Privatbesitz befand, fuhr zur Vorderkante der Tragfläche, und sein Skipper Scott Koen sprang von Bord und half den Menschen, auf die Fähren zu kommen.

Michael Starr, einer der Fährkapitäne auf der *Yogi Berra*, sagte später, die schwierigste Sache bei der Rettungsaktion war, sich durch den Verkehrsstau rund um das Flugzeug zu schlängeln. »Die Boote sind extrem manövrierfähig und leicht zu fahren. Sie haben Bugstrahlruder und drehen quasi auf der Stelle«, erklärt er, »am schwierigsten war es, diese ganze Mahalla um sich herum zu haben. Wer ist hinter mir, wer links, wer rechts? Es wurde ein bisschen voll.«

Vallie Collins fühlte sich nicht sehr sicher dabei, Sofia auf dem Schoß zu halten, während sie gleichzeitig versuchte, auf einem winzigen Fleckchen auf der überquellenden Rutsche ihr Gleichgewicht zu halten.

»Ich hatte große Angst davor, in den Fluss zu fallen«, erzählt sie, »die Fähren wirbelten das Wasser auf, die Hubschrauber dröhnten und die

Rutsche schaukelte hin und her. Ich hatte Angst, dass wir in den Fluss hinaustrieben und sie und ich über Bord gingen. Es erschien mir sicherer, wenn die Rutsche am Rumpf lag. Schlimmstenfalls hätte dann jemand von der Tragfläche Sofia packen und aus dem Wasser ziehen können. Wenn wir abgetrieben und dann in den Fluss gefallen wären, hätte alles an mir gehangen. Ich wusste, dass es mich fertig gemacht hätte, wenn ich hätte zusehen müssen, wie das Mädchen ertrank.«

Aus diesem Grund verbrachte Dave Sanderson, ein Bär von einem Mann, die nächsten fünfzehn Minuten halb im Wasser untergetaucht, um mit einem Arm nach dem Flugzeug zu greifen und dem anderen nach der Rutsche, wie eine menschliche Festmacherleine, die die Rutsche eng gegen den Rumpf drückte. Als die *Yogi Berra* die Tragfläche erreichte, fühlte er sich kalt wie ein Tiefkühlfisch. Er stürzte sich dem Boot entgegen, sechs, sieben, acht Schwimmzüge weit. Am unteren Ende der Leiter verließen ihn die Kräfte. »Klettern konnte ich nicht mehr. Ich bekam einen Fuß in eine Art kleinen Steigbügel, und zwei Leute packten mich an den Armen. Sie zogen mich etwa zwei, zweieinhalb Meter nach oben.«

An Deck konnte er sich nicht mehr bewegen. »Ich wollte nicht auf diese Weise sterben«, erklärt er, »dann kam ein Herr zu mir, ganz trocken. Er sagte: ›Sie müssen zu Hause anrufen.‹«

Das Bergungsnetz, das an Deck der Fähren ausgerollt war, um für die Rettung bereitzustehen, irritierte fast alle Geretteten, die darüber an Bord kletterten. Es besteht aus einem Kunststoffgitter oder Netz mit quadratischen Maschen und gilt unter dem Markennamen Jason's Cradle als marktführendes Produkt unter den Rettungsmitteln für den Mann-über-Bord-Einsatz. Eine geschwächte oder verletzte Person kann darin liegen und durch Aufrollen des Netzes an Deck geholt werden. Die meisten Passagiere von Flug 1549 kletterten einfach daran hoch. »Wie Spiderman«, scherzt Kristy Spears. Martin Sosa, der beim Hochklettern seine Beine nicht mehr spürte, nennt diese Anstrengung »die grauenhafteste Sache«. Fast alle hatten Probleme dabei, aber Laurie Crane, die zierliche Einkäuferin von Belk, hatte die meisten.

Zu diesem Zeitpunkt konnte sich Crane kaum noch bewegen. Sie stand auf der Tragfläche, und das Wasser reichte ihr bis zu den Körbchen ihres BHs. Immer noch hielt sie ihren Pelzmantel, die kleine Aktentasche und die Handtasche. Jetzt versuchte sie, mit diesen Sachen zu klettern. »Die Leute auf der Fähre riefen: ›Okay, meine Dame, jetzt sind Sie dran.‹ Meine Beine fühlten sich nicht so gut an, sodass ich eher zu der Fähre herübertrieb. Irgendwer schrie von dem Floß herüber: ›Lassen Sie die Sachen los, die ziehen Sie herunter!‹

Alle blickten zu mir herunter, um zu sehen, was ich mache. Der Pelzmantel? Ich warf ihn einfach weg. Ich glaube, dabei musste ich sogar kichern.«

Chris Rooney, ein Ingenieur aus Colorado, forderte sie auf, ihm die Handtasche zu reichen. »Er war besorgt, dass ich den Verkehr aufhalten würde«, berichtet Crane.

Rooney hatte Crane zurück auf die Tragfläche gezogen, als sie einmal ausgerutscht war. »Mit den ganzen Sachen im Arm konnte sie unmöglich das Netz hochklettern«, erklärt er, »kräftige Männer hatten schon Schwierigkeiten damit. Alle waren halb erfroren, und es war keine einfache Kletterpartie. Als ich sah, wie sich diese Frau mit ihren Taschen fast quer im Netz verfangen hatte, nahm ich ihr die Sachen ab, aber sie waren seht schwer, da sie voller Wasser waren. Also musste ich sie fallen lassen.«

Irgendjemand auf dem Floß spendete Beifall.

Sheri Nejman sah besorgt zu, wie sich Sosa, Sanderson und jetzt Crane an der Leiter abmühten. »Es war zu erkennen, dass sie nach wenigen Minuten außer sich gerieten«, erklärt sie, »sie gerieten in Panik, konnten sich nicht bewegen. Sie wollten es, aber ihre Körper gehorchten ihnen nicht mehr. Martin wurde ein wenig panisch, Laurie klammerte sich an ihren Laptop und ihre Handtasche, als hinge ihr Leben davon ab. Sie konnte nicht klettern. Es war nicht so, dass sie es nicht versuchte. Die Unterkühlung machte sich bemerkbar.«

Crane blickte in die dunklen Wasser unter sich und glaubte, sie würde ertrinken. Später beschrieb sie ihre Kletterpartie als »Komödie der Irrungen«.

»Ich trug einen schweren, grauen Sweater, und an diesem Seildingsbums war ein großer Metallhaken. Als ich versuchte, aufzustehen, hakte sich der Sweater fest. Ich versuchte, loszukommen. Die Leute auf dem Floß riefen: ›Sie schaffen das!‹ Schließlich zog ich den Sweater aus. Darunter trug ich wie immer schwarze Unterwäsche. Ich versuchte, das Ding über meinen Kopf zu bekommen, ohne meine Hände zu benutzen. Die Leute saßen auf dem Floß fest, solange ich nicht an Bord kam. Ich drehte mich um und versuchte, die Sprossen hochzuklettern, aber ich bemerkte, dass ich die Kraft dazu nicht hatte. Ich sah zu dem Matrosen hoch und sagte: ›Ich spüre meine Finger nicht. Ich kann nicht zugreifen.‹ Sein Gesicht konnte ich genau sehen. Er antwortete: ›Machen Sie sich keine Sorgen, meine Dame, ich hieve sie hoch.‹ Das ist jetzt mein Lieblingswort: *hieven*.«

Nachdem Laurie Crane in Sicherheit war, beeilte sich die Crew, Tess und Damian an Bord zu bekommen. Ein Seemann rief zu den Wartenden nach unten, dass sie das Baby zur Fähre reichen sollten. Chriss Cobb sah von der Tragfläche aus zu Tess hinüber und zweifelte, ob sie es tun würde.

»Die einzige Möglichkeit, das Baby zu dem Seemann zu bringen, bestand darin, es eine Reihe von Passagieren auf einer versinkenden Tragfläche entlangzureichen«, beschreibt er die Situation, »das hörte sich nicht gut an. Ich blickte zur Mutter hinüber, entschlossen, das zu tun, was sie wollte, aber ich hoffte, dass sie nicht von uns verlangte, das Baby in der Kette weiterzureichen. Sie antwortete: ›Nein, ich behalte das Kind bei mir auf dem Floß.‹«

Als die Spannung stieg, löste Josh Peltz das Problem, indem er an Deck der Fähre kletterte und sich über die Kante lehnte.

»Jemand hielt meine Arme und meinen Rumpf fest, und ich streckte beide Arme aus. Die anderen drängten sie nahe genug an mich heran, aber sie klammerte ihr Kind fest. Ich sagte: ›Sie müssen mir ihr Baby reichen. Ich bin selbst Vater und weiß, wie ich es halten muss. Ich werde es nicht fallen lassen. Endlich begriff sie. Ich fasste das Baby zunächst mit einer Hand, hielt die Schultern fest und packte das Höschen, um sicherzustellen, dass ich es gut im Griff hatte. Dann sagte ich: ›Gut, ich habe das Kind.‹ Da ließ sie los. Dieses Baby in meiner Hand zu sehen und zu wissen, dass ich das Einzige bin, was es vom Wasser trennt, war unbeschreiblich.«

Tess und Sofia kletterten über das Netz in Sicherheit und in die Umarmung von Martin, der seine Familie schnell in der warmen Kabine um sich versammelte. So endete die Sosa-Saga. Als die *Yogi Berra* zurücksetzte und sich auf den Weg nach Weehawken machte, kuschelte sich Damian in die Arme seiner Mutter und nuckelte an ihrer Brust, inmitten einer Menge nasser und unter Schock stehender Überlebender eines Flugzeugabsturzes.

»Man ist vollgepumpt mit Adrenalin. Das ist die Kraft, die einen so etwas durchstehen lässt«, sagt Martin Sosa, »ich war nie so voller Energie. Es verleiht einem übermenschliche Kräfte. Ich dachte ans Überleben. Ich dachte an meine Familie. Ich dachte daran, dass ich nicht an einem Herzanfall gestorben war. So viele Dinge, die hätten geschehen können, waren nicht geschehen. Als ich es endlich über die Bordwand schaffte, fühlte ich mich zum ersten Mal wieder in Ordnung.«

Ein Matrose hielt sich mit der einen Hand an der Leiter fest und packte mit der anderen die Rutsche. Als sich sein Griff löste, trieben Rutsche und Fähre voneinander weg, sodass die Besatzung unabsichtlich eine Hand voll gestrandeter Menschen zurücklassen musste. »Ich war die Letzte auf dem Floß«, berichtet Freida Muscatell, »aber ich machte mir keine großen Sorgen, denn inzwischen gab es überall Retter.« Zwei Rettungsboote der Küstenwache waren in Sichtweite unterwegs und näherten sich schnell, als die Fähre wegfuhr. Muscatell kletterte an Bord in Sicherheit.

Das andere Küstenwachboot raste zur linken Seite, wo die letzten sieben Fluggäste von Flug 1549 im schwindenden Licht auf der Rutsche ausharrten. Der Ebbstrom hatte zugenommen, und die gesamte Unfallstelle trieb jetzt schneller flussabwärts.

»Es wurde sehr viel ruhiger, nachdem die Leute von den Tragflächen und den vorderen Flößen gerettet waren und sich die Fähren und Helikopter zurückgezogen hatten«, berichtet Laura Zych aus dem Belk-Team, »neben den anderen Passagieren fühlte ich mich nicht allein, aber ich spürte Einsamkeit in Form von kalter Luft und einem dunklen Himmel, während wir warteten.«

Es wurde nicht viel geredet. Emma Cowan, die australische Sängerin, hatte sich beruhigt und weinte ihrem Pass nicht mehr hinterher. Adelaide Horton, eine der Ersten, die aus dem Flugzeug gekommen waren und jetzt eine der Letzten, die aufgesammelt werden sollten, erinnert sich daran, dass irgendjemand sagte, es sei wie in einem Film. Alle stimmten ihr zu.

»Die *Zodiac* kam heran«, erzählt Horton, »die Crewmitglieder waren ganz aufgeregt und riefen: ›Einen Augenblick, wir müssen erst das Maschinengewehr verstauen.‹ Sie verstauten das Maschinengewehr am Bug, und dann gelangten wir auf die *Zodiac*. Einer von den Küstenwachmännern sagte: ›Das ist meine erste Rettungsaktion.‹, und ich antwortete: ›Na, die haben Sie aber gut gemacht.‹«

Zych kann sich nicht an die Gesichter ihrer Retter erinnern. »Für mich sahen sie alle aus wie Superman«, erklärt sie. Bei ihrer Rettung gab es ein kleines Problem, als der Motor des Bootes stotterte und aussetzte. Angesichts der Art und Weise, wie das ganze Unglück begonnen hatte, kam Zych dieser Zwischenfall völlig absurd vor.

Es dauerte nur wenige Sekunden, bis das andere Küstenwachboot zurückkehrte und die Geretteten übernahm. Der Rudergänger Ian Kennedy legte den Gashebel um, und das kleine orangefarbene Boot dröhnte der Küste von New York entgegen. Es waren genau 24 Minuten vergangen, seit Flug 1549 auf dem Hudson River aufgesetzt hatte.

15 Die Nacht danach

Schon bevor er das Ufer erreichte, war Jorge Morgado zu einer heiß umkämpften Mediensensation geworden. Der Teppichhändler hatte seine Frau von der linken Tragfläche aus angerufen, um ihr von dem Absturz zu berichten und ihr mitzuteilen, dass mit ihm alles in Ordnung war. Fünf Minuten später begann das Telefon im Haus der Morgados in Chicopee ununterbrochen zu klingeln.

»Meine Frau bekam Anrufe von einem Sender nach dem anderen, einem Moderator nach dem anderen«, berichtet Morgado, »den Vogel abgeschossen hatte ein Anrufer, der sagte: ›Wir wissen, das Jorge mit dem Flugzeug abgestürzt ist. Wir wissen, dass er Asthmatiker ist. Wir können ihn finden und ihm helfen. Wir werden ihn schützen.‹ Das war deren Methode.«

Am anderen Ende von Chicopee erlebte Rob Kolodjays Frau Jane einen ähnlichen Ansturm der Medien. »Sie wussten alles über Robbie«, klagt Jane, »sie kannten seine Krankengeschichte, wussten, dass er Diabetiker ist und Insulin braucht, und behaupteten, es für ihn besorgen zu können. Es war völlig verrückt. All diese Informationen sollten doch privat sein. Man hört immer von der Macht der Medien, aber welche Auswüchse das annehmen kann, wird einem erst klar, wenn man so etwas einmal selbst durchgemacht hat.«

Die Sender riefen Morgado persönlich auf seinem Handy an, als er am Chelsea-Pier mit seinem Schwager Jim Stefanik an Land ging. Bis dahin waren die beiden Männer noch damit beschäftigt, das zu verarbeiten, was mit ihnen geschehen war, und hatten keine Ahnung von der Medienschlacht, die sie erwartete. Die 155 Personen an Bord von Flug 1549 waren zu einer Sensation für New York geworden – und für die ganze Welt.

Auf einem in der Nähe gelegenen Restaurantschiff war ein Erstversorgungszentrum eingerichtet worden. Als die beiden Männer an Bord gingen, bekamen sie den ersten Hinweis auf ihren neuen Status, als ein FBI-Agent sie abfing, kaum dass sie sich drei Schritte von dem Feuerlöschboot entfernt hatten, mit dem sie ans Ufer gekommen waren. »Er stand schon bereit und schob uns weiter. ›Wie ist das Flugzeug abgestürzt? Ist es gekapert worden? War es dies, war es das?‹, fragte der Agent. Ich sagte: ›Nein, nichts von alledem. Nach allem, was wir gehört haben, waren es Vögel.‹«

Auf dem Restaurantschiff waren genug Feuerwehrleute versammelt, um einen Großbrand zu löschen, und hüllten die Überlebenden in leinene Tischtücher. Morgado, Stefanik und die anderen Passagiere wurden dann zu einem Polizeitransporter geführt, der sie zu einem Bus brachte, und dieser Bus fuhr sie zum Crowne Plaza Hotel bei LaGuardia, in dem US Airways einen Block von Zimmern reserviert hatte. Die Polizisten achteten auf einen reibungslosen, schnellen Wechsel vom Polizeitransporter zum Bus. »Sie haben wörtlich gesagt: ›Wir wollen nicht, dass die Füße dieser Leute den Erdboden berühren.‹ Die Polizei wollte uns nicht den Medien aussetzen. Die wussten, was kommen würde.«

Auf dem Weg zum Crowne Plaza sah Morgado noch mehr Medienpräsenz und überall Hubschrauber. »Unser Bus wurde von Streifenwagen eskortiert, die die Straßen absperrten, sodass wir nicht einmal bei Rot anhalten mussten. Wir fühlten uns wie kleine Könige.«

Inzwischen hatten NBC-Reporter den untröstlichen Rob Kolodjay vom Fähranleger in Weehawken abgeholt und im Westin-Hotel versteckt, wo sie ihn mit seinem Sohn Jeff zusammenführten. Die Kolodjays arbeiteten gerade die Einzelheiten ihres Auftritts in der Sendung *Today Show* aus, als Morgado ihnen über sein Handy auf die Spur kam. Sofort entsandte NBC einen Wagen zum Crowne Plaza, um Morgado und Stefanik abzuholen und den Exklusivbericht über die Golfer zu erweitern. Die Produzenten boten ihnen sogar an, Luxuswagen nach Chicopee zu schicken, um ihre Frauen abzuholen. »Sie zahlten für alles«, berichtet Morgado, »›Leute, was immer ihr braucht, geht auf unsere Rechnung.‹«

Die Golfer trafen um 4.30 Uhr morgens in der Hotelhalle mit dem Produzenten zusammen, der ihnen eine ungewöhnliche Anweisung gab: Sie sollten die Hotelhalle nicht verlassen. »Da draußen warten Kamerawagen und andere Fahrzeuge«, warnte er Morgado.

»›Die werden behaupten, für uns zu arbeiten, aber in Wirklichkeit sind sie von der Konkurrenz‹, erklärte er, woraufhin ich zurückgab: ›Wollen Sie mir etwa erzählen, dass die uns entführen wollen?‹ Er antwortete: ›Nein, nicht Sie, aber die Story.‹ Und ich dachte: *Sind die eigentlich noch ganz normal? Wir sind doch bloß harmlose Durchschnittsbürger!*«

So nahm die Blitzberühmtheit von Flug 1549 ihren Lauf. Die Absurditäten, die die Golfer in New York erlebten, spielten sich in dieser Nacht und in den folgenden Wochen noch in einem Dutzend verschiedener Varianten ab. 15 Minuten Ruhm für alle, hatte Andy Warhol in einem zynischen

Kommentar gesagt, doch selbst er hatte das Rund-um-die-Uhr-Fernsehen und die ereignishungrige Gesellschaft von heute nicht vorausgesehen, die die Passagiere wie der Blitz traf.

Auch die Umstände hatte er nicht vorhersehen können: Die herzerwärmende, lange vorhaltende Geschichte passierte auf dem Höhepunkt der weltweiten Missstimmung, während der täglich schlechte Nachrichten über praktisch alles, von den Arbeitsplätzen über die Wohnsituation bis zur Zukunft der Menschheit, auf uns niederprasselte. Schon seit Monaten hatte New York die Hauptlast getragen. Politische Verwirrung, spektakuläre Pleiten und Finanzskandale wie die um die atemberaubende Dreistigkeit des Betrugskünstlers Bernie Madoff hatten fast allen die Stimmung verdorben. Das Flugzeug voller maßgeschneiderter Helden hätte zu keinem besseren Zeitpunkt abstürzen können.

Dies war eine der seltenen Gelegenheiten, in denen die Realität besseres Fernsehen machte als die sogenannten Reality-Shows. Die Bilder vom Fluss hatten eine geradezu hypnotische Wirkung und waren fesselnder als alles, was Reality-Shows auftischen konnten. Dies waren normale Menschen von nebenan. Der nachfolgende Rummel war nur in New York möglich – einer Stadt, die auf eine lange Geschichte von überdimensionierten Storys zurückblicken konnte und einen Ruf als der Heldenmacher schlechthin hatte. Eine Stadt, die sich vor niemandem verbeugt und der nichts fremd ist, fiel kollektiv in Ohnmacht. Flugkapitän Sullenberger betrat den Fähranleger als für das Fernsehen geschaffener Held und wurde bis Sonnenuntergang zu mythologischem Ruhm hochstilisiert. (Nach nur zwei Stunden wurde in allen Bars der Stadt der neue Cocktail »Captain Sully« eingeführt: Zwei Teile Wodka Marke »Grey Goose« mit einem Spritzer Wasser.)

Der Großteil des Rummels spielte sich am Fähranleger in Manhattan ab, der nach den Worten von Charles Spiggle erleuchtet war »wie bei einem Rockkonzert«. Bürgermeister Michael Bloomberg war mit einem 20-köpfigen Gefolge erschienen, das den telefonlosen Überlebenden seine Handys lieh, damit sie zu Hause anrufen konnten. Gouverneur David Paterson trug sein Scherflein dazu bei, die Geschichte berühmt zu machen. Vor einem Sammelsurium von Mikrofonen äußerte er die Worte, die dem Unfall ihren Namen geben sollten: »Das Wunder vom Hudson.«

Craig Black, eingehüllt in eine Decke des Roten Kreuzes, sah dem Geschehen wie ein Unbeteiligter zu. »Die ganze New Yorker Szene war auf den Beinen«, erklärt er, »die Medien, diese ganzen Politiker, die sonst nur Babys vor der Kamera küssen. Die Leute fragten uns, ob sie uns zusammen mit dem Gouverneur aufnehmen könnten.«

»Es müssen mich etwa ein Dutzend Leute nach meinem Namen gefragt haben«, berichtet Jim Hanks, der Anwalt aus Baltimore, »der Bürgermeister kam und fragte mich, woher ich denn käme. Die Erwähnung von Baltimore brachte etwas in ihm zum Klingen. Er hatte seinen Abschluss auf der Johns-Hopkins-Universität gemacht. Wir redeten miteinander.«

Auf beiden Seiten des Flusses sah es so aus, als ob alle Überlebenden jeweils einen persönlichen Polizisten an ihrer Seite hatten. Sheri Nejman, die es ans Ufer von Weehawken verschlagen hatte, meint sieben oder acht Polizeibeamten gegenüber eine Aussage gemacht zu haben. »Sie waren alle sehr nett«, erzählt sie, »irgendwann fragte ich: ›Wie viele von euch sind eigentlich hier?‹ Sie lachten und antworteten: ›Bei so einem Zwischenfall? In dieser Stadt? Sie können sich gar nicht vorstellen, wie viele Dienststellen darin verwickelt sind.‹«

Auf der Manhattaner Seite stapften die ersten Überlebenden in der Empfangshalle am Fähranleger auf und ab, um sich warm zu halten. Ein Kaffeestand machte auf und servierte Heißgetränke. Die Passagiere umarmten einander, stellten sich auf ein Warmluftgitter und patschten sich begeistert – »Gib mir Fünf!« – gegenseitig auf die Hände.

»Das Nächste, an das ich mich erinnere, ist eine Menge FBI und Polizei«, berichtet Laurel Hubbard, »sie wiesen uns an, an einem Platz zusammenzubleiben, uns hinzusetzen und uns nicht zu bewegen. Es war ganz schön schwer, unsere Aufmerksamkeit zu gewinnen. Anschließend verlegten sie Absperrband um unsere Gruppe und befahlen uns, den Bereich nicht zu verlassen. Irgendwann rief mein Chef an und wollte vorbeikommen, um mich abzuholen. Sein Fahrer kam nicht einmal auf drei Kilometer an das Gelände heran.«

Die Überlebenden erhielten farbkodierte Umhängeschildchen, die sie um den Hals tragen sollten und die ihren medizinischen Zustand anzeigten. Angesichts des positiven Verlaufs hielten viele diese Kennzeichnung für überflüssig. Sie kam ihnen geradezu unheimlich vor.

»Die Anhänger bestanden aus mehreren Abschnitten, die jeweils an einer Perforation abgetrennt werden konnten«, erklärt Josh Peltz, »weiß stand für unverletzt, grün für leichte Verletzungen. Dann gab es Abschnitte für schwerere Verletzungen. Der schwarze stand für ›verstorben‹. Ich weiß noch, wie mir ein ›O Mann!‹ entfuhr, als ich das sah.«

In der Wartehalle des Fähranlegers von Manhattan sank Mark Hood auf ein Knie nieder und sprach ein kurzes Dankgebet. Vor Überwältigung konnte er kaum sprechen. »Ich konnte nicht glauben, dass alles wirklich passiert war. Was wiederum zu anderen Gedanken führte: Warum war es geschehen? Warum waren wir alle aufgespart worden?«

Als Billy Campbell auf dem Warmluftgitter stand, um seine Füße zu trocknen, erkannte er Hood, mit dessen Frau er auf der High School gewesen war, und ging zu ihm hinüber, um ihn zu begrüßen. Als die beiden Männer über ihre Erlebnisse sprachen, stellten sie fest, dass sie sich nicht nur auf demselben Flug, sondern auch im selben Rettungsfloß befunden hatten, was ihnen jedoch bis dahin entgangen war.

»Wie groß ist die Wahrscheinlichkeit dafür, einem Mann, den man seit zwanzig Jahren nicht mehr gesehen hat, bei einem Flugzeugabsturz wiederzubegegnen?«, wundert sich Hood.

Warren Holland ertrug die Wartezeit in der Halle des Fähranlegers mit atypischer Gelassenheit. »Normalerweise ärgere ich mich sehr schnell über Politiker und Gaffer«, erklärt er. An diesem Tag war das jedoch nicht der

Fall: »Ungefähr drei oder vier Stunden lang stand ich in nassen Sachen in der Wartehalle des Fähranlegers, ohne die Geduld zu verlieren. Ich sah das Leben jetzt mit anderen Augen. Ich war einfach froh, da zu sein.«

Jim Hanks dagegen brannte vor Ungeduld darauf, nach LaGuardia zu kommen. Zu diesem Zeitpunkt trug er einen blauen Trainingsanzug und hatte seine Habseligkeiten in eine Decke vom Roten Kreuz eingeschlagen. Er lehnte das Angebot ab, mit dem Bus zum Crowne Plaza am Flughafen zu fahren, und eilte zur Tür, um ein Taxi zu rufen. Eine Polizistin hielt ihn auf. »Sobald Sie das Absperrband überschreiten, sind Sie auf sich allein gestellt«, warnte sie ihn, »denken Sie mal darüber nach, wie Sie auf jemanden wirken werden, von dem Sie vielleicht Hilfe brauchen.« Hanks blickte an sich herunter und dachte: *Sie hat Recht. Ich sehe aus wie ein Penner.*

Die Beamtin versicherte ihm, dass die Fahrt nur fünfzehn Minuten dauern würde. »Es ist Hauptverkehrszeit«, warf Hanks ein, der eher mit zwei Stunden rechnete. »Sie sagte: ›Vertrauen Sie mir, wir kriegen das hin.‹« Und sie bekamen es hin.

Craig Black hielt man tatsächlich für einen Penner, als er zum Waldorf Astoria kam, in dem sein Chef für ihn ein Zimmer gebucht hatte. Er traf dort zur Abendessenszeit ein – in einem blauen Trainingsanzug und weißen Schlauchsocken und mit einem zusammengeknüllten weißen T-Shirt in der Hand. In einer Hotelhalle voller betuchter Gäste auf dem Weg in die Stadt war er fahl am Platz. Der Mann an der Rezeption starrte ihn ungnädig an, als Black ihn bat, ihm den Weg zum Turmgebäude mit den teureren Zimmern zu zeigen. Der Eingang zum Turm war jedoch versperrt, weshalb Black wieder zur Rezeption zurückkehrte. »Ich könnte Ihre Hilfe wirklich gut gebrauchen«, sagte er, »ich war in dem Flugzeug im Hudson.« Bei diesen Worten änderte sich die Haltung des Empfangschefs, wie er berichtet: »Der Bursche sprang praktisch über seinen Tresen hinweg, um mir behilflich sein zu können.«

Zwanzig Minuten später stand Black unter der heißen Dusche in einer Suite, die mit Wein, Käse, Schokolade und einem neuen Handy für ihn ausgestattet war.

Die Großzügigkeit von Fremden überraschte Denise Lockie. Ein anonymer Spender, der sie im Fernsehen gesehen hatte, kam für neue Bekleidung auf, sodass sie auf dem Heimweg etwas anzuziehen hatte.

Die Stadt rollte den roten Teppich auf eine Weise aus, wie das nur in New York möglich ist. Die merkwürdigsten Erlebnisse auf diesem Teppich hatte Clay Presley, der sich am Eingang des Crowne Plaza Hotel von LaGuardia seinen Weg durch eine Horde von Fernsehkameraleuten kämpfte. »Ich kam mir vor, als wäre ich Britney Spears«, sagt der kahlköpfige, schnurrbärtige Vater von vier Kindern.

»Wie war es?«, riefen die Reporter.

»Beängstigend«, teilte Presley ihnen mit.

»Wie fühlen Sie sich jetzt?«

»Erschöpft.«

Im Hotel angekommen, nahm Presley zunächst einen Drink an der Bar zu sich und sprach dort kurz mit einigen Polizisten. Es war eine dieser Unterhaltungen nach dem Motto: »Wenn Sie jemals wieder in New York sind und einen Polizisten brauchen, dann rufen Sie uns an.« Als Presley in sein Zimmer kam, blinkte sein Handy, um anzuzeigen, dass eine Nachricht eingegangen war. Eine Frau, die gerade in den Nachrichten sein Interview am Hoteleingang gesehen hatte, bot ihm an, zu ihm zu kommen und ihm Gesellschaft zu leisten. »Sie sind hier ohne Ihre Familie, Sie tun mir so leid«, schnurrte sie.

Nicht alle waren an diesem Abend im Glückstaumel. Frank Scudere, ein gebürtiger New Yorker und Anwalt in der Kanzlei Skadden Arps, arbeitete im New Yorker Büro und pendelte heim nach Charlotte. Die Nacht vor Flug 1549 hatte er am Krankenhausbett seines sterbenden Vaters verbracht. Drei Stunden nach dem Unfall nahm er den Zug zurück zum Haus seiner Mutter auf Long Island. Er sagte niemanden, was ihm widerfahren war, und als er am nächsten Morgen ins Büro kam, stellte er fest, dass er im Rahmen einer Firmenverkleinerung entlassen werden sollte. Die Unglücklichen erhielten die schlechte Nachricht per Telefon.

»Sie riefen die Leute in alphabetischer Reihenfolge an«, berichtet Scudere, »unter diesen Umständen wollen Sie natürlich keine Nachrichten in Ihrer Voicemail haben.« Er hatte eine von einem Partner seiner Firma, den er nicht kannte. »Ein Fremder rief mich an. Er sprach mit freundlicher Stimme, aber er war kein Freund.«

Scudere rief zurück. »Ich sagte: ›Wenn es um die Entlassungen geht, dann möchte ich Sie wissen lassen, dass ich gestern an Bord des Flugzeugs war, das im Hudson abgestürzt ist‹«, erzählt Scudere, »er stammelte und sagte, er würde sich später noch einmal bei mir melden. Da wusste ich, dass er mich wirklich angerufen hatte, um mir meine Entlassung mitzuteilen.« An diesem Tag verlor Scudere seine Arbeit noch nicht. Die Firma behielt ihn bis zum 26. März, als eine weitere Entlassungswelle anstand.

In Weehawken war die Situation ebenso surreal wie am anderen Ufer. Steve O'Brien fühlte sich so, als wäre er zu einer Party eingeladen worden, bei der er niemanden kannte. Josh Peltz wollte »den Fußboden küssen«, als er das Gebäude betrat. Das tat er jedoch nicht, sondern zeigte gespielte Ruhe und versuchte, ganz leger einen Kaffee zu bestellen. »Man ist in einem Schockzustand, aber man führt sich auf, als sei alles ganz alltäglich. Ich ging zu dem Kaffeestand und fragte: ›Wie viel bin ich Ihnen schuldig?‹ Der Mann lachte mich an und antwortete: ›Das geht aufs Haus, Kumpel.‹ Daraufhin sagte ich: ›Danke vielmals.‹ Er starrte mich an, als ob ich ein Verrückter wäre.«

Die nassesten Überlebenden wurden angewiesen, ihre Sachen auszuziehen, und erhielten Kellnerhosen von Arthur's Landing, einem Restaurant in der Nähe des Anlegers, die ihnen drei Nummern zu groß waren. »Mama schärfte mir ein, immer saubere Unterwäsche zu tragen«, kommentiert Pam Seagle mit einem stummen Dankeschön an ihre Mutter.

Dan Sanderson, der zu den nassesten und am stärksten unterkühlen Passagieren gehörte, sah voller Entsetzen, wie ein Anhänger mit Farbcode um seinen Hals geschlungen und eine Blutdruckmanschette an seinem Arm angelegt wurde. »Ich kam mir vor wie in einem Feldlazarett. Sie kennzeichneten mich, und ich dachte: *Ich bin tot*«, beschreibt Sanderson die Situation, »ich sah mich um. Was ging hier bloß vor sich? Neben mir saß eine Dame, nackt, und weinte. Die Schwester kam zurück und sagte: ›Ihr Blutdruck beträgt 190 zu 120. Sie werden noch an einem Herzschlag oder einem Schlaganfall sterben. Wir müssen Sie hier herausbringen.‹«

Als sie den Anleger in Weehawken verließ, schnappte Adelaide Horton zufällig auf, was ein Feuerwehrmann in sein Funkgerät sprach. »Er sagte: ›Die Überlebenden kommen herein‹, und ich weiß noch, wie ich dachte, was das doch für ein merkwürdiges Wort sei, *Überlebende*«, berichtet sie, »das stellte die Ereignisse in einen Rahmen, den ich so bis dahin überhaupt nicht erkannt hatte.«

Die offizielle Liste der Überlebenden führt 150 Passagiere – 95 Männer, 52 Frauen und drei Kinder – sowie fünf Crewmitglieder auf. 52 von ihnen wurden wegen ihrer Verletzungen behandelt, wobei es sich meistens um kleinere Schnittwunden, Abschürfungen, Quetschungen und Verstauchungen handelte. Horton hatte eine Sehnenzerrung in der Schulter, und Shleffar hatte sich den Arm gebrochen und litt unter einem Rotatorenmanschettenabriss.

Barry Leonard wurde geröntgt, um zu prüfen, ob das gebrochene Brustbein sein Herz verletzt hatte. Das war jedoch nicht der Fall. Siebzehn

Fälle von Unterkühlung wurden behandelt, wobei jedoch keiner so ernst war wie der von Shae Childers.

»Es ist mir noch nie passiert, dass mich jemand angesehen hat, als würde er vermuten, dass ich tot sei«, formuliert es Bill Wiley, »ich glaube, die hatten jeden Polizisten und jeden Feuerwehrmann weit und breit alarmiert. Als wir zum Hotel gingen, waren Feuerwehr und Polizei auf beiden Seiten und starrten uns wie hypnotisiert an. Die konnten nicht glauben, dass wir am Leben waren.«

Später, in der Hotelhalle, hörte Nejman, wie sich Polizeibeamte und Feuerwehrleute über den guten Zustand der Überlebenden wunderten. »Die waren fasziniert davon, dass wir noch lebten. Dafür, dass sie beruflich ständig mit Unfällen zu tun hatten, erschienen sie mir ziemlich verblüfft. Ich konnte hören, wie sie immer und immer wieder sagten: ›Die sind wirklich in einem bemerkenswert guten Zustand, und alle scheinen so glücklich zu sein.‹ Ich dachte: *Wer wäre das auch nicht?* Ich war extrem glücklich.«

Hinter den Kulissen traten jetzt für die glücklichen Fluggäste, die im amerikanischen Berufsleben standen, überall in der Stadt Helfer aus den Personalabteilungen auf, die das tun konnten, was man von ihnen erwartet, wozu sie aber nur selten Gelegenheit haben. Der Arbeitgeber für die größte Anzahl von Passagieren auf diesem Flug, die Bank of America, buchte das Marriott Marquis am Times Square und ließ Kleidung, Schuhe und Handys kaufen.

Als Nejman ins Hotel kam, stolperte sie über eine Psychiaterin, die von der Bank beauftragt worden war. »Als ich auf der Rolltreppe nach oben fuhr, wartete da diese Therapeutin, die genauso aussah, wie man es sich vorstellt – dicke Brille und wirre Haare. Sie stellte sich vor, nahm mich zur Seite und sagte: ›Wollen Sie darüber sprechen?‹ Nach etwa zehn Minuten dachte ich: *Wer ist diese Person eigentlich? Ist das vielleicht eine getarnte Reporterin?* Daraufhin sagte ich: ›Wenn Sie nichts dagegen haben, möchte ich einfach auf mein Zimmer gehen.‹«

Nach einem kurzen Aufenthalt im Krankenhaus traf Susan Wittman wieder mit ihren Arbeitskollegen Scott Sharkey und Jerry Shanko zusammen, und zwar in Shankos Zimmer im Marriott-Hotel. Sharkey gehörte zu diesem Zeitpunkt schon zu den Insassen von Flug 1549, die ständig im Fernsehen zu sehen waren. »Du wirst dich totlachen«, teilte Shanko seiner Kollegin mit, »Scott ist dauernd auf CNN zu sehen. Er ist überall! Es vergehen keine fünf Minuten ohne ihn. Das passiert halt mit den hübschen Bengeln.«

Die drei riefen den Zimmerservice an, bestellten eine Flasche Wein und sahen sich den ganzen restlichen Abend im Fernsehen an. »Scott und ich tranken die Flasche Wein ohne Probleme aus«, berichtet Wittman, »Jerry dagegen lag auf dem Bett. ›Ich bin mit dem Flugzeug abgestürzt, und ich lebe!‹ Er fing an zu schreien, und wir sagten: ›Ja, wir wissen es. Wir waren dabei, Jerry, wir waren dabei, also hör jetzt auf damit.‹«

Auch Tripp Harris landete schließlich im Marriott und hatte wieder das Gefühl, in Wirklichkeit im Himmel zu sein. Am Morgen hatte er in einer Besprechung bei seinem Arbeitgeber Accenture zufällig seinen besten Freund aus High-School-Tagen wiedergetroffen, der in der Chicagoer Niederlassung der Firma arbeitet. Die beiden hatten sich seit zehn Jahren nicht mehr gesehen.

Nach dem Unfall hinterließ dieser Freund eine dringende Nachricht auf Harris' Handy. Als Harris zurückrief, klang sein Freund erleichtert: »Oh, gut, du warst also nicht auf dem Flug.« Doch Harris versicherte ihm, dass er an Bord gewesen war. »Es erschütterte ihn völlig, dass ich so ruhig war«, sagt Harris.

Zwei Stunden später tranken Harris und sein Freund Bier in der Bar des Marriott. Oben in seinem Zimmer befanden sich ein neues Handy, ein Ladegerät und drei Säcke mit neuer Kleidung in seiner Größe. Außerdem waren Wein, Käse und Obst angerichtet.

»Es war so unwirklich. Ich war mit meinem besten Freund zusammen, den ich seit zehn Jahren nicht mehr gesehen hatte, und meine Firma hatte sich um alles gekümmert. Ich dachte: *Habe ich es wirklich geschafft oder nicht? Vielleicht bin ich abgestürzt und träume dies alles nur*«, beschreibt er seine Eindrücke, »es erschien so sonderbar. Ich dachte: *Vielleicht ist dies der Himmel.*«

In der Bar des Casablanca Hotel feierten die sechs von Belk die Nacht durch und tranken Captain-Sully-Cocktails. »Die ganze Zeit wiederholten wir: ›Heiliger Strohsack, dieser Pilot, wie hat der das bloß gemacht? Dieser Pilot ist Spitze!‹«, erzählt Shleffar.

Jay McDonald, Nick Gamache und Charles Spiggle brachten einen Polizisten dazu, sie zu Brooks Brothers zu fahren, wo sich McDonald und Gamache mit neuer Kleidung eindeckten. Spiggle kaufte für seine Frau bei Saks zwei ihrer Lieblingslippenstifte. Dann ging er zur St. Patrick's Cathedral, wo er eine Kerze anzündete und »ein Dankgebet dafür sprach, dass ich noch am Leben war«.

Casey Jones ging zu Joseph A Bank, kaufte einige neue Kleidungsstücke, aß zu Abend und sah sich bis 3.00 Uhr nachts in seinem Hotelzimmer die Berichterstattung im Fernsehen an. Als er schließlich schlief, träumte er davon, auf dem Eis auszurutschen – ein Traum, den er seitdem häufiger hatte.

Das Erlebnis war schon unwirklich genug, aber die Geschwindigkeit, mit der es abgelaufen war, ließ es noch sonderbarer wirken. Für viele war die Erfahrung so verwirrend, dass sie noch nach Stunden nicht klar denken konnten. Joe Hall, ein Manager der Bank of America, aß mit zwei Kollegen, die ebenfalls an Bord gewesen waren, zu Abend. »Rechnen konnte ich immer gut«, erklärt er, »aber ich konnte das Trinkgeld nicht mehr addieren. Zwanzig Prozent von zwanzig Dollar sind vier Dollar, das weiß ich. Aber ich kam einfach nicht darauf. Ich konnte mich nicht mehr konzentrieren.«

Viele wollten nichts anderes, als in ihrem eigenen Bett schlafen. Stephen Lis' Sekretariat sandte ihm einen Wagen mit Chauffeur, um ihn nach Philadelphia nach Hause fahren zu lassen. In der Minibar auf dem Rücksitz fand er etwas Schokolade, eine Flasche Glenlivet und Eis. »Bevor ich nach Hause kam, hatte ich den Whisky zur Hälfte ausgetrunken«, gesteht er, »der Fahrer war fantastisch. Er sagte zu mir: ›Wenn Sie darüber reden wollen ...‹ Je mehr ich redete, umso freier fühlte ich mich.«

Die Gruppe von LendingTree eilte zusammen mit Molly Schugel und Jennifer Doyle nach Teterboro, um sich mit einem Privatflugzeug nach Hause bringen zu lassen. »Fünf von uns fuhren mit einem Polizeitransporter«, erzählt Darren Beck, »kaum, dass wir losgefahren waren, kamen wir in ziemlich viel Verkehr. Wir fragten: ›Können Sie das Blaulicht anmachen?‹ Der Beamte, der uns fuhr, antwortete: ›Klar, kein Problem.‹ Danach flogen wir fast – die schnellste Fahrt nach Teterboro, die wir je erlebt hatten. Zumindest wenn wir den Zwischenstop bei der Doughnut-Bude in dem Einkaufszentrum herausrechnen. Die haben uns sogar den Polizeirabatt eingeräumt.«

In diesem Einkaufszentrum rannte Ben Bostic zu einem Spirituosenhandel und erstand dort eine Flasche Whisky. »Ich wollte das Leben hier und jetzt feiern«, erklärt er, »ich bot allen einen Schluck an und nahm selbst den einen oder anderen. Dann fiel mir auf, dass ich hinten in einem Polizeitransporter saß und aus der Flasche trank. Ich wusste, dass niemand etwas dazu sagen würde, aber ich wollte auch nicht den bösen Buben geben. Also machte ich den Verschluss wieder zu. Die Polizisten lachten.«

Joe Hart hat in den Annalen der Flugangstliteratur möglicherweise einen neuen Rekord aufgestellt: Seinen Rückflug nach Charlotte – um 21.30 Uhr am selben Abend – buchte er noch von Deck der *Moira Smith* aus.

»Meine Fähre setzte vom Flugzeug zurück, und mir bot sich ein wirklich sehenswerter Anblick. Ein Hubschrauber war da, und wir waren von Booten umzingelt. Ich rief US Airways über die Vorzugsverbindung an und sagte: ›Ich weiß nicht, ob Sie schon davon gehört haben, aber mein Flugzeug ist im Hudson abgestürzt.‹ Die Dame am anderen Ende der Leitung unterbrach mich: ›O mein Gott, sind Sie an Bord?‹ Ich antwortete: ›Mir geht es gut, aber ich muss wissen, wann der nächste verfügbare Flug von LaGuardia oder Newark geht.‹ Eine Maschine flog um 18.00 Uhr von Newark. Ich sah mir die Szene an, die sich mir bot, und entschied: ›Keine Chance, dass ich es bis 18.00 Uhr schaffe.‹«

Es gesellten sich noch andere zu Hart. Der Bus nach LaGuardia sauste durch Manhattan »wie ein Lötkolben durch Butter«, wie Paul Jorgensen es formuliert. Aber die Serie der Wunder begann jetzt schon nachzulassen. Erst verirrte sich der Busfahrer, dann gab es einen Streit mit einem Polizisten, der sie zum Crowne Plaza bringen wollte. Jim Whitaker, der während des Absturzes Damian Sosa festgehalten hatte, platzte schließlich der Kragen, als er mit Angestellten von US Airways über einige Nichtigkeiten debattieren musste.

»Er fing an, die Person am Telefon anzuschreien: ›Wir haben gerade einen Flugzeugabsturz überstanden. Können Sie nicht irgendwelche Vorkehrungen treffen?‹«, berichtet Freida Muscatell.

Whitaker erklärt den Vorfall wie folgt: »Wie wir im Süden sagen, war das der Augenblick in meinem Leben, an dem ich den Leuten meinen Arsch zeigte. Ich drehte einfach durch.«

Im Terminal begaben sich Paul Jorgenson und einige andere zur Bar, um ein Bier zu trinken. Alle Fernseher waren auf den Sportsender ESPN eingestellt. Als Jorgensen den Barkeeper bat, auf CNN umzuschalten, weigerte sich der Mann. »Der Barkeeper erzählte uns, dass jemand von US Airways alle Fernseher umgestellt hatte, sodass die Berichte über den Flugzeugabsturz nicht zu sehen waren«, berichtet Jorgenson, »die wollten nicht, dass die anderen Passagiere in Panik gerieten.«

Das Flugzeug für die Heimreise war ein kleineres Modell mit nur je zwei Sitzen auf beiden Seiten des Mittelgangs. Die Gruppe von Flug 1549, die

Decken vom Roten Kreuz wie Umhängetücher trug, zog sich in den hinteren Bereich zurück. Mehrere sagten, dass sie durch ihre weltentrückte Heiterkeit mit Sicherheit die anderen Fluggäste an Bord aufgeschreckt hatten.

»Wir starteten von derselben Rollbahn. Derselbe Flugplan. Kein Gepäck. Wir waren nass und zerzaust. Es war sehr, sehr still, bis wir den Punkt erreicht hatten, an dem wir mit den Vögeln zusammengestoßen waren«, erinnert sich Joe Hart.

»Bei 1000 m war es totenstill. Wir wussten, was alle dachten«, berichtet Larry Snodgrass, »als wir eine Flughöhe von 3000 m erreichten und die Glocke erklang, rief jemand: ›Zeit für einen Drink.‹ Das war der angenehmste Flug, den ich je hatte.«

»Ich sprach meine Gebete«, sagt Mark Hood. Aber er hatte keine Angst, wieder an Bord eines Flugzeugs zu gehen. »Wenn unsere Zeit zu sterben gekommen ist, dann ist unsere Zeit gekommen. Es war nicht unsere Zeit gewesen.«

16 Nachlese

Der Airbus A320 lag die Nacht über sicher vertäut am Pier der Anlegestelle Battery Park, nahe dem Zusammenfluss von Hudson und East River und den Ruinen des World Trade Center. Das Flugzeug befand sich zum größten Teil unter Wasser, nur die linke Tragfläche und ein Teil des Rumpfes ragten über die Oberfläche hinaus.

Zwei Tage lang war das halb versunkene Wrack eine der beliebtesten Attraktionen von New York, als Einheimische und Touristen Schlange standen, um einen letzten Blick darauf werfen zu können. Auch einige der Passagiere besuchten das Flugzeug. Eine Frau erklärte voller Tränen, dass die tote Maschine weiblich sei und ein »sehr trauriges Mädchen« noch dazu.

Am dritten Tag nach dem Absturz wurde das Flugzeug, von Schnee weiß überzogen, mit einer Schute durch einen mit neuen Eisschollen übersäten Hudson zum jerseyseitigen Ufer verholt und von dort aus per Lastwagen zur Untersuchung durch die Bundesbehörden nach Jersey City gefahren.

Bei der Untersuchung wurde festgestellt, dass sich der Boden bei Reihe 22 hochgebogen hatte. Alle Sitze waren jedoch in ihrer Verankerung geblieben. Obwohl die Erinnerungen vieler Passagiere etwas anderes aussagten, war keines der Fenster gebrochen. Lediglich die Einfassung war bei einigen herausgefallen. Zwischen einer Hand voll Laptops, Mänteln und Handtaschen, die in der Kabine zurückgeblieben waren, fanden die Untersuchungsbeamten auch eine Herrenjeans Größe 32/32 in Reihe 20, unweit der Stelle, an der sich Bill Zuhowski bis auf die Unterwäsche ausgezogen hatte.

⧗

Während der nächsten Wochen hatten auch die selbstsichersten unter den Überlebenden das Gefühl, als sei ihr Leben vollständig umgekrempelt worden. Einige büßten ihre Nachtruhe ein, da sie vom Fluch der Schlaflosigkeit heimgesucht wurden. Während der ersten drei Tage brach Paul Jorgensen mindestens zwanzig Mal ohne Vorwarnung in Tränen aus, und fünf Nächte lang fand er keinen Schlaf. Dann machte es in seinem Kopf »klick«. »Ich sagte mir: *He, das war doch eigentlich eine positive Erfahrung. Die Geschichte ist gut verlaufen. Ich habe Menschen geholfen, aus dem Wasser zu kommen, ich habe alles getan, was ich mir zu tun gewünscht hätte. Ich wurde geprüft und habe mich bewährt.*«

Douglas Schrift ertappte sich fast täglich dabei, Tagträumen über das Unglück nachzuhängen.

Susan Wittmann konnte sich bei der Arbeit nicht konzentrieren: »Ich war völlig abgelenkt.« Bei Besprechungen schien es ihr, als würden ihre Kollegen »in einer fremden Sprache sprechen. Ich hörte ihnen zu, aber ich konnte sie nicht verstehen. Es war so sonderbar.«

Mehrere andere hatten das Gefühl, als hätten sie bei dem Unfall ihre Identität verloren, als ob die Person, der an Bord von Flug 1549 ging, nicht dieselbe sei, die aus dem Fluss geborgen wurde. Denise Lockie etwa suchte einen Therapeuten auf, um nach ihrem früheren Ich zu suchen. »Nach der Denise, die ich vor dem Unfall kannte«, erklärt sie.

In der Nacht nach dem Unfall träumte Bill Nix zum ersten Mal nach 40 Jahren wieder davon, dass er zurück in den tödlichen Hochlandwäldern von Südostasien war, in denen er als Soldat im Vietnamkrieg im Jahr 1968 an der Grenze nach Laos patrouilliert hatte. Das war einer der übelsten Schauplätze in diesem übelsten Jahr des ganzen Krieges. »Ich lag da und dachte mehr an die Ängste, die ich in Vietnam ausgestanden hatte, als an die an Bord des Flugzeugs«, berichtet er, »es kam mir fast so vor, als seien die beiden Ereignisse auf sonderbare Weise miteinander verknüpft. Aber es war einfach nur die Angst, die alles wieder an die Oberfläche schwemmte.«

Mike Berkwits hatte das ganze Ereignis seelenruhig durchgestanden, doch bei seinem Auftritt in der Fernsehsendung *60 Minutes* überwältigten ihn die Gefühle. »Da kam plötzlich die Angst«, berichtet er. Und sie blieb. »Das ist eine Angst, die mich komplett überwältigt. Da kommen dann so Gedanken wie, mein Gott, ich bin irgendwie gerettet worden. Warum wurde ich gerettet? Warum habe ich nicht erkannt, wie gefährlich die Situation war, als ich darin steckte? Es hätte auch alles ganz anders ausgehen können. Ich versuche immer noch, mich daran zu gewöhnen.«

Heyam Kawas, die Arabischspezialistin der Vereinten Nationen, die zweimal von der linken Tragfläche in den Fluss fiel, blieb monatelang traumatisiert. Sie war auf dem Weg nach Charlotte gewesen, um bei der Geburt ihrer Enkelin anwesend zu sein. Als die Verwandten in Charlotte hörten, dass das Flugzeug in den Hudson gestürzt war, brach unter ihnen Panik aus. Kawas' Tochter, die die Buchung des Fluges vorgenommen hatte, wusste, dass ihre Mutter nicht schwimmen konnte. »Sie rief ihren Mann an und sagte ihm: ›Meine Mutter ist tot!‹«, berichtet Kawas. Während dieser Zeit befand sich Kawas, die geschieden ist und allein lebt, im Krankenhaus und stand unter Schock, sodass sie ihre Verwandten nicht anrufen konnte, um ihnen mitzuteilen, dass sie überlebt hatte. In Charlotte versammelte sich die Familie und begann mit den Vorbereitungen für ein moslemisches Begräbnis. »Zwei Stunden lang stand meine Tochter am Rand des Wahnsinns«, sagt Kawas.

Zwei Tage später flog Kawas nach Charlotte, aber ihre Tochter war so bestürzt, dass das Kind erst am 27. Januar zur Welt kam. »Ich musste meiner Tochter vorgaukeln, dass alles in Ordnung sei, aber ich durchlebte eine sehr schwere Zeit«, erklärt sie, »ich bin nicht mehr dieselbe wie zuvor. Ich vergesse häufig etwas. Immer, wenn ich ein Geräusch höre, erschrecke ich. Ich fühle mich ständig angespannt. Manchmal funktioniere ich nicht mehr so, wie ich es gewohnt bin.« Sie kann kein Flugzeug mehr betreten, ohne zuvor Medikamente gegen Angstzustände zu nehmen. Ende März kehrte sie wieder zu ihrer Arbeit zurück. »Ich dachte, vielleicht könnte ich all dies loswerden, wenn ich mich wieder beschäftige«, sagt sie, »aber ich habe immer noch zu kämpfen.«

Andere fühlten sich geradezu euphorisch, so voller Energie wie nie zuvor. Die Sonne schien heller zu strahlen als zuvor, das Essen schmeckte besser. »Es war meine Wiedergeburt«, nennt es Luther Lockhart, »den 15. Januar werde ich bis ans Ende meiner Tage als meinen zweiten Geburtstag feiern. Ich habe eine zweite Chance bekommen.«

Eric Stevenson kehrte mit einer Mischung der seltsamsten Gefühle nach Paris zurück. Manchmal fühlte er sich wie ein Gespenst, manchmal dagegen unbesiegbar. In dem berüchtigten unnachgiebigen Verkehr von Paris hatte er das Gefühl, als könnte er »vor irgendeinen Bus laufen oder eine Hauptstraße überqueren, und der Verkehr würde für mich anhalten«, wie er sagt. Dieses Gefühl hielt etwa eine Woche an.

Der wiederholte Traum von dem Flugzeugabsturz, der Carl Bazarian seit seinen Zwanzigern verfolgte, suchte ihn nicht mehr heim. Fünf Tage nach dem Unfall flog er nach Miami, wo ihm US Airways dabei half, seinen Pass zu ersetzen, und dann in derselben Nacht auf Geschäftsreise weiter nach Chile.

»Ich bin immer noch dieselbe Person«, beschreibt er sich, »aber meine Toleranz gegenüber schlechten Menschen ist gleich null. Wenn ich einen Raum betrete und das Gefühl habe, dass die Chemie nicht stimmt, dann gehe ich. Ich möchte nicht mit schlechten Menschen zusammensein. Das Leben ist zu kurz dazu. Wie soll ich mein Leben jetzt leben? Genauso: intensiv und schnell. Ich genieße es, wenn die Sonne über dem Strand aufgeht, aber ich laufe während des Sonnenaufgangs auch zügig über den Strand.«

»Jeder Tag meines Lebens ist ein Bonus«, sagt Ricardo Valeriano, »eigentlich sollte ich nicht mehr hier sein.«

Eileen Shleffar ging sofort wieder zur Arbeit – zu früh, wie sie feststellen musste. Als ein Kollege sie ansprach, gestand sie, dass Sie einen mentalen Ruheort brauchte, einen Trost, den sie noch nicht gefunden hatte. »In mir ist dieser kleine Hysterie-Flummi, eine kleine, hysterische Person, die in mir herumspringt«, formuliert es Shleffar.

Eines Tages rief Shleffar ihren Mann an und teilte ihm mit, dass sie mit ihm nach Disney World fahren wollte. Früher hatte sie immer Angst davor gehabt, Achterbahn zu fahren, doch jetzt verkündete sie ihrem Mann und ihrer Tochter, dass sie drei Tage lang mit dem Fahrgeschäft »It's a Small World« herumflitzen wollte. »Ich werde zu einer verrückten alten Dame«, scherzte sie. Aber dann erkannte sie, dass sie die kleine hysterische Person freilassen musste. »Ich musste so laut schreien, wie ich konnte, bis ich keinen Atem mehr hatte«, erklärt sie. Zum Erstaunen ihrer Tochter entschied sich Shleffar, mit jeder Achterbahn mitzufahren. »Meine Tochter sagte dauernd: ›Wer bist du? Wo ist meine Mutter? Willst du wirklich mit diesem Ding fahren?‹ Ich trug noch meinen Arm in der Schlinge und sagte: ›Fahren wir einfach. Ich habe keine Angst. Ich kann vor nichts mehr Angst haben.‹« Das war die beste Therapie, die sie je hatte.

Eine Woche nach dem Unfall suchte Tripp Harris seinen Pastor in der Hoffnung auf, einen Sinn in seinem Erlebnis zu finden. »Es mussten so viele Dinge zusammenkommen. Der richtige Pilot im richtigen Flugzeug. Der Wechsel vom schrecklichen zum guten Wetter. Die Tatsache, dass die Fähren an Ort und Stelle waren«, erklärt Harris, »meine größte Frage an den Pastor lautete: ›Wenn Gott all diese Dinge zusammengebracht hat, warum hat er dann nicht einfach die Vögel aus dem Weg geschafft?‹«

Harris' Zweifel wurden nicht als vorlaut oder unsachlich aufgefasst. Sein Pastor erklärte ihm, dass Gott Vögel für viele andere Flugzeuge aus dem Weg räumt. »Aber dies war ein Augenblick, in dem Gott zeigen musste, dass er Wunder geschehen lassen konnte«, sagte der Pastor, »dies war der Zeitpunkt, an dem die ganze Welt ein Wunder brauchte.«

Am 12. Februar, genau vier Wochen nach dem frühzeitigen Ende von Flug 1549, riss die bemerkenswerte Serie von dreißig Monaten ohne tödliche Flugunfälle in der US-amerikanischen Luftfahrt auf spektakuläre und grausame Weise ab. Ein Zubringerflugzeug von Colgan Air zerschellte beim Landeanflug in Buffalo. Alle 49 Personen an Bord sowie ein Mann am Boden kamen ums Leben.

Der Absturz von Buffalo erschien fast wie eine Umkehrung des glimpflich verlaufenen Zwischenfalls mit Flug 1549. Als das Flugzeug an Geschwindigkeit verlor, versuchte der Colgan-Pilot, aufzusteigen, was zu einem Strömungsabriss führte, sodass die Maschine mit dem Bug voran zu Boden stürzte. Die letzte menschliche Lautäußerung, die auf der Aufzeichnung aus dem Cockpit zu hören ist, bilden die Schreie des Copiloten.

Im Gegensatz dazu hatte Sullenberger, als sein Flugzeug an Schubkraft verlor und beim Aufstieg langsamer wurde, den Airbus sofort in einen steilen Sinkflug geführt, um an Geschwindigkeit zu gewinnen und einen Strömungsabriss zu vermeiden. Als sich das Flugzeug nur noch auf einem Drittel der ursprünglichen Flughöhe befand, hatte Sullenberger wieder ausreichend Kontrolle darüber, sodass er eine Notlandung im Segelflug versuchen konnte.

Dieses Ereignis – das zeigte, wie viel Glück sie selbst gehabt hatten – konnte die Überlebenden des US-Airways-Flugs, die immer noch dabei waren, ihre Erfahrungen zu verarbeiten, nicht kalt lassen. Der Colgan-Absturz traumatisierte sie erneut, gerade als viele von ihnen über das Gröbste hinweg waren.

»Mein schlimmster Tag? Der Morgen nach dem Buffalo-Flug«, sagt Joe Hart, »ich war praktisch im Koma. Ich konnte nicht damit umgehen. Ich kann es immer noch nicht. Ich verstehe es nicht. Bis zu dem Vorfall in Buffalo fühlte ich mich irgendwie besonders.«

»Ich fühlte mich schon wieder besser, bis sich der Absturz in Buffalo ereignete«, berichtet Don Norton, »ich empfinde tatsächlich posttraumatischen Stress. Ich bin besessen von Flugzeugabstürzen, forsche im Internet danach, höre mir Geschichten und Mitschnitte aus dem Cockpit an.«

Beverly Waters' Ehemann Don hörte vor ihr von dem Absturz. »Mach heute den Fernseher nicht an«, warnte er sie.

Larry Snodgrass gibt zu, dass er den Fernsehbericht über den Absturz nicht ertragen konnte: »Das war ein schrecklicher Morgen. Die größte Frage war: Warum sie? Warum nicht ich?«

»Ich wette, dass 90% der Leute auf dem Buffalo Flug dachten: *Junge, bin ich froh, dass ich vor drei Wochen nicht an Bord von Flug 1549 war*«, sagt Bill Wiley, »möchten Sie lieber in einem großen Jet sitzen, der über

Manhattan plötzlich keinen Schub mehr hat, oder in einem Flugzeug mit Enteisungsanlagen, das in einem Schneesturm landet? Ich würde das andere Flugzeug wählen. Die hatten bessere Chancen als wir.«

Der Absturz des Colgan-Flugzeugs brachte Glaubensfragen verschiedenster Art an die Oberfläche.

Wiley, ein Presbyterianer, aber kein Kirchgänger, schätzt sich selbst als sehr religiös ein, kann sich aber nicht mit dem Gedanken anfreunden, dass Gott ihn beschützt hat, aber nicht die Passagiere in Buffalo: »Ich glaube nicht, dass Gott ein solches Mikromanagement vornimmt und sich um Dinge wie Flugzeugabstürze kümmert.«

»Gottes Hände halten das Flugzeug«, kommentiert Alex Magness, ebenfalls ein spiritueller Mensch, die berühmte Zeichnung, die zeigt, wie himmlische Hände Flug 1549 sicher im Hudson absetzen, »es ist wirklich eine wunderbare Zeichnung. Aber auf mich hatte sie den gegenteiligen Effekt. Ich fühlte mich dadurch unter Druck gesetzt. Dies bedeutete doch, dass wir dieses traumatische Ereignis aus einem bestimmten Grund durchlebt hatten. Dann geschah das in Buffalo. Wo war die Hand Gottes bei *jenem* Flugzeug? Es ist nicht an uns, das zu erklären. Es gibt einen geistigen Aspekt, der schwer zu verstehen ist.«

Für viele Gläubige sind dies unlösbare Fragen, denen man nur mit Glauben begegnen kann.

»Wie soll ich es erklären?«, fragt sich Mike Kollmansberger, Mitglied der »typischen evangelikalen Kirche von nebenan«, wie er es selbst nennt, in der Nähe seines Wohnorts in Lexington in South Carolina, »ich weiß es nicht. Die Bibel sagt, der Herr gibt und der Herr nimmt. Er hat uns einen weiteren Tag geschenkt, aber den anderen nicht. Das ist der Punkt, in dem das Gottvertrauen ins Spiel kommt. Ich kann es nicht erklären. Einige haben es versucht, aber das ist ein bisschen vermessen.«

Einige Monate nach dem Colgan-Unfall ereigneten sich zwei weitere Flugzeugunglücke mit insgesamt 380 Todesopfern und nur einer einzigen Überlebenden. Diese Tragödien unterschieden sich sehr stark von dem Absturz im Hudson, suchten aber trotzdem die Überlebenden von Flug 1549 heim und verlangsamten die Heilung von deren seelischen Wunden. In beiden Fällen handelte es sich um Airbusse, und beide stürzten über Wasser ab.

Am 1. Juni 2009 geriet ein A330 der Air France auf dem Flug von Rio de Janeiro nach Paris in einen Monstersturm und stürzte aus 10.000 m Höhe in den Atlantik, wobei alle 228 Insassen ums Leben kamen. Nur wenige Leichen und Trümmer wurden gefunden. Ein Bericht, nach dem das Flugzeug möglicherweise in einem Stück aus dieser Höhe gestürzt war, ließ die Überlebenden von Flug 1549 frösteln.

Ein Monat später stürzte ein alter Airbus 310 der jemenitischen Luftfahrtgesellschaft beim Landeanflug auf die Komoren in den indischen Ozean – unweit der Stelle, an der auch das entführte äthiopische Flugzeug aus dem berüchtigten Überschlags-Video niedergegangen war. Ein vierzehnjähriges Mädchen, das sich dreizehn Stunden lang an Wrackteilen festgeklammert hatte, wurde als Einzige lebend geborgen.

Bis zur Jahresmitte hatte die kommerzielle Luftfahrt im Jahre 2009 weltweit über 500 Todesopfer gefordert, was es zum schlimmsten Jahr seit sieben Jahren machte. Diese Kette von Unglücksfällen machte es schwer, Flugängste zu unterdrücken – seien es lang gehegte Phobien oder eine durch die Ereignisse vom Hudson gesteigerte Furcht.

Bill Wiley trat dem Xanax-Club bei und nahm Medikamente gegen Angstzustände, bevor er ein Flugzeug betrat. Für Casey Jones waren die entspannten Reisen vorbei, auf denen er einen Cocktail und ein kleines Nickerchen genoss.

»Als ich zum ersten Mal nach dem Unfall wieder flog, träumte ich, dass wir einer Kollision mitten in der Luft entgegeneilten«, berichtet er. Er wachte abrupt auf und blickte suchend aus dem Fenster. »Ich kann mich beim Fliegen jetzt nicht mehr entspannen. Ich nehme auch keine Drinks zu mir. Ich möchte stets bei vollem Bewusstsein sein, nur für den Fall der Fälle.«

Luther Lockhart muss nicht einmal ein Flugzeug betreten, um die Fassung zu verlieren: »Ich wohne in der Nähe des Flughafens LaGuardia. Früher ist mir der Luftverkehr gar nicht aufgefallen. Jetzt muss ich jedes Mal hinschauen, wenn ein Flugzeug vorbeikommt. Wird es explodieren, wird es vom Himmel stürzen? Das ist wirklich ein miserables Gefühl. Ich hasse es«, erklärt er.

Wie bei jeder umfangreichen Gruppe finden sich auch unter den Überlebenden von Flug 1549 einige, bei denen die Flugangst und selbst die Ereignisse vom Hudson durch einen größeren Schmerz überdeckt wurden.

Am Vatertag starb Pam Seagles jüngere und einzige Schwester Jennifer Evans im Alter von 40 Jahren plötzlich an einem Aneurysma. Evans, oberste Anklägerin der Staatsanwaltschaft von South Carolina, war Seagles beste Freundin. Als Seagle ins Krankenhaus eilte, musste sie an den Tag zurückdenken, an dem Evans und ihre Mutter auf neue Nachrichten warteten und fürchteten, dass Seagle nicht überlebt haben könnte. Jetzt war es an Seagle, ihre Mutter zu trösten.

Als Seagle nach dem Flugunfall sicher nach Hause zurückkehrte, schrieb ihre Mutter »tiefsinnige, berührende« Briefe an beide Töchter. »Meine Schwester und ich sprachen über diese Briefe und darüber, was hätte passieren können«, erzählt Seagle, »ich beschrieb ihr die Rolle, die sie nach meinem Wunsch im Leben meiner Kinder spielen sollte, falls mir etwas zustieße, und sie teilte mir ihre Wünsche für den Fall mit, dass etwas mit ihr passieren sollte. Über so etwas hatten wir nie zuvor gesprochen, und ich bin dankbar dafür, dass wir es getan haben. Als sie starb, blieb nichts Ungesagtes zurück.«

Der Tod ihrer Schwester änderte ihre Ansicht über Flug 1549. »Vorher hielt ich den 15. Januar für den schlimmsten Tag meines Lebens«, sagt sie, »das habe ich jetzt überwunden.« Nach ihrer eigenen Einschätzung hält sie nicht viel von organisierter Religion, doch um den Tod ihrer Schwester zu verarbeiten, wurde sie religiöser. Sie stellte sich wiederum die Fragen, die sie sich schon im Januar gestellt hatte: Warum wurde sie gerettet?

»Jeden Tag grübele ich darüber, wie diese beiden Ereignisse zusammenhängen«, beschreibt sie ihre Gedanken, »vielleicht wusste Gott, dass sie gehen musste und dass meine Eltern mit dem Verlust beider Kinder nicht fertig werden konnten. Darum musste ich überleben.«

Frank Scudere hatte schon in der Nacht vor dem Unfall seinen Vater am Krankenbett besucht und war auch in der folgenden Woche bei ihm, als er starb. Dann kündigte ihm im März seine Anwaltskanzlei. Der Tag erschien wie eine Wiederholung des 16. Januars, des Tages, an dem er ursprünglich seine Kündigung erhalten sollte, was dann aber wegen des Unfalls verschoben wurde. »Ich überprüfte weiterhin meinen Voicemail-Eingang«, berichtet Scudere. Als der Anruf einging, in dem er in einen Besprechungsraum bestellt wurde, spielte sich die Kündigung auf die vertraute unselige Art und Weise ab. »Dieselbe Frau von der Personalabteilung, aber ein anderer Kanzleipartner«, beschreibt Scudere den Vorgang, »ich tat alles, außer auf die Knie zu sinken und zu betteln: ›Bitte, bitte, kann ich meinen Job behalten? Können Sie eine Ausnahme für mich machen? Ich arbeite für Sie und bringe für Sie Geld herein.‹«

Zurück bei seiner Familie in South Carolina hat er den Umbruch verarbeitet und beschreibt diese Phase seines Lebens als »eine Reise«, deren Bestimmungsort er noch nicht kennt.

Was die Veränderung des Lebens angeht, hat Lori Lightner aus der Belk-Gruppe vielleicht den größten Wandel vollzogen. Sie war als Vorstandsmitglied und Leiterin des Merchandising-Bereichs für eine Reihe von Einkäufern verantwortlich und arbeitete in dieser Eigenschaft 80 Stunden die Woche. Sie und ihr Mann Eric hatten schon immer geplant, eine

Familie zu gründen. Eine natürliche Empfängnis war aber nicht möglich, und auch eine Behandlung gegen Unfruchtbarkeit schlug fehl. Sie hatten schon eine Adoption in Erwägung gezogen, aber nie etwas unternommen. »Wir sagten immer: ›Gut, in zwei Jahren werden wir genug Geld haben... Gut, in drei Jahren...‹«, gesteht Lightner.

Nach dem Unfall wollte Lightner keine Karriere mehr haben, sondern ein Kind.

»Nach dem Absturz war Lori nicht mehr die alte«, beschreibt sie Michael Leonard, ebenfalls Mitglied der Belk-Gruppe und ihr langjähriger Weggefährte, »ihr Killerinstinkt war weg.«

Im Frühjahr verließ Lightner Belk und trat dem Roten Kreuz als freiwillige Helferin bei. Sie und ihr Ehemann bemühen sich jetzt aktiv um eine Adoption. Sie leben jetzt eine Nummer kleiner und haben ihre Lebenshaltungskosten verringert und an ihren neuen Lebensstil angepasst.

»Ich war des klassische Arbeitstier. Arbeit, Arbeit, Arbeit. Jetzt gibt es nichts, was ich lieber tun möchte, als anderen Menschen zu helfen und eine Familie großzuziehen«, beschreibt sich Lightner selbst, »ich möchte die Mutter am heimischen Herd sein. Es ist für mich nicht mehr wichtig, ob irgendjemand T-Shirts oder Kleider einkauft. Ich kümmere mich nicht um so etwas. Neulich bekam ich einen Anruf von einem Headhunter, der behauptete, er könne mir doppelt so viel zahlen, wie ich gewohnt gewesen war. Ich sagte ihm: ›Wo Sie sitzen, ist es kälter als im Hudson.‹ Geld ist unwichtig. Wichtig ist, dass mein Mann glücklich ist und wir eine Familie haben. Das macht jeden Tag so viel heller.«

Für Michael Nunn bestätigte der Unfall die Richtigkeit seines Vorhabens, seine Anwaltskanzlei mit ihrer 72-Stunden-Woche aufzugeben. Im April 2009 unterzeichnete er einen Vertrag als allgemeiner Berater für das Sheriffbüro von Florence in South Carolina. »Der tägliche Stress, den es in einer privaten Anwaltskanzlei gibt, fällt in diesem neuen Job weg«, freut sich Nunn, »ich verdiene jetzt zwar erheblich weniger, aber es war höchste Zeit für eine Änderung.«

Auch Irina Levshina hatte die Gründung einer Familie lange hinausgezögert und kam nun zu dem Schluss, dass es an der Zeit sei, es in Angriff zu nehmen. »Wir haben es immer aufgeschoben, weil für längere Zeit immer irgendetwas im Fluss war«, erklärt sie, »ich weiß noch, dass irgendjemand sagte: ›Vielleicht wird keiner der Fluggäste, die auf diesem Flug waren, jemals irgendetwas Großartiges leisten, aber ihre Kinder werden weitermachen und wunderbare Dinge tun.‹ Vielleicht spielt auch das eine Rolle. Selbst wenn ich nichts Weltbewegendes tue, werden es vielleicht meine Kinder tun. Das hat mich darüber nachdenken lassen, Kinder zu haben.«

Eric Stevenson erwartet Änderungen, so wie sich sein Leben nach dem beinahe tödlich verlaufenen Delta-Airlines-Flug über dem Pazifik vor so vielen Jahren geändert hatte. Jenes Ereignis hatte ihn dazu gebracht, nach Paris auszuwandern, und er geht davon aus, dass ihn auch die Erfahrung von Flug 1549 in eine neue Richtung führen wird. Welche das sein wird, kann er jedoch nur raten.

Für andere jedoch hat es zumindest bis jetzt keine lebensverändernden Weichenstellungen gegeben, und vielleicht werden sie auch niemals auftreten. Viele der Überlebenden wünschen sich auch gar keine großen Veränderungen.

»Ich habe keine Reise zu einer Insel gebucht, wo ich für den Rest meines Lebens Yoga praktizieren werde«, formuliert es Craig Black, »aber ich achte auch nicht mehr auf die Börsenkurse. Wenn sie sinken, dann sinken sie eben. Wenn ich meinen Job verliere, finde ich schon irgendetwas anderes. Das ist nicht das Ende der Welt. Ich schlafe jetzt nachts besser.«

Adelaide Horton sagt, dass sie ihr Leben nicht von Flug 1549 neu definieren lassen möchte. »Aber irgendwann stellt man fest, dass dieses Ereignis das Leben doch neu definiert hat«, schränkt sie ein, »alle sprechen mich deswegen an, weil alle Angst haben, dass auch ihnen so etwas widerfahren könnte. Sie wollen mich berühren und mit mir reden, da ihnen dadurch deutlich wird, dass man so einen Vorfall überleben kann.«

Theresa Leahy betont, dass sie ihr Leben so liebt, wie es ist: »Ich werde nicht aussteigen, in ein Aschram eintreten oder auf den Kilimandscharo klettern. Ich bin, wer ich bin. Ich fühle mich in meiner eigenen Haut wohl.«

Einige Fluggäste von Flug 1549 spüren eine Last auf ihren Schultern, da ihnen eine zweite Chance eingeräumt worden ist. Dieses Gefühl tritt häufig bei Personen auf, die dem Tod ins Auge gesehen haben. Molly Schugel jedoch ist anderer Auffassung. »Die Leute sollten es anders herum sehen«, erklärt sie, »anstatt zu sagen: ›Ich muss jetzt irgendetwas tun!‹, sollten sie erkennen, dass sie bereits etwas getan *haben.* Sie haben überlebt. Ihre Geschichte hat Mut gemacht und Hoffnung gegeben, hat Millionen, wenn nicht Milliarden Menschen berührt. Alle, mit denen ich gesprochen habe, ob ich sie kannte oder nicht, hatten Tränen in den Augen, weil ich in diesem Flugzeug saß. Vielleicht sind sie mir schon einmal begegnet, vielleicht ist es aber auch der Gedanke, dass ich ihre Tochter hätte sein können. Dieses Wunder ist geschehen, damit die Welt wieder Hoffnung haben kann.«

Martin Sosa sieht den Unfall immer noch »als eine Metapher für das, was mit unserem Land geschieht. Wir befinden uns im freien Fall, ohne dass das Ergebnis zu erkennen ist«, wie er sagt.

Das Ereignis erschütterte auch andere, darunter auch einige derjenigen, die alles in ihrer Macht stehende taten, um den Menschen zu helfen, die aus dem Hudson geborgen wurden.

Arthur's Landing, das Restaurant am Fähranleger von Weehawken, dessen Angestellte trockene Kellnerhosen, kostenlose Getränke und heißen Kaffee ausgegeben und dabei geholfen hatten, ramponierte Nerven zu beruhigen, musste drei Wochen nach dem Unfall Konkurs anmelden und schließen.

Für die meisten jedoch ging das Leben weiter, wenn auch mit leichten Änderungen. Michelle DePonte hatte im Februar ihre Traumhochzeit auf Hawaii. Der Empfang verlief jedoch nicht wie geplant – sondern besser. Trotz der schlechten Wirtschaftslage brachten praktisch alle Freunde, die sie eingeladen hatte, das Geld auf, um den Feierlichkeiten beizuwohnen. »Nur die Hälfte der Leute, die gekommen waren, konnte sich das überhaupt leisten«, sagt DePonte, »alle Leute waren gekommen, um mehr zu feiern als die Tatsache, dass Dave und ich heirateten. Wir feierten, dass ich noch lebte. In jedem Gespräch ging es um mein Leben nach dem Flugzeugabsturz. Fragen Sie sich jemals, wie viele Leute zu Ihrem Begräbnis kommen werden? Nun, ich glaube, ich habe eine gute Vorstellung davon.«

Die Golfer nahmen ihren Urlaub im April und fuhren nach Myrtle Beach, anstatt zu fliegen. Ihr Ferienaufenthalt fiel mit den schlimmsten Flächenbränden zusammen, die das Küstengebiet seit dreißig Jahren heimgesucht hatten. 70 Häuser wurden zerstört, mindestens 100 wurden beschädigt, und 2000 Einheimische mussten evakuiert werden.

Im August heirateten Andrew Gray und Stephanie King in Wisconsin. Unter den geladenen Gästen befand sich auch Jeffrey Skiles, der Copilot von Flug 1549.

Amy Jolly schloss ihre Flugangsttherapie ab und flog wieder, wenn auch nervös. »Es wird nicht einfacher«, gesteht sie, »aber ich weiß jetzt, wie ich meine Ängste unter Kontrolle halten kann.«

Josh Peltz flog das nächste Mal wenige Monate, nachdem er aus dem Notausgang an Platz 10F gekrochen und über die Tragfläche gelaufen war. Zufällig saß er wieder in einer der Reihen neben dem Ausgang, dieses Mal auf einem Flug von Delta Airlines. Als die Flugbegleiterin fragte, ob es für sie in Ordnung wäre, wenn sie Notausgangs-Pflichten übernehmen würden, nickten Peltz' Sitznachbarn alle, hörten mit halbem Ohr zu und widmeten sich wieder ihren Zeitungen, so wie Peltz es früher auch getan hatte. Jetzt aber sah er zu der Flugbegleiterin auf, lächelte sie an und sagte: »Ja.«

Damit gehörte das Wunder vom Hudson, zumindest für Peltz, der Vergangenheit an.

P

Passagierliste

Tracey Allen-Wolsko: Platz 26B. Alter: 27. Heimatort: Huntersville, North Carolina. Zitat: »Als wir landeten, wusste ich nicht einmal, wo wir waren. Man hat dann diesen Tunnelblick, der einen nur sehen lässt, was zum Überleben notwendig ist.«

Derek Alter: Platz 6E. Alter: 25. Heimatort: Matthews, North Carolina. Zitat: »Es war eine fantastische Landung. Fühlte sich an wie beim Wasserski.«

Keith Anthony: Platz 7F. Alter: 39. Heimatort: Davidson, North Carolina. Zitat: »Es ist ein Wunder, alle sind in Sicherheit und das ist großartig. Ich wünschte immer noch, dass es nie geschehen wäre. Wir waren sehr nahe dran, nicht mehr da zu sein.«

Kevin Anton: Platz 23C. Alter: 49. Heimatort: Knoxville, Tennessee. Zitat: »Was ich aus diesem Erlebnis gelernt habe, ist, wie wichtig es ist, für sich selbst Verantwortung zu übernehmen und sich stets darüber bewusst zu sein, was um einen herum vor sich geht ... und sein Handy immer geladen zu haben«, sagte er in einem Artikel, der auf *www.knoxvillechamber.com* veröffentlicht wurde.

Vicki Barnhardt: Platz 26C. Alter: 38. Heimatort: Huntersville, North Carolina. Zitat: »Ich habe den ganzen Tag in der Nähe meiner Kinder verbracht und sie geknuddelt. Meine achtjährige Tochter erinnerte mich daran, dass ihre Gebete, ›Mama zu beschützen‹, erhört worden seien.«

Carl Bazarian: Platz 16B. Alter: 62. Heimatort: Amelia Island, Florida. Zitat: »Ich weiß noch, wie ich zum Ende der Tragfläche ging, und erinnere mich an die Ruhe, die dort herrschte. Ich sah die Sonne und dachte: *Das ist wundervoll. Kein Lärm, keine Bewegung, keine Fähren.* Gott sei dank konnte ich die Sonne sehen. Es war so friedlich. Und dann bekam ich einen Adrenalinstoß.«

Darren Beck: Platz 3A. Alter: 37. Heimatort: Charlotte, North Carolina. Zitat: »Als ich nach Hause kam, packte mein zehnjähriger Sohn die Medaille, die er bei einem Iron-Man-Jugendturnier gewonnen hatte, in eine dieser Geschenktüten und schrieb dazu: ›Das ist deine Medaille als Überlebender.‹ Ich reise immer damit. Wenn ich fliege, lege ich die Medaille in mein Handgepäck.«

Alyson Bell: Platz 20D. Alter: 49. Heimatort: Matthews, North Carolina. Zitat: »Ich habe ein schwer behindertes Kind. Sie ist die große Freude in meinem und in Rons [meines Mannes] Leben. Ich sorgte mich wegen Ron. Wie würde er mit allem fertig werden? Wir sind so gute Partner. Was konnte er auf sich allein gestellt tun?«

Mary Berkwits: Platz 14B. Alter: 52. Heimatort: Matthews, North Carolina. Zitat: »Wir hielten uns alle aneinander fest, um uns warm zu halten, und Michael fing an, die Leute aufzufordern: ›Tanzt, alle miteinander, tanzt!‹ Alle stehen wir alle so auf der Tragfläche und tanzen, um uns warm zu halten.«

Michael Berkwits: Platz 13B. Alter: 55. Heimatort: Matthews, North Carolina. Zitat: »Wir kamen in der Nähe der *Intrepid* herunter. Es hätte keinen besseren Platz geben können. Überall Polizeirettungsboote und Fähren. Ich habe nicht daran gedacht, dass sich das Flugzeug überschlagen oder auseinanderbrechen könnte oder dass es Eisschollen geben oder wir ein Boot rammen könnten. Alles sah so aus, als ob es genau so geschehen sollte.«

Fred Beretta: Platz 16A. Alter: 41. Heimatort: Charlotte, North Carolina. Zitat: »Ich bekam das Gefühl, dass ich sterben könnte – neben diesem Mann, den ich nicht einmal kannte. Ich weiß noch, dass ich dachte, wie merkwürdig es ist, in einer solchen Situation zu stecken, und ich fragte mich, was die anderen dabei empfanden.«

Craig Black: Platz 9C. Alter: 46. Heimatort: Charlotte, North Carolina. Zitat: »Ich bin mit meinem Leben zufrieden. Das Wichtigste, was ich gelernt habe, war, dass es mir nichts ausmachte, an diesem Tag zu sterben. Wenn Sie einmal diese Haltung eingenommen haben, dass sie bereit sind, abzutreten, dann erscheint ihnen alles andere ziemlich unwichtig.«

Ben Bostic: Platz 20A. Alter: 38. Heimatort: Fort Mill, South Carolina. Zitat: »Ich sehe mich nicht als einen großartigen Redner an. Ich habe nur das Glück, eine großartige Geschichte zu erzählen.«

Maryann Bruce: Platz 5D. Alter: 48. Heimatort: Cornelius, North Carolina. Zitat: »Die Leute fragen mich, warum ich immer noch fliege. Einerseits gibt es da natürlich den praktischen Gesichtspunkt. Aber ich habe auch meinen Mann in einem Flugzeug kennengelernt, weshalb ich mich an die positiven Aspekte erinnere. Es war zu Thanksgiving, und im Februar waren wir verlobt. Jetzt sind wir seit 26 Jahren verheiratet. Darum liebe ich Flugzeuge.«

Billy Campbell: Platz 25A. Alter: 49. Heimatort: Los Angeles, Kalifornien. Zitat: »Ich konnte nicht glauben, dass ich in dem Floß saß. Das Flugzeug sank, wir waren gerade im Hudson gelandet und hatten überlebt. Richtig erfasst habe ich das alles erst im Nachhinein.«

David Carlos: Platz 7C. Alter: 35. Heimatort: Chicopee, Massachusetts. Zitat: »Einen Monat später flog ich nach Vegas. Es war hart ... teilweise sogar beängstigend. Ich reise gern, möchte jetzt aber lieber an den Bestimmungsort fahren.«

Glenn Carlson: Platz 6B. Alter: 47. Heimatort: Charlotte, North Carolina. Zitat: »Ich habe eine neue Geisteshaltung. Glenn ist jetzt ein bisschen nervöser, etwas unsicherer. Aber so ist es eben. Das ist meine neue Art zu reisen geworden.«

Shae Childers: Platz 13C. Alter: 38. Heimatort: Gaffney, South Carolina. Zitat: »Ich erkenne Sullys große Erfahrung an. Aber ich glaube, diese Menschen wurden von einer höheren Macht an ihren Platz gestellt, um uns zu retten.«

Remington Chin: Platz 11B. Alter: 25. Heimatort: New York. Zitat: »Ich fühle mich, als hätte ich ein Freispiel gewonnen. Es ist ein Bonus.«

Brent Cimino: Platz 20B. Alter: 24. Heimatort: New Paltz, New York. Zitat: »Man hat nicht so viel Kontrolle über sein Leben, wie man gern glaubt. Man muss etwas vorsichtiger und etwas dankbarer sein, da es nicht ewig währt.«

James Clark: Platz 21F. Alter: 44. Heimatort: Huntersville, North Carolina. Zitat: »Ich würde gern sagen, dass ich plötzlich alles richtig mache und vollkommen bin. Ich versuche zu sagen, dass ich besser und toleranter werden muss. Aber das Ereignis hat mein Leben nicht verändert wie das einiger anderer Leute. Ich bin wieder in mein altes Leben zurückgekommen. Ich bin ein ziemlicher Workaholic.«

Chris Cobb: Platz 15B. Alter: 32. Heimatort: Matthews, North Carolina. Zitat: »In der Nacht darauf schlief ich wie ein Baby. Der Schlaf bereitete mir keine Sorgen. Ich hatte nur ein paar Träume und in diesen Träumen ein paar Flugzeugabstürze, aber nichts, das mich völlig verzehrt hätte.«

Vallie Collins: Platz 26D. Alter: 37. Heimatort: Maryville, Tennessee. Zitat: »Ich erinnere mich, dass ich Leute weit vorn nur bis zu den Knöcheln im Wasser stehen sah. Mein Gehirn brauchte einige Minuten, um herauszufinden, dass sie auf der Tragfläche standen. Ich konnte sehen, dass die Fähre schon fast bei uns an der Flügelspitze war, und ich dachte, gut, ich werde heute nicht sterben.«

Emma »Sophina« Cowan: Platz 13F. Alter: 26. Heimatort: Perth, Australien. Zitat: »Wenn meine Zeit gekommen ist, ist meine Zeit gekommen. Ich bin glücklich, am Leben zu sein.« (*USA Today*)

Laurie Crane: Platz 9D. Alter: 58. Heimatort: Charlotte, North Carolina. Zitat: »Manchmal weiß ich nicht, wer ich bin. Ich möchte nicht zu dem Leben zurückkehren, das ich geführt habe. Ich war einkaufssüchtig und ein Workaholic. Wenn ich nicht arbeitete, war ich in einem Einkaufszentrum, um nach Schnäppchen zu suchen. Ich versuche herauszufinden, wohin ich gehe.«

Michele Davis: Platz 24D. Alter: 23. Heimatort: Olympia, Washington. Zitat: »Am beängstigendsten waren wahrscheinlich die letzten dreißig Sekunden vor und die ersten dreißig Sekunden nach dem Aufschlag«, erzählte sie dem *Seattle Post-Intelligencer*.

Kanau Deguchi: Platz 25C. Alter: 36. Heimatort: New York. Zitat: »Ich war überrascht, dass die Leute nicht mehr in Panik waren, nachdem sie das Flugzeug verlassen hatten. Auf den Tragflächen versuchten sie, einander zu helfen. Innerhalb des Flugzeugs habe ich gesehen, wie einige drängelten oder über die Sitze kletterten. Aber so etwas ist normal und könnte vielleicht sogar in Japan passieren. Aber draußen arbeiteten die Menschen zusammen.«

Rick Delisle: Platz 5A. Alter: 54. Heimatort: Chicopee, Massachusetts. Zitat: »Es ist großartig, hier zu sein, aber wenn ich vor dem Einsteigen gewusst hätte, was ich jetzt weiß, wäre ich nicht mitgeflogen. Nichts kann es lohnenswert machen, das durchzustehen, was wir erlebt haben«, sagte er *www.southcoasttoday.com.*

Michelle DePonte: Platz 10A. Alter: 30. Heimatort: Charlotte, North Carolina. Zitat: »Ich zitterte so heftig, dass ich nicht einmal mehr atmen konnte.«

March Dolphin: Platz 12B. Alter: 57. Heimatort: Brooklyn, New York. Zitat: »Nachdem wir am Ufer waren, unterhielten sich einige der Passagiere darüber, dass sich die Ausgangstüren im Heck des Flugzeugs nicht öffnen ließen. Ein Herr berichtete, dass einer der Retter gesagt hätte, das sei in Wirklichkeit ein Segen gewesen, denn sonst wäre das Flugzeug sehr viel schneller mit Wasser vollgelaufen.«

Jennifer Doyle: Platz 9E. Alter: 33. Heimatort: Charlotte, North Carolina. Zitat: »Dieses Ereignis sollte uns daran erinnern, dass Menschen gut sind und sich umeinander kümmern. Das Flugzeug war voller Fremder, vom Geschäftsführer bis zur Mutter.«

Steve Doyle: Platz 10E. Alter: 45. Heimatort: Charlotte, North Carolina.

Ricardo Elias: Platz 1D. Alter: keine Angabe. Heimatort: Charlotte, North Carolina.

Bill Elkin: Platz 18B. Alter: 41. Heimatort: Mooresville, North Carolina. Zitat: »Ich bin vielleicht einmalig, aber nicht besonders. Jeden Tag sehen viele Menschen dem Tod ins Auge. Viele Menschen überleben Herzinfarkte, Verkehrsunfälle.«

Lisa English: Platz 8C. Alter: 38. Heimatort: Cornelius, North Carolina. Zitat: »Ich stellte mir vor, dass wir ins Wasser stürzten, versanken und ertranken, sodass ich meinen Sohn nie wiedersehen würde. Ich konnte mir nicht vorstellen, dass ein Flugzeug auf diese Weise schwimmen kann.«

Lee Fazzi: Platz 7D. Alter: 56. Heimatort: Charlotte, North Carolina.

Wendell Fox: Platz 9A. Alter: 56. Heimatort: Cornelius, North Carolina. Zitat: »An diesem Tag kamen so viele Dinge zu unserem Vorteil zusammen. Wir hatten die beste Crew, die US Air aufbieten kann. Es war mitten am Nachmittag und sonnig. Auf dem Fluss herrschte kein Verkehr. Wir trieben mit dem Strom. Es gab Fähren auf dem Hudson. Es geschah in der Stadt, die von allen Städten auf der Welt am besten auf Notfälle vorbereitet ist, die beste Ausrüstung dafür hat und ständig trainiert. Die Fähigkeiten der Retter waren offensichtlich.«

Nick Gamache: Platz 17B. Alter: 32. Heimatort: Raleigh, North Carolina. Zitat: »Meine Dreijährige lernt jeden Tag neue Wörter und fährt auf ihrem Roller. Ich kann nicht glauben, dass ich das alles beinahe versäumt hätte.«

Balaji Ganesan: Platz 20E. Alter: 30. Heimatort: Fremont, Kalifornien. Zitat: »Man könnte sagen, dass ich den Tod betrogen habe. Ich sehe es jedoch positiver. Ich bin dazu bestimmt, es noch länger auszuhalten.«

David Graham: Platz 12D. Alter: 54. Heimatort: Columbia, South Carolina. Zitat: »Dies ist ein Beispiel für das Wirken Gottes und seine Hand in allen Dingen. Dass das Ereignis ein positives und glückliches Ende nahm, ändert nichts an der wichtigen Tatsache, dass Gott immer noch alles lenkt.«

Andrew Gray: Platz 14F. Alter: 28. Heimatort: Fayetteville, North Carolina. Zitat: »Ich fürchtete mich nicht vor dem, was jenseits der Schwelle des Todes geschehen würde. Ich wusste, dass meine Seele gerettet war. Ich verwendete diese letzten wenigen Augenblicke nicht darauf, zu wehklagen und noch alle Dinge richtig zu stellen zu versuchen oder mich vor dem zu fürchten, was auf der anderen Seite liegt.«

LINDA HAHN: Platz 5B. Alter: 53. Heimatort: Anaheim, Kalifornien. Zitat: »Als wir in das kleine Boot stiegen, gerieten alle in Panik, riefen über ihre Handys ihre Familien an und sagten alle möglichen Sachen, entschuldigten sich, sprachen von ihrer Liebe. Ich dachte, ihr Leben wird bald enden, weshalb sie all dies tun. ... Dann blickte ich auf und sah diese große Fähre, die sich uns näherte. Ich dankte Gott.«

JOSEPH HALL: Platz 22C. Alter: 37. Heimatort: Charlotte, North Carolina. Zitat: »Das für mich übermächtige Bild ist das der Fähre und der Leute im kalten Wasser, die alle nass sind und sich gegenseitig helfen. Draußen herrschten -6 °C.«

JIM HANKS JR.: Platz 24C. Alter: 65. Heimatort: Baltimore, Maryland. Zitat: »Von dem Gedanken, dass ich ertrinken würde, ging ich zu der Erkenntnis über, dass ich es aus dem Flugzeug schaffen konnte. Weil so viel Wasser in der Kabine war, dachte ich, während ich nach vorn marschierte: *Ich muss zusehen, dass ich so schnell wie möglich aus diesem Flugzeug herauskomme. Das Wasser steigt und das Flugzeug sinkt wahrscheinlich schnell.* Ich war sehr zielgerichtet.«

TRIPP HARRIS: Platz 4C. Alter: 37. Heimatort: Charlotte, North Carolina. Zitat: »Es hat meine Einstellung zu meiner Freizeit verändert. Ich bin ein Workaholic und arbeite Unmengen von Stunden. Am Wochenende bin ich müde. Wenn ich nach Hause kam, vor allem nach Geschäftsreisen, wollte ich mich einfach nun entspannen, es gemütlich angehen lassen und mich erholen. Das hat sich völlig verändert. Jetzt möchte ich nach Hause kommen, um Zeit mit meinem Sohn zu verbringen, zusammen mit ihm mit seinen Autos zu spielen oder mit ihm in den Park zu gehen.«

Joe Hart: Platz 7B. Alter: 50. Heimatort: Davidson, North Carolina. Zitat: »Ich hatte nicht erfahren, was aus der Frau im Wasser geworden war, Shae Childers, nachdem sie mir aus den Händen gerutscht war, als sie versuchte, die Leiter zur Fähre hochzuklettern. Dann waren wir bei der Aufzeichnung der Sendung *Sixty Minutes*, wo sie plötzlich auf mich zukam. Ich rechnete mit einer Katastrophe und dachte, das sie zu mir kommen, mir ins Gesicht schlagen und sagen würde: ›Sie hätten mich beinahe sterben lassen, Sie Dreckskerl!‹ Entsprechend nervös war ich, als sie sich näherte. Doch sie umarmte mich so herzlich, wie ich es selten erlebt habe. Dann schob sie mich zurück gegen die Wand und sagte: ›Sie schulden mir ein Paar Stiefel!‹«

Diane Higgins: Platz 17E. Alter: 58. Heimatort: Goshen, New York. Zitat: »O ja, ich hatte Angst. Ich habe eine Schwäche für Engel, und wenn ich in ein Flugzeug steige, denke ich immer: ›Bitte kümmert euch um uns und schenkt uns eine gute Reise. Bringt das Flugzeug nach oben, schützt uns und bringt es wieder zurück.‹«

Karin Hill: Platz 18E. Alter: 24. Heimatort: Boulder, Colorado. Zitat: »Dieses Ereignis stärkt meinen Glauben, aber ich denke, es erinnert mich daran, wie dankbar ich sein sollte, am Leben zu sein. Ich glaube nicht, dass der Absturz uns wachgerüttelt hat. Er hat uns gezeigt, dass wir in unseren Herzen unsere Prioritäten zurechtrücken müssen.«

Warren Holland: Platz 16E. Alter: 40. Heimatort: Charlotte, North Carolina. Zitat: »Ich fühle mich besser dank dieser Erfahrung. Ich habe jetzt wahren inneren Frieden gefunden und glaube, dass ich diesen Eindruck des Friedens immer mit mir nehmen werde. Ich beschäftige mich nicht mit dem, was hätte passieren können.«

Mark Hood: Platz 2A. Alter: 48. Heimatort: Charlotte, North Carolina. Zitat: »Man muss wissen, wohin man geht, wenn man stirbt. Verlassen Sie niemals Ihr Haus, ohne Ihre Familie wissen zu lassen, dass Sie sie lieben. Denken Sie auch immer an den nächsten Schritt, um Ihre [Überlebens-] Chancen zu erhöhen.«

Adelaide Horton: Platz 11A. Alter: 58. Heimatort: Troutman, North Carolina. Zitat: »Die Kellnerin in Arthur's Landing zog ihre Socken aus und gab sie mir, der Kellner reichte mir einen Schal. Ein Feuerwehrmann sagte, ich solle ein Lotterielos kaufen gehen. Ich antwortete, dass ich bereits gewonnen hatte.«

John Howell: Platz 2D. Alter: 40. Heimatort: Charlotte, North Carolina. Zitat: »Am Montag saß ich sofort wieder in einem Flugzeug. Wenn ich zu Hause geblieben wäre, hätte ich so etwas vermutlich nie wieder tun können. Ich hätte zu Hause bleiben und alles ändern können, aber das erschien mir zu dem Zeitpunkt feige. Ich dachte, ich mache lieber weiterhin das, was ich getan habe, anstatt mich von dem ängstigen zu lassen, was hätte passieren können. Doch wenn ich darauf bestehe, durch dieses Ereignis nichts zu ändern, verpasse ich dann mit der Zeit die Gelegenheit, irgendetwas zu ändern? Ich bin mir darüber noch nicht im Klaren.«

Laurel Hubbard: Platz 25F. Alter: 45. Heimatort: Matthews, North Carolina. Zitat: »Es war eine sehr beängstigende und traumatische Erfahrung, das gebe ich zu. Aber als wir das Ufer erreichten, spürten wir nicht Furcht und Schmerz, sondern reine Freude. Wir waren glücklich, da zu sein.«

Nico Iliev: Platz 22E. Alter: 32. Heimatort: New York. Zitat: »Ich würde nicht sagen, dass ich den Tod betrogen habe. Aber ich habe ihm ins Auge gesehen.«

Andrew Jamison: Platz 25E. Alter: 26. Heimatort: Charleston, South Carolina. Zitat: »Ich hatte wirklich Vertrauen darin, dass Gott sich um alles kümmert. Schlimmstenfalls wäre ich noch am selben Tag Christus begegnet, und das wäre in Ordnung gewesen«, teilte er *www.wsoctv.com* mit.

Amy Jolly: Platz 14C. Alter: 29. Heimatort: Gaffney, South Carolina. Zitat: »Es erstaunt mich immer noch, dass die Flugzeugflügel so lange gehalten haben und wir dadurch relativ trocken bleiben konnten. Ich stelle sie mir gern als Engelsflügel vor.«

Casey Jones: Platz 7A. Alter: 48. Heimatort: Jacksonville, Florida. Zitat: »Wenn ich früher – vor dem Absturz – aufwachte, musste ich mir gewöhnlich sagen, dass ich einen guten Tag haben werde. Jetzt wache ich jeden Morgen auf und weiß, dass ich einen guten Tag haben werde.«

Donald Jones: Platz 3C. Alter: 67. Heimatort: Jacksonville, Florida. Zitat: »Als ich versuchte, die Leiter zu der Fähre hochzuklettern, fühlte ich mich wie in einem dieser Albträume, in denen man von etwas wegzulaufen versucht, sich aber nicht vom Fleck rühren kann. Mein Körper wollte sich nicht bewegen.«

Paul Jorgensen: Platz 1A. Alter: 38. Heimatort: Charlotte, North Carolina. Zitat: »Es gab eine Zeit, in der ich mich im Schockzustand wegen dieses Erlebnisses befand. Fünf Tage lang konnte ich nicht schlafen, aber dann veränderte sich meine Sichtweise. He, das war doch eigentlich eine positive Erfahrung. Die Geschichte ist gut verlaufen. Ich habe Menschen geholfen, aus dem Wasser zu kommen, ich habe alles getan, was ich mir zu tun gewünscht hätte. Ich wurde geprüft und habe mich bewährt«

Matt Kane: Platz 24A. Alter: 38. Heimatort: Bridgeport, Connecticut. Zitat: »Mein ganzes Leben war auf diesen Augenblick ausgerichtet. Es war fast wie eine Prüfung, die zeigen sollte, wer ich bin, was ich getan habe. All die harten Sachen, die ich in meinem Leben durchmachen musste mit meiner Familie und meinem Vater, der hart zu mir war. Das alles war für diesen Augenblick, um dies zu überstehen.«

Heyam Kawas: Platz 9B. Alter: 48. Heimatort: New Jersey. Zitat: »Ich hatte so viel Glück, dass ein Taucher vom Hubschrauber absprang und mich aus dem Fluss zog. Zu diesem Zeitpunkt war ich am Ertrinken. Ich konnte mich nicht bewegen, ich war steifgefroren.«

Stephanie King: Platz 14E. Alter: 29. Heimatort: West Bend, Wisconsin. Zitat: »Dass wir diesen Vorfall überlebt haben, heißt meiner Meinung nach nicht, dass wir unbedingt lange leben werden. Ich weiß nicht, wann meine Zeit gekommen sein wird. Es war nicht am 15. Januar 2009, aber das bedeutet nicht, dass es nicht schon morgen sein könnte.«

Mike Kollmansberger: Platz 12E. Alter: 36. Heimatort: Lexington, South Carolina. Zitat: »Das Ereignis hat mir häufig die Gelegenheit gegeben, mit Menschen zu reden, nicht nur mit Kunden, Freunden und Verwanden, sondern auch mit Leuten, die ich lange nicht mehr gesehen hatte und die wieder Kontakt mit mir aufnehmen wollten. Ich hatte die Gelegenheit, nicht nur zu erzählen, was geschehen war, sondern wie es sich abgespielt hatte – das war toll.«

Jeff Kolodjay: Platz 22A. Alter: 31. Heimatort: Norwalk, Connecticut. Zitat: »Ich dachte: *Nun gut, in ein paar Sekunden wird alles vorbei sein und ich werde sehen, was am Ende des Tunnels liegt.* Ich sollte es jedoch noch nicht sehen.«

Rob Kolodjay: Platz 6C. Alter: 60. Heimatort: Chicopee, Massachusetts. Zitat: »Es war eine außerkörperliche Erfahrung. Ich dachte wirklich, ich wäre tot«, sagte er der Lokalzeitung *The Republican.*

Theresa Kruse Leahy: Platz 5C. Alter: 49. Heimatort: Charlotte, North Carolina. Zitat: »Dieses Ereignis wurde als aufmunternd dargestellt. Es ist schon komisch, dass sich etwas, in das man persönlich verwickelt war, zum Stimmungsheber für das ganze Land wird.«

Barry Leonard: Platz 1C. Alter: 55. Heimatort: Charlotte, North Carolina. Zitat: »Vor zehn Jahren wurde mein Sohn von einem Baseball am Kopf getroffen und wäre fast an einer Hirnblutung gestorben wie Natasha Richardson. An diesem Abend sagte er: ›Papa, ich habe Kopfschmerzen.‹ Ich ging mit ihm ins Krankenhaus, aber die Ärzte dort mussten ihn noch in ein anderes Krankenhaus bringen. Sie warnten mich, dass er auf dem Weg dorthin sterben könnte. Das war das Schlimmste, was in meinem Leben passiert ist, nicht dieses hier. Es änderte mein Leben.«

Michael Leonard: Platz 12C. Alter: 37. Heimatort: Charlotte, North Carolina. Zitat: »Meine Erinnerungen sind schwarzweiß, als ob es nicht Wirklichkeit war, als ob ich einen Film gesehen hätte oder so.«

Irina Levshina: Platz 26A. Alter: 37. Heimatort: New York. Zitat: »Wenn man in irgendeiner Beziehung zu anderen Menschen etwas ausdrücken möchte, sei es Dankbarkeit oder Liebe, sollte man damit nicht warten, sondern es einfach tun.«

Lori Lightner: Platz 10C. Alter: 35. Heimatort: Tega Cay, South Carolina. Zitat: »In Arthur's Landing zog ich mich als Erstes bis auf die Unterwäsche aus. Als ich mir die Jeans abschälte, hatten meine Beine eine eigenartige blau-violette Farbe. Ich dachte noch: *Das ist nicht normal.* Irgendjemand kleidete mich in einen Daunenmantel, und jemand anderes schlang eine Tischdecke um mich. Sie brachten mir heißen Tee. Ich zitterte so stark, dass ich ihn nicht an meine Lippen bringen konnte. In meinem ganzen Leben habe ich noch nie so gefroren. Nach dem Unfall habe ich mir die Filme auf YouTube angesehen, um sicherzugehen, dass ich nirgendwo nackt zu sehen bin.«

Stephen Lis: Platz 14D. Alter: 42. Heimatort: Chalfont, Pennsylvania. Zitat: »Ich werde oft gefragt, ob dachte, ich müsse sterben. Ich weiß es nicht. Ich dachte darüber nach, wie das Flugzeug abstürzen würde, und ich weiß noch, dass ich ein Gebet sprach und versuchte, beim Aufprall an meine Frau zu denken. Dann war ich auf der Tragfläche, Manhattan vor mir, ein wunderschöner blauer Himmel.«

Luther Lockhart: Platz 23D. Alter: 32. Heimatort: New York. Zitat: »Ich beschäftige mich immer noch damit. Ich kann es nicht verarbeiten. Es ist ein Teil meines Lebens, etwas, das mich für alle Zeiten begleiten wird. Natürlich versucht man, schlechte Erfahrungen wegzuschieben, so zu tun, als ob sie nie geschehen wären. Aber es ist passiert. Ich kann es nur schwer akzeptieren.«

Denise Lockie: Platz 2C. Alter: keine Angabe. Heimatort: Charlotte, North Carolina. Zitat: »Es gibt Tage, die man nicht verstehen kann, weil man Gefühle hat, die sich manchmal nicht kontrollieren lassen, weil sich eine leichte Desorientierung, Vergesslichkeit und Schlaflosigkeit einschleichen. Eine Menge Dinge sind aus dem Gleichgewicht geraten und erfordern Zeit. Aber jeder Tag ist ein guter Tag.«

Alex Magness: Platz 17A. Alter: 38. Heimatort: Rockville Center, New York. Zitat: »Ich fühle mich jetzt weniger risikoscheu. Viel freier.«

Raymond Mandrell: Platz 24F. Alter: 30. Heimatort: Miami, Florida. Zitat: »Es brauchte lange Zeit, bis es wirklich bei mir einsank. Als wir das Crowne Plaza betraten, sahen wir die Zeitung mit dem Flugzeug auf der Titelseite. Ich konnte nicht glauben, dass es gerade geschehen war. Das ist der Augenblick, in dem es mir bewusst wurde.«

Claudette Mason: Platz 22D. Alter: 46. Heimatort: Memphis, Tennessee. Zitat: »Es waren einige echte Männer an Bord des Flugzeugs«, sagte sie gegenüber dem *Memphis Commercial Appeal*, »ihre [eigene] Sicherheit schien für sie an zweiter Stelle zu rangieren.«

James »Jay« McDonald: Platz 14A. Alter: 39. Heimatort: Charlotte, North Carolina. Zitat: »Warum hatte ich [einen Gehirntumor] überlebt, wenn ich zwei Jahre später mit dem Flugzeug abstürzen sollte? Das ergab keinen Sinn. Nach diesem Flugzeugunfall frage ich mich jetzt ständig: Warum? Hat es mich verändert? Ja.«

Beth McHugh: Platz 20C. Alter: 64. Heimatort: Lake Wiley, South Carolina. Zitat: »Von der Fähre aus blickte ich auf den Schauplatz zurück. Waren wir wirklich im Fluss gelandet? Sank das Flugzeug wirklich? O mein Gott! Bin ich wirklich in diesem Flugzeug gewesen?«

Gerry McNamara: Platz 8F. Alter: 54. Heimatort: Charlotte, North Carolina. Zitat: »Ich habe seitdem erkannt, das uns ein unglaubliches Geschenk gemacht worden ist. Das ist eine sehr, sehr gute Sache, und ich fühle mich dazu aufgefordert, diese Erfahrung mit anderen zu teilen.«

Beverly Mills: Platz 11D. Alter: 59. Heimatort: Sherills Ford, North Carolina. Zitat: »Als ich die Rettungsleiter hochkletterte, packte der Mann auf dem Boot meinen Arm und zog mich hoch, bis er mich auf Höhe seiner Brust hatte, und dann – wusch, war er verschwunden und beugte sich schon wieder vor, um den Nächsten nach oben zu ziehen. Ich fühlte mich wie ein gestrandeter Lachs.«

Jorge Morgado: Platz 5F. Alter: 32. Heimatort: Chicopee, Massachusetts. Zitat: »Ich trat auf die Tragfläche und stellte fest, wie stabil sie war und wie weit wir vom Ufer entfernt waren. Konnte ich so weit schwimmen?«

James »Brian« Moss: Platz 26F. Alter: 35. Heimatort: Charlotte, North Carolina. Zitat: »Das Wasser war fürchterlich. Selbst dann, als ich in Sicherheit war, fühlte ich mich noch nicht sicher. Ich saß auf dem Rettungsboot, lebend auf einem voll funktionstüchtigen Wasserfahrzeug, und hatte das Gefühl, dass ich sterben müsste, wenn ich nicht aus dem Wasser herauskäme.«

Jenny Moulton: Platz 10D. Alter: 27. Heimatort: Charlotte, North Carolina. Zitat: »Beim Aufprall auf dem Wasser gab es einen unglaublichen Schlag. Das ist der einzige Teil der Geschichte, den ich nicht in Worte fassen kann. Ich kann nicht beschreiben, wie sich alles in meinem Körper um einen Zoll verschob und dann wieder an Ort und Stelle zurückkehrte.«

Freida Muscatell: Platz 8B. Alter: 49. Heimatort: Lake Wiley, South Carolina. Zitat: »Wie viele Menschen konnte die Tragfläche aushalten, bevor sie abbrach? Sie war doch nicht dafür konstruiert, dass so viele Leute darauf standen. Ich dachte nicht daran, dass wir im Wasser waren.«

Sheri Nejman: Platz 18A. Alter: keine Angabe. Heimatort: Charlotte, North Carolina. Zitat: »Die Gefühle überwältigten mich, als ich auf die Fähre kam, als ich endlich den Eindruck hatte, in Sicherheit zu sein. Es war eine solche Flut von Gefühlen. Ich war überglücklich und extrem froh.«

Bill Nix: Platz 25B. Alter: 62. Heimatort: Charlotte, North Carolina. Zitat: »Ich dachte etwa drei Mal, dass mein Ende gekommen sei. Ich dachte, es würde eine Explosion geben. Ich dachte, wir würden zerschellen. Das dritte Mal war, als ich hinten in einem Flugzeug voller Leute stand und das Wasser höher und höher stieg. Wir versinken. Auf diese Weise also werde ich gehen. Ich werde ertrinken.«

Don Norton: Platz 11F. Alter: 35. Heimatort: Matthews, North Carolina. Zitat: »Ich sagte meiner Frau: ›Stell eine Nachricht auf Facebook ein, dass ich wohlauf bin und nach Charlotte zurückkehre.‹ Es war unglaublich.«

Michael Nunn: Platz 6F. Alter: 53. Heimatort: Florence, South Carolina. Zitat: »Der Vorfall traf diese Leute nicht unvorbereitet. Die wussten, was Sie in einer Situation wie dieser tun mussten.«

Steve O'Brien: Platz 15C. Alter: 44. Heimatort: Charlotte, North Carolina. Zitat: »Ich bin immer noch ein bisschen erschüttert. Alles Große erscheint mir jetzt klein und alles Kleine groß. Es gibt Zeiten im Leben, in denen der Schleier zwischen einem selbst und Gott nur sehr dünn ist. Einen solchen Moment mit einem äußerst dünnen Schleier habe ich erlebt.«

Susan O'Donnell: Platz 3D. Alter: 51. Heimatort: Winnsboro, South Carolina. Zitat: »Es war ein aufreibender Vorfall, doch der glückliche Ausgang und die Hilfe und Unterstützung, die ich danach erfahren habe, waren sehr bewegend und ermutigend«, sagte sie in einem Bericht gegenüber der Allied Pilots Association.

Lucille Palmer: Platz 17F. Alter: 85. Heimatort: Goshen, New York. Zitat: »Ich hätte schwimmen können, wenn es notwendig gewesen wäre. Mein ganzer Kopf war leer, leer, leer. Ich kann mich nur noch daran erinnern, dass ich auf das Floß gelangte, mich dort hinlegte und dass dieser Mann seine Arme um mich schlang, um mich zu wärmen, und zu mir sagte: ›Ich kümmere mich um Sie.‹«

Alberto Panero: Platz 16F. Alter: 26. Heimatort: Pembroke Pines, Florida. Zitat: »Als alle erkannten, das wir es überstehen würden, trat Ruhe ein«, sagte er gegenüber *The Australian*.

Josh Peltz: Platz 10F. Alter: 39. Heimatort: Charlotte, North Carolina. Zitat: »Endlich waren wir auf der Fähre, und alle fragten: ›Sind alle aus dem Flugzeug herausgekommen? Sind alle wohlauf?‹ Und ich dachte: *Bitte lass niemanden sterben, bitte lass heute niemanden sterben*.«

Clay Presley: Platz 15D. Alter: 54. Heimatort: Charlotte, North Carolina. Zitat: »Ich sah das Licht hereinscheinen und dachte: *Das sieht wie ein Licht vom Himmel aus, ich komme hier heraus*. Bevor ich nach draußen ging, stand ich einige Sekunden lang da und versuchte mich zu entscheiden, ob ich zurückkehren und ein Kissen holen oder vorwärts gehen sollte. Ich entschloss mich dazu, auf die Tragfläche zu steigen.«

Debbie Ramsey: Platz 13A. Alter: 48. Heimatort: Knoxville, Tennessee. Zitat: »Es hat mein Leben in dem Sinne geändert, dass ich die Dinge jetzt anders betrachte. Jetzt achte ich darauf, dass ich nicht mehr an den Leuten vorbeirausche, sondern sie anlächele und umarme. Vorher war ich zu beschäftigt. Ich hatte keine Zeit für niemand. Dieses Ereignis hat mich dorthin geführt, wo ich hinkommen musste, nämlich zu meinem Herzen.«

Dick Richardson: Platz 18F. Alter: 56. Heimatort: Charlotte, North Carolina. Zitat: »Nach der Rettung stehe ich in der Wartehalle des Anlegers in nassen Hosen, mit einer Decke vom Roten Kreuz und einer Tasse Kaffee. Die ganzen Notärzte und Feuerwehrleute fangen an, zur Ruhe zu kommen. Und da kommt eine Frau auf mich zu, ebenfalls in eine Decke vom Roten Kreuz gehüllt, und sagt zu mir: ›Ich weiß nicht, ob Sie sich noch an mich erinnern, aber ich bin Susan Wittmann.‹ Ich fing an, mich vor Lachen auszuschütten: ›Ich werde Sie niemals vergessen. Wir wären beinahe gestorben. Vor zehn Minuten haben wir noch zusammen auf der Tragfläche eines Flugzeugs mitten im Hudson gestanden.‹«

CHRIS RINI: Platz 22B. Alter: 37. Heimatort: Charlotte, North Carolina. Zitat: »Was ich als Hobby betreibe – Autorennen fahren – ist riskant, erscheint aber nicht so, da alles, was einen umgibt, für einen Zusammenstoß ausgelegt ist. In dem Flugzeug erkannte ich, dass der Bruchteil eines Zentimeters den Unterschied zwischen einer Abschürfung und dem Tod ausmachen konnte«, sagte er gegenüber *www.faststreetcar.com.*

CHRIS ROONEY: Platz 18D. Alter: 23. Heimatort: Colorado Springs, Colorado. Zitat: »Wir hatten die ideale Crew und wir verdanken diesen Menschen so viel. Sie sind der Grund dafür, dass wir noch leben.«

DAVE SANDERSON: Platz 15A. Alter: 47. Heimatort: Charlotte, North Carolina. Zitat: »Als wichtigste Lehre zeigt sich hier die Stärke der Zusammenarbeit im Team. In weniger als einer Minute mussten 155 Menschen zusammenkommen, um eine Aufgabe zu meistern. An Bord dieses Flugzeugs hatte niemand ein Ego.«

ROBIN SCHOEPF: Platz 9F. Alter: 40. Heimatort: New Brussels, Texas. Zitat: »Ich konnte eine Person anblicken und mit ihr lachen und zu einer anderen Person hinüberschauen und mit ihr weinen.«

DOUGLAS SCHRIFT: Platz 6D. Alter: 36. Heimatort: Charlotte, North Carolina. Zitat: »Ich stelle fest, dass ich ständig darüber nachdenke, ob ich wirklich in die Richtung gehe, die ich für den Rest meines Lebens einschlagen möchte. Dieses Erlebnis hat meine Aufmerksamkeit wieder auf diese Frage gerichtet.«

MOLLY SCHUGEL: Platz 11E. Alter: 32. Heimatort: Charlotte, North Carolina. Zitat: »Meine Gebete beginnen jetzt mit: ›Danke, dass du mich noch auf Erden gelassen hast. Ich möchte noch länger bleiben. Lass mich hier, bis ich alt und verrunzelt bin.«

Frank Scudere: Platz 24B. Alter: 48. Heimatort: Fort Mill, South Carolina. Zitat: »Als ich oben auf der Fähre angelangt war, kam eine Frau im Pelzmantel zu mir. Sie war trocken, und ich weiß selbst heute nicht, wer sie war. Sie gab mir ihren Mantel, weil sie sah, wie ich zitterte und nicht damit aufhören konnte.«

Pam Seagle: Platz 12A. Alter: 42. Heimatort: Weddington, North Carolina. Zitat: »Es gibt Momente, in denen ich erkenne, welche Lücke ich hinterlassen hätte und welche Auswirkungen das auf meine Familie gehabt hätte.«

Jerry Shanko: Platz 18C. Alter: 31. Heimatort: Matthews, North Carolina. Zitat: »An jedem Punkt, bei dem irgendetwas hätte schiefgehen können, hat Gott für uns gesorgt.«

Scott Sharkey: Platz 19C. Alter: 33. Heimatort: Waxhaw, North Carolina. Zitat: »Der übelste Tag, den ich jetzt erleben kann, ist nicht so schlimm wie das.«

Eileen Shleffar: Platz 13D. Alter: 56. Heimatort: Charlotte, North Carolina. Zitat: »Als ich endlich mit meiner Tochter sprechen konnte, weinte sie und sagte: ›Ich bin so dankbar, Mama.‹ Später, als ich nach Charlotte heimflog, konnte ich das Flugzeug nur betreten, weil ich meinen Blick fest auf die Belohnung am Ziel gerichtet hatte – auf Samantha. Ich musste sie sehen. Ich konnte es nicht abwarten, sie zu sehen.«

Alecia Shuford: Platz 4B. Alter: 40. Heimatort: Matthews, North Carolina. Zitat: »Gott sagt: ›Es ist an der Zeit, mich um euch zu kümmern.‹ Ich habe die Erlaubnis erhalten, mich um mich selbst zu kümmern.«

Brian Siegel: Platz 8E. Alter: 36. Heimatort: Charlotte, North Carolina. Zitat: »Das Flugzeug hatte angehalten. Es war noch intakt und es war noch nichts Schlimmes geschehen. Allerdings konnte noch eine Menge Schlimmes passieren, weshalb wir etwas tun mussten.«

Larry Snodgrass: Platz 15F. Alter: 59. Heimatort: Lake Wylie, South Carolina. Zitat: »Es ist sehr schwierig, zu beten, wenn es das letzte Gebet ist, dass man auf Erden sprechen wird. Schließlich blickte ich zu Gott auf und sagte: ›Du weißt, was ich denke und was für ein Mensch ich bin.‹ Danach kam Ruhe über mich.«

David Sontag: Platz 23F. Alter: 74. Heimatort: Chapel Hill, North Carolina. Zitat: »Unsere Gesellschaft versucht, Helden zu machen. ... Das Leben ist komplizierter als das«, sagte er in einem Interview mit *Independent Weekly*.

Damian Sosa: Platz 19E (auf dem Schoß der Mutter). Alter: 9 Monate. Heimatort: New York.

Martin Sosa: Platz 23B. Alter: 48. Heimatort: New York. Zitat: »Es ist ein bisschen besser geworden. Immer noch nicht ganz verarbeitet. Es beschäftigt einen täglich, lenkt einen dauernd ab. Offensichtlich weckt das etwas in uns, das uns das Gefühl gibt, einem höheren Zweck zu dienen, den wir nur noch nicht gefunden haben. Da ist das Bedürfnis, zu versuchen, seine Schuld zurückzuzahlen. Man ist gegenüber manchen Dingen weniger tolerant, gegenüber anderen jedoch weit toleranter.«

Sofia Sosa: Platz 23A. Alter: 4. Heimatort: New York. Zitat: »Das Flugzeug wurde zu einem Schiff.«

Tess Sosa: Platz 19E. Alter: 40. Heimatort: New York. Zitat: »Ich war nicht bis hier durch diesen Schlamassel gekommen, um jetzt mein Baby zu werfen. Nein.«

Kristy Spears: Platz 8A. Alter: 40. Heimatort: Tega Cay, South Carolina. Zitat: »Manchmal habe ich das Gefühl, als ob mein Mann und meine Freunde es über haben, davon zu hören, aber ich bin es nicht über, darüber zu reden. Es ist ein Teil meines Lebens und der Person, die ich bin.«

VINCE SPERA: Platz 16C. Alter: 39. Heimatort: Waxhaw, North Carolina. Zitat: »Ich habe nie gedacht, dass ich sterben würde«, sagte er der New Yorker Zeitung *Daily News*.

CHARLES SPIGGLE: Platz 4D. Alter: 40. Heimatort: Charlotte, North Carolina. Zitat: »Ich dachte: *Ich muss aus diesem Flugzeug heraus. Ich darf hier nicht sterben. Ich habe eine Frau und Kinder.* Ich habe mir niemals vorstellen können, nicht bei ihnen zu sein. Vor Flugzeugabstürzen habe ich jetzt weniger Angst, aber ich fürchte mich sehr viel mehr davor, dass mir irgendetwas zustoßen könnte.«

JIM STEFANIK: Platz 6A. Alter: 30. Heimatort: Chicopee, Massachusetts. Zitat: »Selbst bei bekanntem Ausgang wünsche ich diese Erfahrung niemandem, nicht in einer Million Jahren«, sagte er der Lokalzeitung *The Republican*.

ERIC STEVENSON: Platz 12F. Alter: 45. Heimatort: Paris. Zitat: »Ich möchte diese Gelegenheit nicht verschwenden und ich möchte sie nicht isoliert betrachten. Stattdessen kann sie mir helfen, ein besserer Mensch zu werden.«

HIROKI TAKIGAWA: Platz 19D. Alter: 43. Heimatort: New York. Zitat: »Unser Pilot hat seine Arbeit perfekt erledigt. Ich glaube, dass das zu 90% dazu beigetragen hat, dass wir heute noch hier sind. Außerdem hatten wir den Hudson. Wenn wir von Dallas in Texas aus gestartet wären oder irgendwo im Inland, hätten wir keine Möglichkeit gehabt, zu überleben. Wir hatten sehr viel Glück an diesem Tag und haben es immer noch.«

RICARDO VALERIANO: Platz 3F. Alter: 38. Heimatort: Charlotte, North Carolina. Zitat: »Es war der glatteste Abstieg und der ruhigste Anflug, den ich je erlebt habe. Leider war keine Landebahn da.«

DAN VINTON: Platz 15E. Alter: 43. Heimatort: Charlotte, North Carolina. Zitat: »Ich hatte das Gefühl, dass wir alle lebend da herauskommen, solange das Flugzeug kein Boot rammt.«

Stewart Wallace: Platz 16D. Alter: 46. Heimatort: Charlotte, North Carolina. Zitat: »Im Großen und Ganzen war es sehr ruhig während des ganzen Aufschlags. Zu diesem Zeitpunkt waren alle Leute auf ihrer ganz persönlichen Odyssee.«

Vic Warnement: Platz 13E. Alter: 50. Heimatort: Charlotte, North Carolina. Zitat: »Auf dem Weg zum Flughafen scherzte ich noch mit Molly Schugel, meiner Arbeitskollegin, die denselben Flug nahm. Es ging darum, dass ihr mittlerer Name Brown lautete. Ich zog sie mit der unsinkbaren Molly Brown[11] auf. Tatsächlich schaffte sie es auch, ins Wasser zu fallen.«

Beverly Waters: Platz 21E. Alter: 48. Heimatort: Gastonia, North Carolina. Zitat: »Diese Welle von Liebe und Freundschaft war überwältigend. In der Kirche wollte mich eine Dame berühren. Völlig fremde Menschen wollten das.«

Amber Wells: Platz 20F. Alter: 34. Heimatort: Waxhaw, North Carolina. Zitat: »Ich frage nicht, was der Grund dafür ist. Ich bin einfach nur dankbar.«

Ian Wells: Platz 25D. Alter: 21. Heimatort: Rye, New York. Zitat: »Menschen, mit denen ich seit Jahren nicht mehr geredet hatte, meldeten sich bei mir.«

Brad Wentzell: Platz 21C. Alter: 31. Heimatort: Charlotte, North Carolina. Zitat: »So hilflos habe ich mich in meinem ganzen Leben noch nicht gefühlt. Ich war in etwas verwickelt, das völlig meiner Kontrolle entzogen war, und ich wusste nicht, ob irgendwelche Leute da waren, die wussten, was sie taten, und das Unkontrollierbare unter Kontrolle hatten. Es war erstaunlich.«

---

11 Der Spitzname der berühmten Titanic-Überlebenden Molly Brown.

JIM WHITAKER: Platz 19F. Alter: 44. Heimatort: Charlotte, North Carolina. Zitat: »Unser Eindruck von den Helden in dieser Geschichte änderte sich und wurde zu etwas Besonderem, als wir an Land kamen. Dieser Einsatz war für die Erstretter keine Premiere. Sie waren prächtige und besondere Diener für das Wohl des Einzelnen, für uns alle, und sie bildeten eine unglaubliche Gruppe. Es war eine energische, sehr fähige und entschlossene Gruppe von Menschen.«

MICHAEL WHITESIDES: Platz 10B. Alter: 37. Heimatort: Dallas, North Carolina. Zitat: »Ich habe drei Dinge gelernt: Erstens, sei jeden Tag bereit. Zweitens, genieße jeden Augenblick. Drittens, mach aus deinem Leben etwas Besonderes.«

WILLIAM WILEY: Platz 2F. Alter: 52. Heimatort: Johnson City, Tennessee. Zitat: »Wenn Sullenberger auch nur 15 m über dem Wasser die Geschwindigkeit verringert hätte, wären alle getötet worden. Wäre er schneller gewesen, wären alle getötet worden. Er hatte nach beiden Seiten einen Spielraum von ungefähr 15 km/h. Das hat er wirklich großartig gemacht.«

BRAD WILLIAMS: Platz 1F. Alter: 31. Heimatort: Charlotte, North Carolina. Zitat: »Bis zum Aufschlag auf dem Wasser war es eigentlich nichts Bemerkenswertes.«

REENEE WILLIAMS: Platz 24E. Alter: 24. Heimatort: Tallahassee, Florida. Zitat: »Ich sah das Tageslicht und sagte: ›Danke, vielen Dank. Jetzt muss ich nur noch aus diesem Flugzeug herauskommen.‹«

SUSAN WITTMANN: Platz 17C. Alter: 57. Heimatort: Charlotte, North Carolina. Zitat: »Ich habe Gänse nie besonders gemocht, und jetzt mag ich sie noch viel weniger.«

BILL ZUHOWSKI: Platz 23E. Alter: 23. Heimatort: Long Island, New York. Zitat: »Ich habe jetzt eine bessere Auffassung vom Leben. Ich bin in einer besseren Stimmung. Ich schätze die kleinen Dinge jetzt mehr.«

Laura Zych: Platz 17D. Alter: 30. Heimatort: Charlotte, North Carolina. Zitat: »Bei der Rettung war ich nicht traumatisiert, sondern sorgte mich mehr um die Leute, die uns halfen, als um mich selbst. Als die Sanitäter fragten: ›Spüren Sie Ihre Finger? Spüren Sie Ihre Zehen?‹, sagte ich: ›Mir geht‹s gut, ich bin so etwas gewohnt, ich komme aus Fargo.‹«

Quellen

Grundlage dieses Buches sind die persönlichen Erinnerungen der Betroffenen. Von den 150 Passagieren an Bord haben 118 freimütig ihre persönlichen Gefühle und Ängste angesichts der Ereignisse von Flug 1549 in mindestens einem ausführlichen Interview geäußert, auf das meistens noch weitere folgten. Die Gespräche wurden zwischen April und Juli 2009 in Charlotte, New York und Washington durchgeführt. Geäußert haben sich folgende Gerettete:

Tracey Allen Wolsko
Derek Alter
Keith Anthony
Vicki Barnhardt
Carl Bazarian
Darren Beck
Alyson Bell
Mary Berkwits

Mike Berkwits
Fred Berretta
Craig Black
Ben Bostic
Maryann Bruce
Billy Campbell
Glenn Carlson
Shae Childers
Remington Chin
Brent Cimino
James Clark
Chris Cobb
Vallie Collins
Laurie Crane
Kanau Deguchi
Michelle DePonte
March Dolphin
Jennifer Doyle
Bill Elkin
Lisa English
Wendell Fox
Nick Gamache
Balaji Ganesan
David Graham
Andrew Gray
Linda Hahn
Joe Hall
James Hanks, Jr.
Tripp Harris
Joe Hart
Diane Higgins
Karin Hill
Warren Holland
Mark Hood
Adelaide Horton
John Howell
Laurel Hubbard
Nico Iliev
Amy Jolly
Casey Jones
Donald Jones
Paul Jorgensen
Matt Kane
Heyam Kawas
Stephanie King
Mike Kollmansberger
Jeff Kolodjay
Theresa Leahy

Barry Leonard
Michael Leonard
Irina Levshina
Lori Lightner
Stephen Lis
Luther Lockhart
Denise Lockie
Alex Magness
Raymond Mandrell
James (Jay) McDonald
Beth McHugh
Gerry McNamara
Beverly Mills
Jorge Morgado
Brian Moss
Jenny Moulton
Freida Muscatell
Sheryl Nejman
Bill Nix
Don Norton
Michael Nunn
Steve O'Brien
Lucille Palmer
Josh Peltz
Clay Presley
Debbie Ramsey
Dick Richardson
Chris Rooney
Dave Sanderson
Robin Schoepf
Douglas Schrift
Molly Schugel
Frank Scudere
Pam Seagle
Jerry Shanko
Scott Sharkey
Eileen Shleffar
Alecia Shuford
Brian Siegel
Larry Snodgrass
Martin Sosa
Tess Sosa
Kristy Spears
Charles Spiggle
Eric Stevenson
Hiroki Takigawa
Ricardo Valeriano
Dan Vinton

Stewart Wallace	Victor Warnement
Beverly Waters	Amber Wells
Ian Wells	Brad Wentzell
Jim Whitaker	Michael Whitesides
Bill Wiley	Susan Wittmann
Bradley Williams	Reenee Williams
Bill Zuhowski	Laura Zych

Die Dokumentation der Untersuchung von Flug 1549 durch das National Transportation Safety Board umfasst 3500 Seiten. Neben den Untersuchungsberichten, die den Betrieb und das Verhalten des in den Unfall verwickelten Airbus A320 beschreiben, enthalten die Akten auch folgende Dokumente:

- Protokolle des Funkverkehrs zwischen den Piloten von Flug 1549 und den Fluglotsen

- Protokoll des Cockpit-Recorders. Das 47-seitige Dokument enthält die Gespräche zwischen den Piloten, darunter auch Kapitän Chesley Sullenbergers Lautsprecheransage: »Hier spricht der Kapitän. Sicherheitsposition einnehmen«, sowie die Sicherheitseinweisung der Flugbegleiterinnen.

- Fotos der Beschädigungen am Flugzeug

- Eine DVD mit den Videos von Con Edison und von der Küstenwache. Die Filme zeigen den Aufprall und die Evakuierung.

- Ein Diagramm des Zeitverlaufs von Absturz und Evakuierung.

- Offizielle Befragungen der Crew und von 143 der 150 Passagiere, die jedoch nicht namentlich genannt werden.

- Eine Studie der Gänsepopulation in der Nähe von Flughäfen und eine vom Smithsonian Institute vorgenommene DNS-Analyse der 69 Vogelfragmente, die an dem beschädigten Flugzeug und in seinen Triebwerken gefunden wurden.

- Der Wetterbericht, der die Bedingungen auf dem Hudson und das Wetter am 15. Januar 2009 beschreibt.

Vom 9. bis 11. Juni führte das NTSB in Washington eine Anhörung über den Unfall durch. Die Untersuchungsberichte und die Protokolle der Aussagen sind auf der Website des NTSB unter *www.ntsb.gov* verfügbar.

75 Tonnen Metall über der Bronx

Erster öffentlicher Notruf: Protokoll der Notrufleitstelle

Anweisungen und Gedanken des Fluglotsen Patrick Harten: Protokoll der Flugsicherung und Hartens Aussage vor dem Unterausschuss für Luftverkehr des Kongresskomitees für Transport und Infrastruktur am 24. Februar 2009.

Unmittelbare Reaktion der Regierung: Al Baker, »Flight 1549 – From New York to Norad, Testing a Response Network«, *New York Times*, 8. Februar 2009 (»Flug 1549 – Von New York nach Norad«).

Absturz einer Electra der American Airlines am 3. Februar 1959: Morton M. Hunt, »A Reporter at Large: The Case of Flight 320«, *The New Yorker*, 30. April 1960 (»Sonderberichterstatter: Der Fall von Flug 320«).

Wirtschaftslage und Zustand der Banken: Verschiedene Nachrichtenartikel der Jahre 2008/2009.

Wasserung von US-Airways-Flug 1549: Anhörungen vor dem National Transportation Safety Board vom 9. bis 11. Juni 2009, Videos von Con Edison und der US-Küstenwache

1 Willkommen an Bord

Wetter: National Oceanic and Atmospheric Administration sowie lokale Wetterberichte.

Verspätungen am Flughafen LaGuardia: NTSB-Anhörung, a.a.O., Nachrichtenagentur Xinhua, 15. Januar 2009.

Flugverkehrsdichte: John Toscano, »FAA to Keep Present Flight Activity Levels at LaGuardia«, *Queens Gazette*, 30. August 2006 (»FAA behält die Luftverkehrsdichte in LaGuardia bei«).

Ursprünge des Flughafens LaGuardia:, H. John Jeffers, *The Napoleon of New York*, 2002, John Wiley & Sons (New York).

Andere Einzelheiten über LaGuardia: Hafenbehörden von New York und New Jersey.

Einzelheiten über US Airways: »US Airways Files for Bankruptcy«, *Consumer Affairs*, 12. September 2004 (»US Airways meldet Konkurs an«).

Bankenfusion und Wirtschaftslage in Charlotte: Peter Applebome, »Banking Lifts Charlotte, City on the Rise, to the Top«, *New York Times*, 24. April 1991 (»Banken bringen die aufblühende Stadt Charlotte an die Spitze«); »Bank of America – Merrill Lynch: A $50 Billion Deal from Hell«, *Wall Street Journal*, 22. Januar 2009 (»Bank of America – Merill Lynch: Ein Höllendeal im Wert von 50 Mrd. Dollar«); Kirsten Valle und Rick Rothaker, »Financial Crisis Has Battered Charlotte's Wealth«, *Charlotte Observer*, 2. Februar 2009 (»Finanzkrise bedroht den Wohlstand von Charlotte«); Interviews mit Passagieren.

David Letterman Show, 14. Januar 2009: Abschrift.

16.300ster Start des US Airbus A320 N106US: Konstruktionsbericht des NTSB, 12. Mai 2009, S. 2.

Rivalität zwischen Boeing und Airbus: Peter Pae, »Airbus Stays No. 1 in Jet Sales, Edging out Boeing at Year-End«, *Los Angeles Times*, 18. Januar 2006 (»Airbus bleibt die Nr. 1 beim Flugzeugverkauf, Boeing am Jahresende knapp geschlagen«) sowie mehrere Artikel über Boeings Verlust der Marktführerschaft.

Startnummer 11: Abschrift des Voice-Recorders und Protokoll der Flugsicherung.

Reiserouten der Fluggäste: Interviews mit den Passagieren.

2 Einundzwanzig, zweiundzwanzig...

Startvorgang: Abschrift des Voice-Recorders.

Gefängnis Rikers Island: Justizvollzugsbehörde der Stadt New York, 2009.

Gänsepopulation auf Rikers Island: Glenn Collins, »Geese Pose Big Risk at Airports in Region«, *New York Times*, 16. Januar 2009 (»Gänse bilden großes Risiko für die Flughäfen in der Region«).

Statistiken zur Flugangst: Gallup-Umfrage, 19. März 2001.

Sicherheitsrekord in der Luftfahrt: Alan Levin, »Airlines go two years with no fatalities«, *USA Today*, 11. Januar 2009 (»Seit zwei Jahren keine Todesfälle bei Luftverkehrsgesellschaften«).

Erlebnisse von Passagier Eric Stevenson: »Crew Cuts Engines in Error, Sending Jetliner Toward Sea«, *New York Times*, 2. Juli 1987 (»Crew schaltet irrtümlich Triebwerke ab und lässt Passagierjet beinahe ins Meer stürzen«).

Xanax und Ambien als Beruhigungsmittel für Passagiere: Alex Williams, »You are Cleared for Takeoff«, *New York Times*, 7. September 2006 (»Sie haben Startfreigabe«).

3 Besucher aus Labrador

Colgan-Air-Absturz: Matthew L. Wald und Liz Robbins, »50 Killed as Plane Hits House Near Buffalo«, *New York Times*, 14. Februar 2009 (»50 Tote beim Sturz eines Flugzeugs in ein Haus in der Nähe von Buffalo«); NTSB-Untersuchungsberichte.

Sullenbergers und Skiles' Reaktion beim Sichten der Gänse: Protokoll ihrer Aussagen im Gespräch mit den Untersuchungsbeamten des NTSB, 17. Januar 2009.

Geschwindigkeit und Gespräch im Cockpit: Voice-Recorder und Aussage bei der NTSB-Anhörung vom 9. bis 11. Juni 2009.

Allgemeine Informationen über die Anzahl der Zusammenstöße von Flugzeugen mit Vögeln von Orville Wrights Kollision im Jahre 1905 bis 2008 sind auf den Webseiten des Vogelschlagausschusses für die USA und des internationalen Vogelschlagausschusses unter *www.birdstrike.org* und *www.int.birdstrike.org* zu finden.

»Astronaut Dies in Trainer Crash«, *New York Times*, 1. November 1964 (»Astronaut stirbt beim Absturz eines Ausbildungsflugzeugs«).

Schäden am Flugzeug: NTSB-Anhörung über den US-Airways-Flug 1549, 10. bis 12. Juni 2009.

»Ryanair jet makes emergency landing in Rome after birds sucked into engine«, *The Guardian*, 10. November 2008 (»Ryanair-Jet macht Notlandung in Rom, nachdem Vögel in seine Triebwerke gesogen wurden«).

Empfindlichkeit der A320-Triebwerke: NTSB-Anhörung vom 8. bis 10. Juni 2009.

»Migratory Canada Geese Brought Down Flight 1549«, 8. Juni 2009, *Smithsonian.com* (»Ziehende kanadische Gänse bringen Flug 1549 zum Absturz«).

Die Analyse, nach der die Vögel ursprünglich aus Labrador kamen, sich auf einem kurzen Winterflug befanden und das Flugzeug seitlich trafen: »DNA Barcoding Suggests Migratory Canada Geese Caused Hudson River Crash«, Vogelschlag-Beobachtungsprogramm, 8. Juni 2009, *birdstrike.control.com* (»DNS-Analyse zeigt, dass ziehende kanadische Gänse den Absturz im Hudson verursacht haben«).

»Space shuttle hits vulture (2005) – Bye-bye, Birdies«, 30. Juni 2006, *www.space.com* (Space Shuttle trifft Geier – Tschüss, Vögel!).

Wanderverhalten der Streifengänse über dem Himalaya: »The High Life«, *Audubon Magazine*, 2000 (»Leben in der Höhe«).

Entdeckung des H5N1-Virus in Streifengänsen: »Avian flu: H5N1 virus outbreak in migratory waterfowl«, *Nature*, Juli 2005 (»Vogelgrippe: H5N1-Virus bricht in ziehenden Wasservögeln aus«).

»Mortality of Geese as a Result of Collision with the Ground«, *Journal of Wildlife Diseases*, 2005 (»Gänse sterben durch Kollision mit dem Boden«).

»The Next Big Natural Disaster«, William Prochnau und Laura Parker, *Vanity Fair*, November 2005 (»Die nächste große Naturkatastrophe«), ein Artikel über Vogelgrippe. Zur Recherche gehörte auch ein Interview mit Prof. Malik Pierus, einem Mikrobiologen am Queen Mary Hospital der Universität von Hongkong, geführt am 22. Mai 2005.

»Runway Geese Called Cause of AWACS Crash«, *Los Angeles Times*, 12. Januar 1996 (»Gänse auf der Startbahn als Grund für AWACS-Absturz«).

»Avian Flu Moves Among Wild Geese«, BBC-Nachrichten, 7. Juli 2005 (»Vogelgrippe breitet sich unter Wildgänsen aus«)

4 Die Brücke

Flugmanöver des Airbus: Aussagen bei der NTSB-Anhörung vom 9. bis 11. Juni 2009.

Beschreibung der George-Washington-Brücke: Hafenbehörde von New York und New Jersey, *www.panynj.gov*.

Skyline von New York und Höhe der Gebäude: »New York's Tallest Buildings«, *www.discussny.com* (»New Yorks höchste Gebäude«).

»Hier spricht der Kapitän. Sicherheitsposition einnehmen«: Abschrift des Voice-Recorders.

Reaktionen der Passagiere: Interviews

Chris Rinis Kommentar: Rick Minter in *Racin' Today*, 22. April 2009.

5 »Abstützen! Kopf nach unten! Unten bleiben«

»Abstützen! Abstützen! Kopf nach unten! Unten bleiben«: Befragungen der Passagiere und Flugbegleiterinnen durch das NTSB am 16. und 17. Januar 2009, Bericht über die Überlebensfaktoren, S. 5, 8 und 10.

Silicon Valley von Indien: Sanjoy Hazarika, »In Southern India, a Glimpse of Asia's High-Tech Future«, *New York Times*, 6. Oktober 1991 (»Südindien: Ein Einblick in die High-Tech-Zukunft von Asien«).

Absturz des JAL-Flugs 123: Stanley Stewart, *Air Disasters,* Ian Allen Ltd. (London), 1986; Ron Schleede, leitender US-Untersuchungsbeamter an der Absturzstelle, im Gespräch mit den Autoren am 19. Juni und 27. Juli 2009; John W. Purvis, Partner von Safety Services International und leitender Untersuchungssachverständiger von Boeing bei diesem Unfall im Gespräch mit den Autoren am 7. September 2009.

Absturz von Flug 961 der äthiopischen Luftfahrtgesellschaft: FAA-Bericht »Criminal Acts Against Civil Aviation«, 1996, S. 42–44: Interview mit John W. Purvis (»Krimineller Akt gegen zivile Luftfahrt«). Das Touristenvideo des Aufschlags ist auf YouTube und anderen Websites zu sehen.

Einzelheiten des Air-Florida-Absturzes von 1982: NTSB-Abschlussbericht, 10. August 1982.

6 Die letzten Augenblicke von Flug 1549

Notwasserung der Tupolev: Matt Brown, »Last Safe Water Landing Was on Neva«, *St. Petersburg Times*, 20. Januar 2009 (»Die letzte sichere Wasserlandung erfolgte auf der Neva«); »Tupolev 124 ditching in Neva River«, *NationMaster.com*, März 2007 (»Notwaserung einer Tupolev 124 in der Neva«). (Es gibt viele Quellen über die Neva-Wasserung, allerdings sind sie wegen der politischen Beziehungen zu jenem Zeitpunkt alle sehr vage.)

Landung in der Bucht von San Francisco: Flugunfallbericht AZ A-0002, Japan Airlines, DC-8, San Francisco Bay, NTSB, 31. Dezember 1969. Kapitän Asohs rasches und volksnah formuliertes Schuldeingeständnis wurde in vielen Büchern und Studien zum Thema Krisenmanagement hervorgehoben. Die beste uns bekannte Quelle dieser Art ist Jerry B. Harveys humoristisch angehauchtes Buch *The Abilene Paradox and Other Meditations on Management*, 1988, Jossey-Bass (San Francisco).

Wasserung des Northwest-Airlines-Flugs 2: »33 Saved, Four Die in Plane Crash on Puget Sound«, *New York Times*, 2. April 1956 (»33 Überlebende, 4 Todesopfer bei Flugzeugabsturz im Puget-Sund«).

Wasserung des PanAm-Flugs 006: »All 31 Saved as Airliner Ditches in Pacific«, *New York Times*, 17. Oktober 1956 (»Alle 31 Insassen nach Notwasserung eines Airliners im Pazifik gerettet«).

Fußnote (5): Videos von Con Edison and der US-Küstenwache; Analyse des zeitlichen Ablaufs im NTSB-Bericht über die Überlebensfaktoren (»Survival Factors Report«), S. 157.

Hintergründe über den New Yorker Feuerwehrmann George DiPasquale aus *Portraits: 9/11/01: The Collected »Portraits of Grief«*, New York Times 2002, Times Books – Henry Holt (New York). (»Portraits: 11.9.2001: Die gesammelten ›Gesichter des Leids‹«)

Eric Stevensons Erlebnisse auf dem Delta-Airlines-Flug von 1987 a.a.O.

Computergesteuerte Cockpitwarnung »Caution! Terrain!«: Aufzeichnung des Voice-Recorders, S. 43–46.

7 Wie die Lemminge

Einzelheiten des Aufschlags: NTSB-Untersuchungsberichte.

Der Aufschlag und die Zeit unmittelbar danach: Interviews mit den Passagieren.

Beschreibung durch den Passagier Chris Rini: *www.Racintoday.com*.

Einzelheiten über das Schwimmen im Hudson: Interviews mit den Passagieren.

Zeitlicher Ablauf: NTSB-Analyse der zeitcodierten Videofilme vom Aufschlag und der Evakuierung, »Survival Factors Report«, S. 157.

Gewicht des linken Triebwerks: Interview mit Jamie Jewell, einem Mitarbeiter des Triebwerksherstellers CFM International, 23. Juli 2009.

Unfall der Continental Airlines am 20. Dezember 2008 in Denver: Bericht über den Betrieb und das Pilotenverhalten der NTSB (»Operations/ Human Performance Factual Report«) vom 19. Juni 2009.

8 Wasser überall!

Einzelheiten der Erlebnisse der Passagiere: Interviews mit den Passagieren und Aussage von Billy Campbell bei der NTSB-Anhörung am 9. Juni 2009.

Die Anweisung »Gehen Sie nach vorn! ... Sie haben nur noch zwei Minuten!« von Flugbegleiterin Doreen Welsh: mehrere Interviews mit Passagieren.

Welshs eigene Aussagen: NTSB-Anhörung am 17. Januar 2009.

Die Beschreibung des Aufschlags auf dem Fluss und der Beschädigungen am Airbus stammen aus den Untersuchungsdokumenten des NTSB, die für die Autoren analysiert wurden.

9 »Liebling, ich treibe im Hudson!«

Ablauf der Evakuierung: Interviews mit den Passagieren.

Einzelheiten über Rettungsflöße, FAA-Vorschriften Flüge über Wasser und die Notwasserung im Sitka-Sund von Alaska im Jahre 1962: NTSB-Studie »Air Carrier Overwater Emergency Equipment and Procedures« von 1985 (»Notfallausrüstung und -verfahren für Wasserunfälle von Verkehrsflugzeugen«); Gespräch der NTSB-Sprecherin Deborah A.P. Hersman mit den Autoren am 7. August 2009.

Beschreibung der Reaktion auf den Alarm und der Kommentar von Philip Zelikow: »Flight 1549: From New York to Norad, Testing a Response Network«, *New York Times*, 8. Februar 2009 (»Flug 1549: Von New York nach Norad – Test eines Alarmsystems«).

Reaktion der New Yorker Polizei: Interview mit dem pensionierten New Yorker Polizeibeamten Ken Solosky am 1. September 2009; Interview mit dem Rettungstaucher Michael Delaney am 14. Mai 2009 in New York.

Reaktion der New Yorker Feuerwehr: Michael Buckheit in »US Airways Flight 1549: New York Marine Operations«, *Fire Engineering*, 1. Juli 2009; *professionalmariner.com*, April 2009.

Reaktion von John Peruggia: Michael Wilson und Al Baker in »A Quick Rescue Kept Death Toll at Zero«, *New York Times*, 16. Januar 2009 (»Dank schneller Rettung keine Todesopfer«).

Requirierung des Circle-Line-Touristenbootes: Corey Kilgannon, »A Detour on the Circle Line Trip«, *New York Times*, 16. Januar 2009 (»Kleiner Abstecher beim Circle-Line-Ausflug«).

Videoaufnahme durch den Con-Edison-Mitarbeiter Chris Simeone: Ty Chandler auf *ny1.com*, 23. January 2009.

Reaktion des Feuerwehrleiters Michael Cranwell: »US Airways Flight 1549: New Jersey Rescue Operations«, *Fire Engineering*, 1. Juli 2009 (»US-Airways-Flug 1549: Rettungseinsatz in New Jersey«).

Information über New York Waterway: Interviews mit Firmenvertretern zwischen Mai und August 2009; Interviews mit dem ehemaligen Fährkapitän Michael Starr am 8. Mai, 22. und 23. Juli 2009.

Reaktion des Matrosen Natale Binetti: Teri Thompson, Alison Gendar und Bill Hutchinson, »Ferry Changed Course to Save«, New Yorker Zeitung *Daily News*, 16. Januar 2009 (»Fähre nimmt Kurs auf Rettungaktion«).

Reaktion von Fährkapitän Vince Lombardi: Seafarers International Union LOG, Februar 2009.

Beschreibungs des Airbus als Badewannenspielzeug durch Fährkapitänin Brittany Catanzaro: Ashley Kindergan, »Young captain reacts like ›seasoned pro‹«, *NorthJersey.com*, 16. Januar 2009 (»Junge Kapitänin bewährt sich wie alter Hase«).

Bergungsarbeiten des Schleppers *CO*: *professionalmariner.com*, April 2009.

Scott Koen: Interview in New York, 13. Mai 2009.

Rettung durch US-Küstenwache: Interviews in New York mit den Küstenwachmitarbeitern Jessica Wolchak, Ben Foster, Von Rankin, Ian Kennedy und Barbara Patton, 14. Mai 2009.

10 Raus aus dem Eiswasser

Einzelheiten über das Schwimmen im Hudson: Interviews mit den Passagieren.

Beschreibung der Schäden am Bug des Airbus: Fotos des NTSB.

Einzelheiten über den Air-Florida-Absturz vom 10. August 1982: Abschlussbericht des NTSB.

Auswirkungen von Kälteschock und Unterkühlung: Interviews der Autoren mit Dr. Alan Steinmann, einem pensionierten Arzt der US-Küstenwache, am 3. Juni und 17. Juli 2009.

11 Warten auf den Tragflächen

Beschreibungen der Erlebnisse auf den Tragflächen: Interviews mit den Passagieren.

Beobachtungen von Fulmer Duckworth: »What Happened on Flight 1549, Inside and Out«, *New York Times*, 15. Januar 2009 (»Was geschah auf Flug 1549? – Eine ausführliche Darstellung«).

12 Alle an Bord

Einzelheiten über die Evakuierung: Interviews mit den Passagieren.

Aussage des Funkers der *Titanic* vor dem Kongress: »Thrilling Tales by Titanic's Surviving Wireless Man«, *New York Times*, 19. April 1912 (»Ergreifende Enthüllungen durch den überlebenden Funker der Titanic«); »In A Maze of Flashes Two Messages Were United to Make the Erroneous One«, *New York Times*, 21. April 1912 (»Im Funkenhagel verschmolzen zwei Meldung zu einer falschen«).

Wasserung des Northwest-Airlines-Flugs 2: a.a.O.

Ankunftszeit der Fähren: NTSB-Analyse des Zeitablaufs a.a.O.

Das Twitter-Foto: *www.twitpic.com*, 15. Januar 2009; Lauren Johnston und Matt Marrone, »Twitter user becomes a star in US Airways crash – Janis Krums sets Internet abuzz with iPhone photo«, New Yorker *Daily News*, 16. Januar 2009 (»Twitter-Benutzer wird zum Star beim US-Airways-Absturz – Janis Krums versetzt mit seinem iPhone-Foto das Internet in Aufregung«).

Reaktion von John Peruggia: Michael Wilson und Al Baker in »A Quick Rescue Kept Death Toll at Zero«, a.a.O. (»Dank schneller Rettung keine Todesopfer«).

13 Die Rettung der Shae Childers

Rettung von Shae Childers: Interviews mit Childers, dem New Yorker Polizeitaucher Michael Delaney und anderen Passagieren. Die Einzelheiten aus dem medizinischen Untersuchungsbericht hat Childers selbst zur Verfügung gestellt.

Manöver der Fähren: Con-Edison-Video.

Beschreibung der Fähren an der Unglücksstelle: Interview mit dem ehemaligen Fährenkapitän Michael Starr am 23. Juli 2009.

Rettung von Heyam Kawas: Interviews mit Kawas und Delaney.

14 »Wirf das Baby!«

Rettung des neun Monate alten Damian Sosa: Interviews mit Passagieren, Scott Koen und Michael Starr, dessen Fähre die Familie Sosa nach Weehawken brachte.

Einzelheiten zur Rettung der letzten Passagiere: Interviews mit Küstenwachmitarbeitern Jessica Wolchak, Ben Foster, Von Rankin, Ian Kennedy und Barbara Patton in New York, 14. Mai 2009.

15 Die Nacht danach

Einzelheiten der Situation in New York: Interviews mit den Passagieren.

Die Bezeichnung des Unfalls als »Wunder vom Hudson« durch den New Yorker Gouverneur David Paterson erfolgte bei einer Live-Pressekonferenz am Fähranleger von New York Waterway in Manhattan am 15. Januar 2009.

Verletzungen der Passagiere: Interviews mit den Passagieren und NTSB-Aufstellung der Verletzungen.

16 Nachlese

Erlebnisse der Passagiere: Interviews mit den Passagieren.

Bergung und Untersuchung des Airbus: Konstruktionsbericht des NTSB.

Einzelheiten zum Colgan-Air-Absturz: Protokoll der NTSB-Anhörung zum Absturz am 12. bis 14. Mai 2009; Betriebsbericht des NTSB vom 22. April 2009; sonstige Untersuchungsberichte.

Absturz des Air-France-Airbus am 1. Juni 2009: Daniel Michaels and Max Colchester, »Air France Jet Hit Water Largely Intact, Investigators Say«, *Wall Street Journal*, 3. Juli 2009 (»Untersuchungsbeamte sagen, dass der Air-France-Jet fast in einem Stück auf dem Wasser aufgeschlagen ist«); Donald G. McNeil jr. und Christine Negroni, »Search Is On for Wreckage of Missing Air France Jet«, *New York Times*, 2. Juni 2009 (»Suche nach Wrack des vermissten Air-France-Jets läuft«).

Einzelheiten zum Yemenia-Absturz am 30. Juni 2009: Xan Rice, »Yemenia plane crash: girl survives as jet carrying 153 plunged into ocean«, *The Guardian*, 30. Juni 2009 (»Yemenia-Absturz: Mädchen überlebt den Sturz eines Flugzeugs mit 153 Insassen in den Ozean«); Victoria Burnett, »Yemenia Crash Stirs Calls for Stronger Watchdogs«, *New York Times*, 3. Juli 2009 (»Yemenia-Absturz ruft Forderungen nach besserer Überwachung hervor«).

Die Gesamtverluste in der Verkehrsluftfahrt wurden von *Flight International* berechnet, einer wöchentlich erscheinenden britischen Luftverkehrszeitschrift, und in verschiedenen Nachrichtenmeldungen erwähnt, z.B. »Air disaster death toll worst in seven years«, *dailyrecord.com*, 22. Juli 2009 (»Schlimmste Anzahl von Todesopfern in der Luftfahrt seit sieben Jahren«).

Einzelheiten über die Schließung von Arthur's Landing: Angaben des Eigentümers New York Waterway.

Küstenfeuer in South Carolina: Associated Press, *Winston-Salem Journal*, 24. April 2009.

Miracle on the Hudson Survivors LLC

Die *Miracle on the Hudson Survivors LLC* wurde gegründet, um dieses Buch scheiben zu können, und umfasst die folgenden 81 Mitglieder:

Tracey Allen Wolsko	Keith Anthony
Carl Bazarian	Alyson Bell
Mary Berkwits	Mike Berkwits
Ben Bostic	David Carlos
Shae Childers	Remington Chin
James Clark	Chris Cobb
Vallie Collins	Laurie Crane
Michelle DePonte	Jennifer Doyle
Lisa English	Wendell Fox
Nick Gamache	Balaji Ganesan
Andrew Gray	Joe Hall
James Hanks, Jr.	Tripp Harris
Adelaide Horton	John Howell
Laurel Hubbard	Nico Iliev
Amy Jolly	Casey Jones
Donald Jones	Paul Jorgensen
Stephanie King	Jeff Kolodjay

Robert Kolodjay
Theresa Leahy
Michael Leonard
Irina Levshina
Stephen Lis
Denise Lockie
Alex Magness
Raymond Mandrell
James (Jay) McDonald
Beverly Mills
Jorge Morgado
Brian Moss
Freida Muscatell
Sheryl Nejman
Bill Nix
Michael Nunn
Steve O'Brien
Josh Peltz
Clay Presley
Robin Schoepf
Douglas Schrift
Molly Schugel
Frank Scudere
Pam Seagle
Scott Sharkey
Eileen Shleffar
Brian Siegel
Larry Snodgrass
Damian Sosa
Martin Sosa
Sofia Sosa
Tess Sosa
Kristy Spears
Charles Spiggle
Jim Stefanik
Eric Stevenson
Dan Vinton
Stewart Wallace
Victor Warnement
Beverly Waters
Ian Wells
Jim Whitaker
Bill Wiley
Bradley Williams
Reenee Williams
Susan Wittmann
Laura Zych

Danksagung

Die Passagiere möchten Kapitän Chesley »Sully« Sullenberger und dem Ersten Offizier Jeffrey Skiles ihre ehrliche und ewige Dankbarkeit aussprechen. Der Mut, die schnellen Entscheidungen und die hervorragenden Fähigkeiten dieser beiden Männer haben uns allen ein »Wunder« beschert.

Den Flugbegleiterinnen Sheila Dail, Donna Dent und Doreen Welsh danken wir für ihre Unerschütterlichkeit und ihre ruhige Haltung in den Augenblicken vor dem Aufschlag und für ihr schnelles Handeln und besonnenes Denken danach. Wir sind dankbar dafür, dass Sie mit uns an Bord waren.

Auch den Ersthelfern sind wir zu tiefem Dank verpflichtet. Dazu gehören New York Waterway, Circle Line, Küstenwache, die Feuerwehr und Polizei von New York, die Polizei von New Jersey und ihre Notfallhelfer, das Rote Kreuz, einzelne Bürger der Stadt sowie alle anderen, die bei unserer Rettung eine Rolle gespielt haben.

Wir möchten auch Jennifer Joel von ICM danken, die uns in den letzten Monaten wunderbare Unterstützung zuteil werden ließ und uns dabei half, uns in der Verlagswelt zurechtzufinden. Ihre Schönheit und ihre Klugheit sind unvergleichlich.

Wir danken all den bekannten und unbekannten Menschen, die für uns gebetet und uns in ihre Gedanken eingeschlossen haben. Durch Ihre Gebete haben wir eine unglaubliche Ermutigung erfahren.

Abschließend möchten wir unseren Familien und Freunden und all unseren Lieben danken, die gelitten hatten, als sie von unserer Situation erfuhren, die mit uns unsere Rettung feierten und die jetzt täglich mit uns »neuen« Menschen leben. Wir lieben euch alle und sind dankbar dafür, noch bei euch sein zu können.

Danksagung der Autoren

Vor allen Dingen möchten wir den Fluggästen des US-Airways-Flugs 1549 danken. Ihr Zeiteinsatz, ihr Vertrauen und ihr Verständnis für die Vielschichtigkeit dieses Vorhabens vor allem angesichts des engen Zeitrahmens hätten wir von einer aus so unterschiedlichen Einzelpersonen zusammengesetzten Gruppe nicht erwartet. Wir haben mit 118 Personen gesprochen, gewöhnlich lange und häufig mehrmals. Diese Unterhaltungen forderten von ihnen, dass sie sich an einen fast unbeschreiblichen Augenblick in ihrem Leben zurückerinnerten. Wie wissen das. Sie waren großartig.

Unter ihnen möchten wir ganz besonders, von ganzem Herzen und mit großer Bewunderung Pam Seagle und Casey Jones danken, die sich Tag für Tag als Menschen mit unvergleichlichen sozialen und organisatorischen Fähigkeiten erwiesen haben. Ohne sie wäre dieses Buch nicht entstanden.

Ron Schleede, unser Luftfahrtexperte und der kenntnisreichste Sachverständige für die Untersuchung von Flugunfällen, den wir kennen, hat Stunden damit verbracht, mit uns die Einzelheiten durchzugehen, sodass wir keine technischen Irrtümer einbauten. Sollten doch noch einige Fehler durchgerutscht sein, gehen sie ganz auf unsere Kappe.

Beim National Transportation Safety Board boten uns Ted Lopatkiewicz, Peter Knudson, Jason Fedok und Nora Marshall wertvolle Hilfe zu zahlreichen technischen Einzelheiten.

Unsere gute Freundin, die bekannte Journalistin Lisa Zagaroli, hat viele Stunden aufgewendet, um die Interviews durchzugehen. Außerdem danken wir Alan Levin für seine Ratschläge.

Für die Hilfe bei den Interviews und die für dieses Projekt erforderliche Koordination sind wir Shelby Blackmore, Jennifer Peterson, Hughon Haye, Kseniia Shteinburg und David Callihan aus Charlotte zu großem Dank verpflichtet.

Ohne sorgfältige und geduldige Lektoren mit einem kreativen Händchen und einem Gespür für überflüssige Passivkonstruktionen könnten Autoren nicht überleben. Wir schätzen uns ungewöhnlich glücklich, dass wir Luke Dempsey, Redaktionsleiter für den Bereich Sachbuch, und Ryan Doherty von Ballantine Books auf unserer Seite hatten. Außerdem danken wir Shona McCarthy, der Produktionsleiterin der Random House Publishing Group, für ihre ungewöhnliche Geduld und all ihre harte Arbeit.

Bei unserer Agentur International Creative Management in New York gilt unser Dank Laura Neely, Nicki Castle und Joan Weist dafür, dass sie uns auf so viele verschiedene Weisen bei den Interviews in New York geholfen haben. Darüber hinaus danken wir auch den Agenten, bei denen wir häufig die Termine bis an die Grenzen ausgereizt haben, unter anderem Liz Farrell. Ohne den Erfindungsreichtum von Jenn Joel wäre dieses Projekt nicht möglich gewesen.

Wie immer finden wir nicht die passenden Worte, um Kris Dahl zu rühmen, unsere langjährige Freundin und Weltklasse-Agentin bei ICM. Vielen Dank.

Zum Schluss ganz besonderen und lieben Dank an diejenigen, die uns die größte Unterstützung zuteil werden lassen und manchmal den höchsten Preis dafür zahlen, dass sie mit Autoren verwandt sind.

Danke daher euch allen: sämtlichen Mitgliedern der Parker- und der Prochnau-Familie, die zum ersten Mal in zwanzig Jahren auf das jährliche Treffen auf Lopez Island in der San-Juan-Kette verzichten mussten, vor allem aber an Jesse, Melissa und Sarah, die mit dieser Tradition aufgewachsen sind. An Bruce Parker, Shirley Parker, Monica Bradley, Anna Prochnau und Jenny McMaster als Entschuldigung für verpasste Gelegenheiten und an Natasha Prochnau für ihr Verständnis.

William Prochnau

Laura Parker

Washington, D.C.

August 2009

Freefall

Flughöhe 12.000 m – und leere Tanks

Am 23. Juli 1983 macht sich Kapitän Robert Pearson mit einer Boeing 767, einem der technisch höchstentwickelten Verkehrsflugzeuge der Welt, mit 61 Passagieren und acht Besatzungsmitgliedern auf den Weg von Montreal nach Edmonton. Was er nicht weiß: Das Bodenpersonal hat die Menge des erforderlichen Treibstoffs falsch berechnet. Die Computer der modernen Boeing 767 verwenden als Maßeinheit Kilogramm, die Wartungstechniker jedoch Pfund, wie es bei allen anderen Flugzeugen von Air Canada üblich ist. Ohne eine Ahnung von diesem fatalen Missverständnis startet Pearson daher mit nur der Hälfte des erforderlichen Treibstoffs.

Auf halber Strecke fällt in 12.000 m Höhe ohne Vorwarnung das linke Triebwerk aus. Pearson und sein Copilot entscheiden sich zu einer Notlandung in Winnipeg, doch in diesem Augenblick versagt auch das rechte Triebwerk. Damit fällt gleichzeitig die Stromversorgung für die Instrumente im Cockpit aus – und der rettende Flughafen von Winnipeg befindet sich plötzlich außer Reichweite.

Crew und Passagiere müssen sich der ungeheuerlichen Realität stellen: Der 130 t schwere, hypermoderne Airliner ist 12.000 m über dem Boden zu einem Segelflugzeug mit Notinstrumentierung geworden, das rasch an Höhe verliert. Es bleibt eine halbe Stunde Zeit bis zum scheinbar sicheren Tod.

Der einzige Ausweg, der sich den Piloten bietet, ist ein aufgegebener Luftwaffenstützpunkt am Rand der Kleinstadt Gimli. Aber kann man eine Boeing 767 im Segelflug landen? Und was tut man, wenn man beim Aufsetzen bemerkt, dass ein Motorsportclub auf der verlassenen Piste gerade ein Grillfest feiert und Kinder die Landebahn für ein Rennen nutzen?

William und Marylin Hoffer haben als freiberufliche Journalisten über tausend Zeitschriftenartikel und neun Bücher verfasst, darunter die Weltbestseller *Midnight Express* und *Nicht ohne meine Tochter*. Das Paar lebt in Virginia.

Freefall
Flughöhe 12.000 m – und leere Tanks
William und Marylin Hoffer
ISBN 978-3-941-71906-4
304 Seiten mit ausklappbarer Karte
€ 19,90

Zlins in Deutschland – Die Typenschau

In der Ausgabe »Zlins« der Typenschau wird der internationale Charakter dieser Marke unterstrichen. Oder haben Sie gewusst, dass die Traditionsfirma für rassige Sportflugzeuge z.B. auch Militärtrainer an den Jemen, Angola, Mexiko oder Peru geliefert hat? Dieses Magazin befasst sich mit der Geschichte aller Sport- und Übungsflugzeuge aus dem Hause Zlin und seinem Firmengründer Tomas Bátá. Besonders fesselnd ist der Abschnitt über die Maschinen »mit Geschichte«. Hier lesen Sie die fotografisch dokumentierte Geschichte von Piloten der ehemaligen DDR, die mit Maschinen des Typs Z-42 und Z-43 versuchten, über die deutsch-deutsche Grenze in den Westen zu fliehen.

Eine besondere Augenweide ist ein Fototeil mit Detailaufnahmen von Zlins, in denen Sie miterleben, welche Kontrollen die Piloten vor dem Start an ihrem Flugzeug durchführen. Weitere Highlights sind Fotos aus dem Herstellerwerk und die Darstellung der aktuellen Produktionsbaureihen Z-242 und Z-143 mit besonderem Augenmerk auf die Länder, in denen diese Typen im Militäreinsatz sind. Dieser Teil enthält bislang noch nie gezeigte Zeichnungen von Jens Popp.

Typenschau: Zlins in Deutschland

ISBN 3-939439-02-9
48 Seiten durchgehend in Farbe, 320 Farbfotos, 15 Farb-Profiles uvm.
Heft im DIN A4-Format, € 15,–

Jaks in Deutschland – Die Typenschau

Die Jak-52, die meist aus Quellen in Lettland oder Russland stammen, erfreuen sich in der Sportflieger- und Warbirdszene hierzulande wachsender Beliebtheit, sind sie doch relativ preiswerte Maschinen, deren Unterhalt sich noch finanzieren lässt. Schwerpunktmäßig befasst sich diese Broschüre mit den in Deutschland fliegenden Jak-50/52 und den gegenwärtigen Aussichten für ihre Weiterentwicklung.

Die Flugzeugmuster Jak-18 und Jak-18U mit Bugrad gehörten zu den ersten Flugzeugen im Rahmen der verdeckten Wiederaufrüstung in der DDR. Insgesamt 65 Maschinen wurden ab 1952 für die damalige VP-Luft, später Verwaltung der Aeroklubs, beschafft. 1956 gelangten davon noch rund 35 Stück in den Bestand der NVA, um dann später an die Gesellschaft für Sport und Technik (GST) abgegeben zu werden. Diese hatte nämlich inzwischen die Grundausbildung von Militärfliegern in der DDR übernommen. Ab 1979 orderte die GST in der DDR plötzlich 10 Maschinen des Typs Jak-50 für Kunstflugwettkämpfe, um in der Weltspitze noch mitmischen zu können. Das Gros dieser Maschinen ist dann später gegen harte Devisen an einen Interessenten in die Bundesrepublik verkauft worden. Den Weg dieser und anderer Jakowlew-Sportmaschinen können Sie in der vorliegenden Publikation genau nachverfolgen. Viele der inzwischen in Deutschland fliegenden Jak-50 und Jak-52 werden vorgestellt.

Typenschau: Jaks in Deutschland
ISBN 3-939439-01-0
48 Seiten durchgehend in Farbe, 324 Farbfotos, uvm.
Heft im DIN A4-Format, € 15,–